化学工业出版社“十四五”普通高等教育规划教材

国家级一流本科课程教材

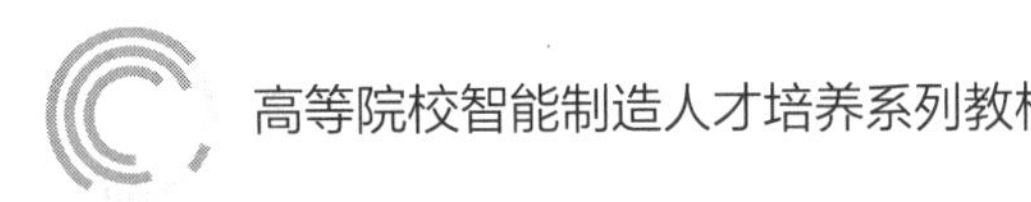

高等院校智能制造人才培养系列教材

多轴加工编程技术与智能机床

张丽丽　赵科学　陶林　等　编著

Multi Axis Machining Programming Technology and Intelligent Machine Tool

·北京·

内 容 简 介

《多轴加工编程技术与智能机床》是国家级一流本科课程“数控机床与编程”的配套教材。本书以智能数控机床编程和具体使用为主线，介绍三轴和多轴零件的自动编程与加工方法。全书共7章，包含数控机床与编程概述、数控车床编程、UG NX编程基础、三轴零件UG编程及仿真加工、多轴零件UG编程及仿真加工、VERICUT仿真、柔性加工单元与智能机床。

本书各章首设置了思维导图，便于读者直观地了解各章的构成；各章后配有习题，以使工程特色更加突出；部分章节配置了动画演示，读者可扫描二维码观看。本书强调工程应用，以强化基础能力建设推进科技创新为指引，在阐述基本知识的基础上介绍工程材料选用及工艺路线制动方法。本书还配套课件和习题答案，读者可扫码下载使用。

本书可作为高等院校机械类专业师生的教材，同时也适合对多轴编程技术与智能机床感兴趣的工程技术人员参考。

图书在版编目（CIP）数据

多轴加工编程技术与智能机床 / 张丽丽等编著. —北京：化学工业出版社，2024.6
高等院校智能制造人才培养系列教材
ISBN 978-7-122-45382-2

Ⅰ. ①多… Ⅱ. ①张… Ⅲ. ①数控机床-程序设计-高等学校-教材 Ⅳ. ①TG659

中国国家版本馆CIP数据核字（2024）第069591号

责任编辑：张海丽　　文字编辑：张　宇
责任校对：田睿涵　　装帧设计：韩　飞

出版发行：化学工业出版社
（北京市东城区青年湖南街13号　邮政编码100011）
印　　装：大厂聚鑫印刷有限责任公司
787mm×1092mm　1/16　印张 $13^3/_4$　字数324千字
2024年8月北京第1版第1次印刷

购书咨询：010-64518888　　售后服务：010-64518899
网　　址：http://www.cip.com.cn
凡购买本书，如有缺损质量问题，本社销售中心负责调换。

定　　价：49.00元

高等院校智能制造人才培养系列教材
建设委员会

序

党的二十大报告指出，要建设现代化产业体系，坚持把发展经济的着力点放在实体经济上，推进新型工业化，加快建设制造强国、质量强国、航天强国、交通强国、网络强国、数字中国。实施产业基础再造工程和重大技术装备攻关工程，支持专精特新企业发展，推动制造业高端化、智能化、绿色化发展。推动战略性新兴产业融合集群发展，构建新一代信息技术、人工智能、生物技术、新能源、新材料、高端装备、绿色环保等一批新的增长引擎。其中，制造强国、高端装备等重点工作都与智能制造相关，可以说，智能制造是我国从制造大国转向制造强国、构建中国制造业全球优势的主要路径。

制造业是一个国家的立国之本、强国之基，历来是世界各主要工业国高度重视和发展的重要领域。改革开放以来，我国综合国力得到稳步提升，到 2011 年中国工业总产值全球第一，分别是美国、德国、日本的 120%、346%和 235%。党的十八大以来，我国进入了新时代，发展的格局更为宏大，“一带一路”倡议和制造强国战略使我国工业正在实现从大到强的转变。我国不但建立了全球最为齐全的工业体系，而且在许多重大装备领域取得突破，特别是在三代核电、特高压输电、特大型水电站、大型炼化工、油气长输管线、大型矿山采掘与炼矿综采重点工程建设项目、重大成套装备、高端装备、航空航天等领域取得了丰硕成果，补齐了短板，打破了国外垄断，解决了许多“卡脖子”难题，为推动重大技术装备高质量发展，实现我国高水平科技自立自强奠定了坚实基础。进入新时代的十年，制造业增加值从 2012 年的 16.98 万亿元增加到 2021 年的 31.4 万亿元，占全球比重从 20%左右提高到近 30%；500 种主要工业产品中，我国有四成以上产量位居世界第一；建成全球规模最大、技术领先的网络基础设施……一个个亮眼的数据，一项项提气的成就，勾勒出十年间大国制造的非凡足迹，标志着我国迎来从“制造大国”“网络大国”向“制造强国”“网络强国”的历史性跨越。

最早提出智能制造概念的是美国人 P.K.Wright，他在其 1988 年出版的专著 *Manufacturing Intelligence*（《制造智能》）中，把智能制造定义为“通过集成知识工程、制造软件系统、机器人视觉和机器人控制来对制造技工们的技能与专家知识进行建模，以使智能机器能够在没有人工干预的情况下进行小批量生产”。当然，因为智能制造仍处在发展阶段，各种定义层出不穷，国内外有不同专家给出了不同的定义，但智能机器、智能传感、智能算法、智能设计、解决制造过程中不确定问题的智能方法、智能维护是智能制造的核心关键词。

从人才培养的角度而言，实现智能制造还任重道远，人才紧缺的局面很难在短时间内扭转，相关高校师资力量也不足。据不完全统计，近五年来，全国有 300 多所高校开办了智能制造专业，其中既有双一流高校，也有许多地方院校和民办高校，人才培养定位、课程体系、教材建设、实践环节都面临一系列问题，严重制约着我国智能制造业未来的长远发展。在此情况下，如何培养出适应不同行业、不同岗位要求的智能制造专业人才，是许多开设该专业的高校面临的首要任务。

智能制造的特点决定了其人才培养模式区别于其他传统工科：首先，智能制造是跨专业的，其所涉及的知识几乎与所有工科门类有关；其次，智能制造是跨行业的，其核心技术不仅覆盖所有制造行业，也适用于某些非制造行业。因此，智能制造人才培养既要考虑本校专业特色，又不能脱离社会对智能制造人才的需求，既要遵循教育的基本规律，又要创新教育体系和教学方法。在课程设置中要充分考虑以下因素：

- 考虑不同类型学校的定位和特色；
- 考虑学生已有知识基础和结构；
- 考虑适应某些行业需求，如流程制造，离散制造，混合制造等；
- 考虑适应不同生产模式，如多品种、小批量生产、大批量生产等；
- 考虑让学生了解智能制造相关前沿技术；
- 考虑兼顾应用型、技能型、研究型岗位需求等。

改革开放 40 多年来，我国的高等教育突飞猛进，高等教育的毛入学率从 1978 年的 1.55%提高到 2021 年的 57.8%，进入了普及化教育阶段，这就意味着高等教育担负的历史使命、受教育的对象都发生了深刻的变化。面对地方应用型高校生源差异化大，因材施教，做好智能制造应用型人才培养，解决高校智能制造应用型人才培养的教材需求就是本系列教材的使命和定位。

要解决好这个问题，首先要有一个好的定位，有一个明确的认识，这套教材定位于智能制造应用人才培养需求，就是要解决应用型人才培养的知识体系如何构造，智能制造应用型人才的课程内容如何搭建。我们知道，应用型高校学生培养的主要目的是为应用型学科专业的学生打牢一定的理论功底，为培养德才兼备、五育并举的应用型人才服务，因此在课程体系、基础课程、专业教育、实践能力培养上与传统综合性大学和“双一流”学校比较应有不同的侧重，应更着眼于学生的实用性需求，应培养满足社会对应用技术人才的需求，满足社会实际生产和社会实际发展的需求，更要考虑这些学校学生的实际，也就是要面向社会发展需求，为社会各行各业培养“适销对路”的专业人才。因此，在人才培养的过程中，对实践环节的要求更高，要非常注重理论和实践相结合。据此，在应用型人才培养模式的构建上，从培养方案、课程体系、教学内容、教学方式、教材建设上都应注重应用型人才培养的规律，这正是我们编写这套智能制造相关专业教材的目的。

这套教材的突出特色有以下几点：

① 定位于应用型。这套教材不仅有适应智能制造应用型人才培养的专业主干课程和选修课程教

材，还有基于机械类专业向智能制造转型的专业基础课教材，专业基础课教材的编写中以应用为导向，突出理论的应用价值。在编写中引入现代教学方法和手段，结合教学软件和工业仿真软件，使理论教学更为生动化、具象化，努力实现理论课程通向专业教学的桥梁作用。例如，在制图课程中较多地使用工业界成熟设计软件，使学生掌握比较扎实的软件设计能力；在工程力学教学中引入有限元软件，实现设计计算的有限元化；在机械设计中引入模块化设计的概念；在控制工程中引入 MATLAB 仿真和计算机编程内容，实现基础教学内容的更新和对专业教育的支撑，凸显应用型人才培养模式的特点。

② 专业教材突出实用性、模块化、柔性化。智能制造技术是利用先进的制造技术，以及数字化、网络化、智能化等知识和控制理论来解决制造过程中不确定和非固定模式的问题，使得制造过程具有智能的技术，它的特点是综合性和知识内涵的丰富性以及知识本身的创新性。因此，在教材建设上与以前传统的知识技术技能模式应有大的区别，更应注重对学生理念、意识、认知、思维方式和系统解决问题能力的培养。同时考虑到各行业、各地和各校发展阶段和实际办学水平的不同，希望这套教材尽可能为各校合理选择教学内容提供一个模块化、积木式结构，并在实际编写中尽量提供项目化案例，以便学校根据具体情况做柔性化选择。

③ 本系列教材注重数字资源建设，更多地采用多媒体的互动方式，如配套课件、教学视频、测试题等，使教材呈现形式多样化，数字内容更为丰富。

由于编写时间紧张，智能制造技术日新月异，编写人员专业水平有限，书中难免有不当之处，敬请读者及时批评指正。

高等院校智能制造人才培养系列教材建设委员会

前　言

制造业是国民经济的主体，是立国之本、兴国之器、强国之基。而智能制造装备是实现智能制造的核心载体，它是具有感知、决策、执行功能的各类制造装备的统称，是先进制造技术、信息技术以及人工智能技术在制造装备上的集成和深度融合，是实现高效、高品质、节能环保和安全可靠生产的新一代制造装备。随着机械工业的发展和自动化程度的提高，多轴系统已成为现代生产中的重要组成部分，而新一代的具有刀具寿命监控和产线集成控制功能的智能化机床也应运而生。与智能加工单元结合，智能制造让数控加工更具有吸引力，智能制造也为机床金属加工提供了新的生命力。本书遵循高等教育人才培养目标及培养规格的要求，适应应用型人才培养模式，理实一体，学用结合，追求实效，旨在为读者提供关于多轴编程技术及智能机床的详尽介绍和实用指导。

本书为国家级一流本科课程“数控机床与编程”的配套教材。该课程是机械设计制造及其自动化专业学生进入专业课培养阶段的一门重要的必修课、核心课程，是一门必不可少的专业技术课，在人才培养中占有重要地位。其实践性非常强，主要任务是培养学生数控编程和数控加工的能力，培养实践动手能力和创新能力。

本书由沈阳工学院张丽丽教授、赵科学副教授、陶林副教授、郑智副教授以及宋飞、陈宝欣老师编写。通过本教材的学习，学生可掌握数控机床编程的基本概念，能够完成中等难度轴类零件的车削编程与加工，能使用 UG 软件完成三轴和多轴零件的自动编程与加工，为日后的学习和工作打下坚实基础。本书还提供了一些思考题和习题，帮助读者巩固所学知识并拓展思路。同时，我们也鼓励读者积极参与实际项目和实验，将所学的多轴编程技术应用到智能机床的开发和应用中，进一步提升自己的能力和经验。

本书共 7 章：第 1 章介绍了数控机床与编程概述，包括数控机床的基本功能、典型机械结构；第 2 章主要介绍数控车床编程，讲解了数控车床的基本编程指令；第 3 章介绍了典型 UG12.0 的基本操作界面以及平面铣加工流程；第 4 章从三轴零件数控铣床（加工中心）程序设计引出三轴零件 UG 编程及仿真加工，并讲解典型零件的程序设计方法；第 5 章主要介绍多轴零件 UG 编程及仿真加工，包括五轴典型零件的工艺特点、五轴机床典型零件的编程方法；第 6 章主要介绍车床、加工中心、四轴机床、五轴机床的 VERICUT 仿真方法，包括刀具设置、夹具设置、程序仿真、碰撞检测、模型比较等；第 7 章从数字化工厂引入基于柔性加工单元的智能机床联机编程，主要介绍了轮毂柔性产线和轴承端盖柔性产线的基本结构、基于柔性自动线的智能化机床的联机工艺及编程方法、基于自动线的刀具智能化监控方法。

本书配套数字资源，包含全书的模型文件（UG 刀路文件、VERICUT 仿真文件）、供教学使用的课件、习题参考答案，免费提供给选用本书作为教材的授课教师和学生。具体获取方式，请参见本书封底的说明。

无论您是学生、工程师还是对多轴编程技术与智能机床感兴趣的读者，希望本书能够成为您的良师益友，帮助您掌握多轴编程技术在智能机床中的实际应用，为您的工作和学习提供有力的支持。祝您阅读愉快，收获丰富！

编著者

2023 年 12 月

扫码获取本书资源

目 录

第1章 数控机床与编程概述 1

第 1 章

数控机床与编程概述

扫码获取本书资源

本章思维导图

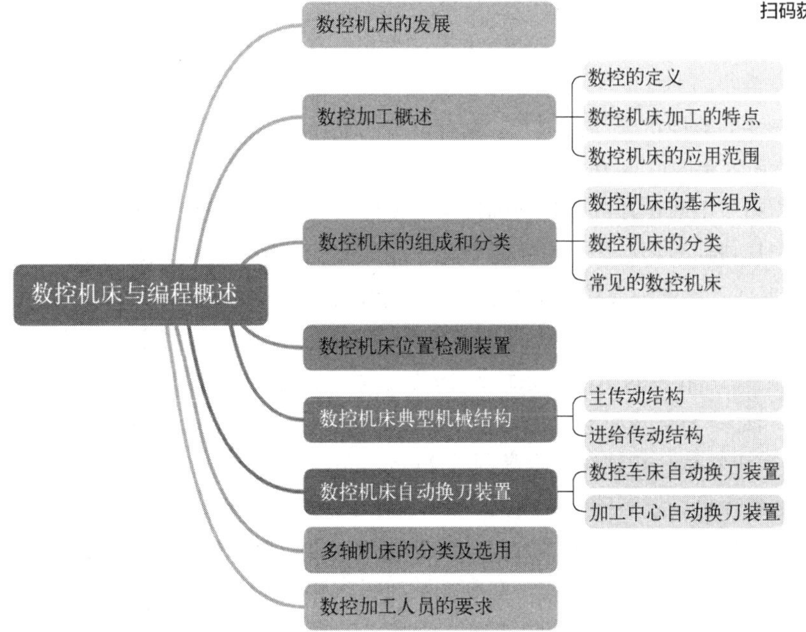

本章主要介绍数控机床与数控加工，数控机床的组成、分类，数控机床的工作过程，数控机床的基本结构，数控机床的位置检测装置，数控机床自动换刀装置，多轴机床的分类及选用，数控加工人员的要求。本章学习目标如下：

① 掌握数控机床的基本组成、加工特点和应用范围。

② 熟悉数控机床典型机械结构和数控机床自动换刀装置。

③ 理解数控、数控机床、数控加工、数控编程、插补等基本概念。

④ 了解数控机床位置检测装置。

1.1 数控机床的发展

在机械制造业中，单件、小批量生产约占机械加工总量的80%以上，尤其是造船、航天、机床、重型机械以及军工行业，其生产特点是品种多、加工批量小、改型频繁、零件的形状复杂且精度要求高。普通机床自动化程度低，生产效率和加工精度都难以提高，尤其是对于一些复杂曲面，甚至无法加工，而采用专用自动化加工设备，则投资大、时间长、转型难，显然不能满足竞争日益激烈的市场需要。数控机床就是为了满足多品种、小批量、高精度、高效率的自动化生产而诞生出来的一种灵活、通用、自动化的机床。

第一台数控机床是1952年美国PARSONS公司与麻省理工学院（MIT）合作研制的三坐标数控铣床。它综合应用了电子计算机、自动控制、伺服驱动、精密检测与新型机械结构等多方面的技术成果，可用于加工复杂曲面零件。

数控机床的发展先后经历了电子管（1952年）、晶体管（1959年）、小规模集成电路（1965年）、大规模集成电路及小型计算机（1970年）和微处理机或微型计算机（1974年）等五代数控系统。进入20世纪90年代以后，受通用微机技术飞速发展的影响，数控系统以个人计算机（PC）为基础，向着开放化、智能化、网络化等方向进一步发展。进入21世纪，数控机床正朝着智能化方向发展。前三代系统采用专用电子线路实现的硬件式数控系统，一般称为普通数控系统，简称NC。第四代和第五代系统是采用微处理器及大规模或超大规模集成电路组成的软件式数控系统，称为现代数控系统，简称CNC（第四代）和MNC（第五代）。现代数控系统的控制功能大部分由软件技术来实现，功能更加灵活和完善。目前现代数控系统几乎完全取代了以往的普通数控系统。

具有代表性的数控机床（系统）厂家有日本的FANUC（发那科）公司、德国的SIEMENS（西门子）公司、美国的A-B公司、西班牙的FAGOR（发格）公司、法国的NUM公司等。国内的广州数控和华中数控在近些年得到很快的发展，并显示出强大的实力。

数控机床从普通数控机床（特别是数控车床）到加工中心，现已发展到了较为成熟的柔性制造单元（FMC）和柔性制造系统（FMS），甚至超级数控机床——计算机集成制造系统（CIMS）。数控系统（计算机）已发展到64位机和多CPU系统；可控坐标轴数达20轴以上，联动坐标轴数在10轴以上（比如FANUC 30i系统为10个通道，CNC轴数为32轴，其中8个是主轴，联动轴数为24轴）；分辨率（最小设定单位）已普遍达到0.01~0. 001mm，少数机床已发展到0.0001mm甚至更精确；快速行程提高到了240m/min。

智能化是数控机床发展的必然方向。《中国制造2025》指出，着重以创新驱动、质量为先、绿色发展、结构优化和人才为本为方针，实施智能制造、制造业创新中心建设、工业强基、绿色制造和高端装备创新等五大工程，在高档数控机床和机器人、航空航天装备等十大领域稳步开展。智能制造是《中国制造2025》的重点和核心，其硬件基础是机器人、智能机床和智能生产线。通过信息化和工业化融合，实现机床的智能化，是装备制造业提质增效的必然发展道路。智能机床与数控机床的区别在于：数控机床是按照编辑好的程序进行加工，产品的质量和生产效率不是由程序完全控制的；而智能机床可按照制造的目标，保证以最好的质量、最高的效率来完成加工。对智能机床来说，在生产过程中时刻保证准确的信息来源，对信息进行采集和分析，然后通过编制软件进行控制，是至关重要的一环。智能机床具有感知、决策、自适应等功能，具体表现在操作智能化、编程智能化、维护智能化、管理智能化等方面。

1.2　数控加工概述

1.2.1　数控的定义

数控是数字控制（numerical control）的简称，是采用数字化信息实现加工自动化的控制技术。当前的数控一般采用通用或专用计算机来实现数字程序控制，因此数控也称为计算机数控(computer numerical control，CNC)。

数控技术是用数字信息对机械运动和工作过程进行控制的技术，是制造业实现自动化、柔性化、集成化生产的基础，是提高产品质量和劳动生产率必不可少的手段，是关系到国家战略地位和体现国家综合国力水平的重要基础性技术。

数控机床是指用数字化信号对机床的运动及其加工过程进行自动控制的机床。其综合应用了电子计算机、自动控制、伺服驱动、精密检测、液压传动与气压传动、新型机械结构等方面的技术成果，具有高柔性、高精度与高度自动化的特点，适用于高精度、形状复杂零件的单件、小批量生产。

数控加工泛指在数控机床上进行零件加工的工艺过程。

数控编程是指把被加工零件的工艺过程、工艺参数、运动要求等用数字指令形式记录在介质上，并输入数控系统。

插补的概念：机床数字控制的核心问题之一，就是如何控制刀具与工件的相对运动，从而加工出合格的产品。加工平面直线或曲线需要两个坐标协调运动，加工空间曲线或曲面则需要三个或三个以上坐标协调运动，才能走出相应轨迹。这里所说的协调运动，是指机床联动过程中各个坐标轴的运动顺序、方向、位移和速度要同时协调地进行控制的运动。一般情况下，在进行数控加工时，加工程序中已给出运动轨迹的起点坐标、终点坐标和轨迹的曲线方程，由数控系统控制执行机构按预定的轨迹运动。这需要数控系统实时地计算出轮廓起点到终点之间的一系列中间点的坐标值，即需要“插入”“补上”运动轨迹各个中间点的坐标，这个过程称为“插补”。其实质是根据零件轮廓尺寸，结合精度和工艺等方面的要求，在已知的特征点之间计算出刀具的一系列加工的中间点的过程，即完成所谓的数据“密化”工作。

1.2.2　数控机床加工的特点

数控机床与普通机床相比，具有以下特点。

① 适应性强。适应性是指数控机床随生产对象变化而变化的适应能力。数控机床加工是由加工程序控制的，当加工对象改变时，只要重新编制程序，就可以完成零件的加工。数控机床加工既适用于零件频繁更换的场合，也适用于单件小批量生产及产品的开发，可缩短生产准备周期，有利于机械产品的更新换代。

② 精度高。数控机床本身的精度比较高，一般数控机床的定位精度为±0.01mm，重复定位精度为±0.005mm，移动精度达到 0.002mm 以内，工作过程不需要人工干预，而是自动工作，且通过实时检测装置来修正或补偿以获得更高的精度。

③ 效率高。数控机床的刚性较好，可以采用较大的切削用量，充分发挥刀具的切削性能，减少切削时间；数控机床具有自动换速、自动换刀和其他辅助操作自动化的功能，工序相对集

中，减少了辅助时间。

④ 质量稳定。数控机床加工按照预先编制好的程序进行，使用相同的程序代码，同一批零件的尺寸一致性好，加工质量稳定。

⑤ 减轻劳动强度、改善劳动条件。数控机床厂房的生产环境通常较好，操作者除输入加工程序、对刀、装卸工件、关键工序和关键尺寸的抽检及必要的看护设备运行外，无需进行繁琐重复的手工操作。

⑥ 能实现复杂的运动。普通机床难以实现或无法实现三次以上复杂曲线或曲面的加工，如复杂模具型腔、螺旋桨、叶轮、大力神杯之类的空间曲面。数控机床可实现几乎任意轨迹的运动和加工任何形状的空间曲面，适用于复杂零件的加工。

⑦ 良好的经济效益。数控机床虽然设备昂贵，但在单件、小批量生产情况下，使用数控机床可节省划线工时，减少调整、加工和检验时间，节省生产费用。数控机床加工可减少或不需制作专用夹具，节省工艺装备费用。数控机床加工精度稳定，可减少废品率，使生产成本进一步下降。

⑧ 有利于生产管理的现代化。数控机床使用数字信息与标准代码处理、传递信息，特别是在数控机床上使用计算机控制，为计算机辅助设计、制造和管理一体化奠定了基础。

1.2.3 数控机床的应用范围

(1) 适宜数控机床加工的范围

① 轮廓形状特别复杂或难以控制尺寸的零件。

② 超精零件。

③ 普通机床不能（或不便）加工的零件，如用数学模型描述的复杂曲线类零件及三维空间曲面类零件。

④ 经一次装夹定位后，需进行多道工序加工的零件。

⑤ 采用数控机床加工，能有效地减少加工过程中的辅助时间，降低生产费用，提高生产率。

⑥ 新品的开发、原产品的改进与改型。

(2) 不适宜数控机床加工的范围

① 加工轮廓简单、精度要求低或生产批量特别大的零件。

② 装夹困难或必须依靠人工找正、定位才能保证其加工精度的单件零件。

③ 加工余量特别大，或材质及余量都不均匀的坯件。

④ 加工中刀具的质量（主要是耐用度）特别差。

1.3 数控机床的组成和分类

1.3.1 数控机床的基本组成

数控机床一般由输入输出装置、数控系统、伺服系统、位置检测装置、强电控制柜（机床电气和逻辑控制装置）、机床本体和各类辅助装置组成。数控机床的基本组成如图 1-1 所示。

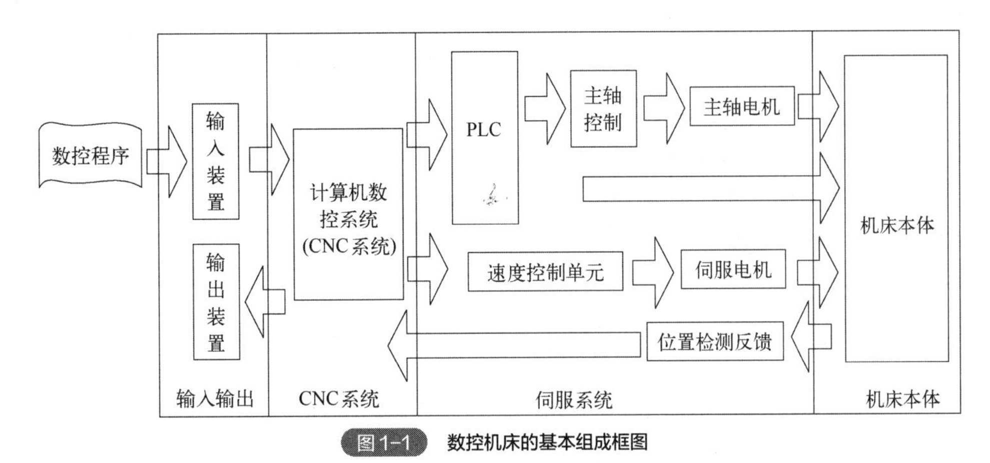

图1-1 数控机床的基本组成框图

（1）输入输出装置

常见的输入装置有 MDI 面板、键盘、存储卡、磁盘等。输入装置的作用是将程序载体（信息载体）上的数控代码传递并存入数控系统。数控机床加工程序可通过 MDI 面板或键盘直接输入数控系统，数控机床加工程序还可通过 U 盘、存储卡、RS-232C 或网络通信的方式传送到数控系统。显示器是最常见的输出装置，为操作人员显示加工程序、坐标值、报警信息等必要的信息。

（2）数控（CNC）系统

数控系统（数控装置）是数控机床实现自动加工的核心，是整个数控机床的灵魂所在。其主要由主 CPU、各种存储器、主轴控制模块、伺服控制模块、PLC 控制模块、显示卡控制模块、各类输入/输出接口等组成。数控装置接收输入装置送来的加工程序等信号，经数控装置的系统软件或逻辑电路进行编译、插补运算和逻辑处理后，输出各种信号和控制指令，控制机床的各个部分，进行规定的有序运动和动作。其中，由插补运算得到的各坐标轴的进给位移量、进给方向和速度指令，经伺服驱动系统驱动执行部件做进给运动；主轴的变速、换向和启/停，刀具选择和交换，冷却，润滑，工件的夹紧与松开，分度工作台转位等信号由机床电气逻辑控制装置控制。

（3）伺服系统

伺服系统是数控系统和机床本体之间的电传动联系环节，主要有两种：一种是进给伺服系统，它控制机床各坐标轴的切削进给运动，以沿导轨的直线运动为主；另一种是主轴伺服系统，它控制主轴的旋转运动，提供切削动力。

位置检测装置的作用是检测位移和速度，反馈至数控装置或伺服驱动器，构成伺服驱动系统闭环或半闭环控制，使工作台按指令路径精确地移动。光电式脉冲编码器和直线光栅尺是数控机床最常见的位置和速度检测装置。

（4）强电控制柜

强电控制柜主要用来安装机床强电控制的各种电气元器件，除了提供数控、伺服等一类弱电控制系统的输入电源，以及各种短路、过载、欠压等电气保护外，主要在PLC的输出接口与机床各类辅助装置的电气执行元件之间起桥梁连接作用，控制机床辅助装置的各种交流电机、液压气动系统电磁阀或电磁离合器等。此外，它也与机床操作面板上有关的手动按钮连接。强电控制柜由各种中间继电器、接触器、变压器、电源开关、接线端子和各类电气保护元器件等构成。机床电气和逻辑控制装置的作用是接收数控装置发出的开关命令，完成主轴启动与停止、工件夹紧与松开、工位工作台交换、换刀、冷却、润滑、液压、气动及其他辅助功能（主轴准停、PMC轴、排屑等）的控制；将主轴启/停、工件已夹紧、工作台交换结束、换刀到位等信号送回数控装置。

（5）机床本体

数控机床的本体指其机械结构实体，包括床身、底座、立柱、横梁、滑座、工作台等。它是整台机床的基础和框架。机床的其他零部件，或固定在基础件上，或工作时在它的导轨上运动。数控机床的机械结构，除机床基础部件外，还有主传动系统，进给传动系统，实现工件回转、定位的装置和附件，刀架或自动换刀装置（ATC）、自动拖盘交换装置（APC）等部分。为了保证高精度、高效率、高自动化程度的加工，数控机床的机械结构应具有高精度、高灵敏度、高抗振性、热变形小、高精度保持性、高可靠性、刀具先进等特点。

（6）辅助装置

辅助装置主要包括自动换刀装置（auto tool changer，ATC）、自动拖盘交换装置（auto pallet changer，APC）、工件夹紧放松机构、回转工作台、液压控制系统、润滑装置、冷却系统、排屑装置、过载和保护装置等。现代数控机床采用可编程控制器与数控装置共同完成对数控机床辅助装置的控制。

1.3.2 数控机床的分类

数控机床的品种很多，根据数控系统、加工工艺、控制原理、功能等，可从以下几个不同的角度进行分类。

（1）按数控系统分类

按所配置的数控系统可分为FANUC数控系统（0iC/0iD/0iF，16i/18i//21i，30i/31i//32i）、SIEMENS数控系统（SINUMERIK 840D、840Dsl）、HASS（哈斯）、三菱、华中、广数等。

（2）按控制运动轨迹分类

① 点位控制。点位控制数控机床的特点是机床移动部件只能实现由一个位置到另一个位置的精确定位，在移动和定位过程中不进行任何加工。机床数控系统只控制行程终点的坐标值，不控制点与点之间的运动轨迹，几个坐标轴之间的运动没有任何联系，既可几个坐标轴同时向目标点运动，亦可各个坐标轴单独依次运动。这类数控机床主要有数控坐标镗床、数控钻床、数控冲床、数控点焊机等。

② 直线控制。直线控制数控机床可控制刀具或工作台以适当的进给速度，沿着平行于坐标

轴的方向进行直线移动和切削加工，进给速度根据切削条件可在一定范围内变化。直线控制的简易数控车床，只有两个坐标轴，可加工阶梯轴；直线控制的数控铣床，有三个坐标轴，可用于平面的铣削加工。

③ 轮廓控制。轮廓控制数控机床能够对两个或两个以上运动的位移及速度进行连续相关的控制，使合成的平面或空间的运动轨迹满足零件轮廓的要求。它在加工过程中需要不断进行插补运算，然后进行相应的速度和位移控制，不仅能控制机床移动部件的起点和终点坐标，而且能控制整个加工轮廓每一点的速度和位移，将工件加工成要求的轮廓形状。常用的数控车床、数控铣床、数控磨床就是典型的轮廓控制数控机床。数控火焰切割机、电火花加工机床、数控绘图机也采用了轮廓控制系统。现代计算机数控装置都具有轮廓控制功能。

（3）按加工工艺及机床用途分类

① 金属切削类数控机床。与传统金属切削机床相对应，金属切削类数控机床有数控车床，数控铣床，数控磨床，加工中心，数控钻床，数控齿轮加工机床，以车削为主兼顾铣钻削的车削中心，具有铣镗钻削功能、带刀库和自动换刀装置的镗铣加工中心（简称加工中心），等等。

② 金属成型类数控机床。常见的用于金属板材成型的数控机床有数控压力机、数控弯管机、数控旋压机、数控剪板机等。

③ 特种加工类数控机床。数控技术也大量用于数控电火花线切割机床、数控激光加工机床、数控电火花成型机床、数控水切割机床、数控等离子弧切割机床、数控火焰切割机床等。

近年来，其他设备也大量采用数控技术，如数控多坐标测量机、数控绘图仪、工业机器人等。

（4）按联动轴数分类

数控机床按联动轴数分，可分为两轴联动、两轴半联动、三轴联动、四轴联动、五轴联动等。

（5）按驱动装置特点分类

① 开环控制数控机床。这类数控机床的控制系统没有位置检测元件（图 1-2），无反馈信号，伺服驱动部件通常为反应式步进电机或混合式伺服步进电机。数控系统每发出一个进给指令，经驱动电路功率放大后，驱动步进电机旋转一个角度，再经过齿轮减速装置带动丝杠旋转，通过丝杠螺母机构转换为移动部件的直线位移。移动部件的移动速度与位移量是由输入脉冲的频率与脉冲数所决定的。开环控制数控机床的信息流是单向的，即进给脉冲发出后，实际移动值不再反馈回来，系统对移动部件的实际位移量不进行监测，也不能进行误差校正。

开环控制系统的数控机床结构简单、成本低，仅适用于加工精度要求不是很高的中小型数控机床，特别是简易经济型数控机床。

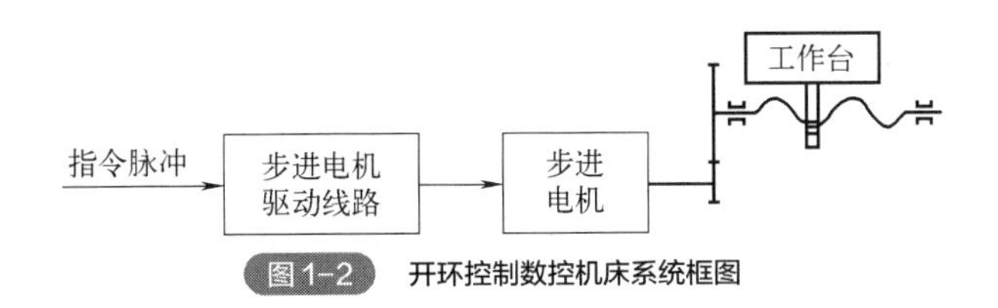

图 1-2　开环控制数控机床系统框图

② 闭环控制数控机床。闭环控制数控机床是在机床移动部件上直接安装直线位移检测装置，直接对工作台的实际位移进行检测，将测量的实际位移值反馈到数控装置中，与输入的指令位移值进行比较，用差值对机床进行控制，使移动部件按照实际需要的位移量运动，最终实现移动部件的精确运动和定位。从理论上讲，闭环系统的运动精度主要取决于检测装置的检测精度，而与传动链的误差无关，故其控制精度高。图 1-3 中，A 为速度传感器，C 为直线位移传感器。当位移指令值发送到位置比较电路时，若工作台没有移动，则没有反馈量，指令值使得伺服电机转动，通过 A 将速度反馈信号送到速度控制电路，通过 C 将工作台实际位移量反馈回去，在位置比较电路中与位移指令值相比较，用比较后得到的差值进行位置控制，直至差值为零时停止。

这类控制的数控机床，因把工作台纳入控制环节，故称为闭环控制数控机床。闭环控制数控机床的定位精度高，调试和维修都较困难，系统复杂，成本高。

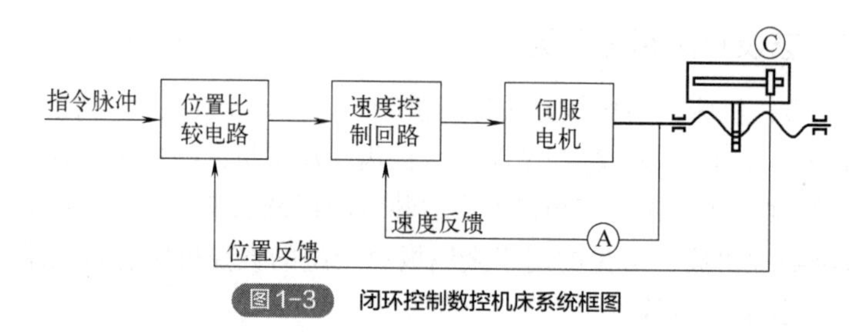

图 1-3 闭环控制数控机床系统框图

③ 半闭环控制数控机床。半闭环控制数控机床是在伺服电机的轴或数控机床的传动丝杠上装有角位移电流检测装置（如光电编码器），通过检测丝杠的转角间接地检测移动部件的实际位移，然后反馈到数控装置中去，并对误差进行修正。图 1-4 中，A 为速度传感器，B 为角度传感器。通过测速元件 A 和光电编码器 B 可间接检测出伺服电机的转速，推算出工作台的实际位移量。由于工作台没有包括在控制回路中，故称为半闭环控制数控机床。

半闭环控制数控系统的调试比较方便，并具有良好的稳定性，应用广泛。现在大多将角度检测装置和伺服电机设计成一体 ，结构更加紧凑。

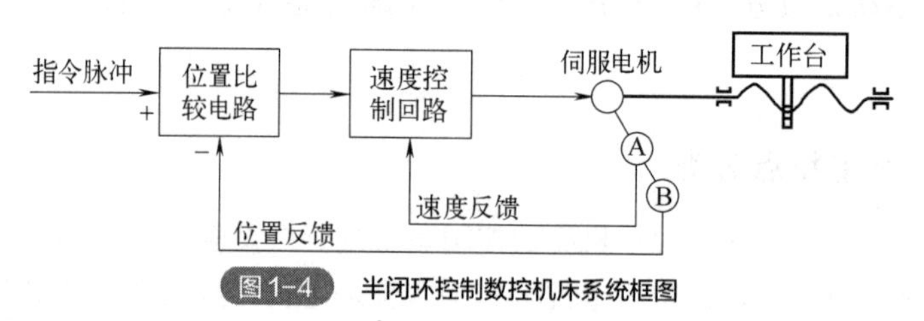

图 1-4 半闭环控制数控机床系统框图

1.3.3 常见的数控机床

（1）数控车床

数控车床主要用于各种轴类、套筒类、盘类零件上的回转表面（如内外圆柱面、圆锥面、成型回转表面、螺纹面等）的加工。其按主轴的配置形式不同，分为卧式数控车床和立式数控车床；按加工范围和功能不同，分为普通型（图 1-5）、普及型（图 1-6）、多功能型数控车床（图 1-7）和车削中心。

① 普通型数控车床。普通型数控车床的功能比较简单，床身为水平结构，主轴变速机构为机械变挡配合变频电气调速，标配为四工位刀架、手动卡盘（选配液压卡盘），数控系统一般为

FANUC 0i Mate TC/TD 或国产系统。

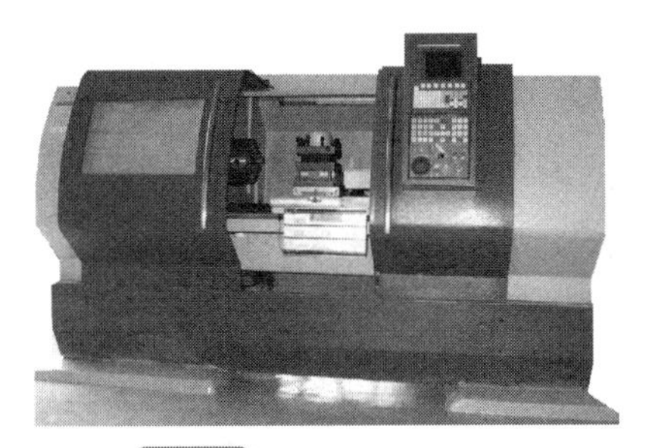

图 1-5 普通型数控车床

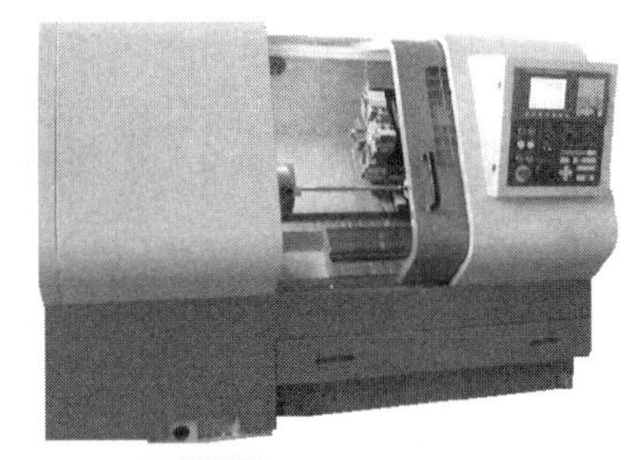

图 1-6 普及型数控车床

② 普及型数控车床。普及型数控车床的功能较强，其床身为水平或斜床身结构，主轴变速机构为机械自动换挡和电气无级调速，换刀装置为电动自动转塔（标配为 8 工位刀架，图 1-8），液压卡盘，数控系统一般为 FANUC 0i TC/TD。

③ 多功能数控车床。多功能数控车床的功能强，其主轴具有 C 轴控制功能。C 轴可以是驱动主轴的串行数字伺服主轴电机，也可以是单独的伺服主轴电机；自动换刀装置在电动转塔基础上配备了刀具的动力头功能，可完成车削、铣削、钻削加工；数控系统多为 FANUC 16i/18i 或 FANUC 0i TTC/TTD（双主轴双刀架）、SINUMERIK 840Dls；有的数控车（机）床采用多轴控制（如 Y 轴、B 轴）。

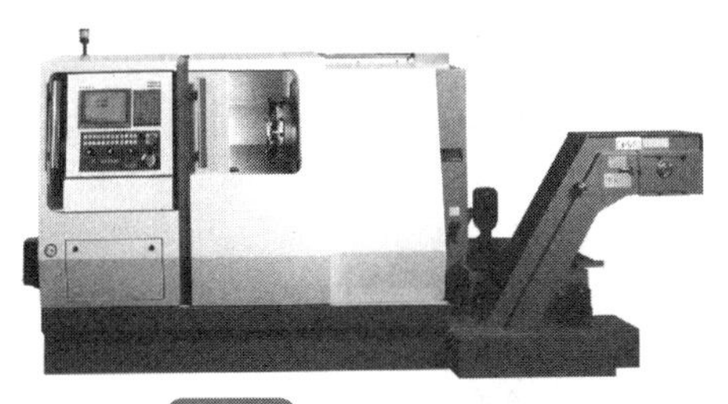

图 1-7 多功能数控车床

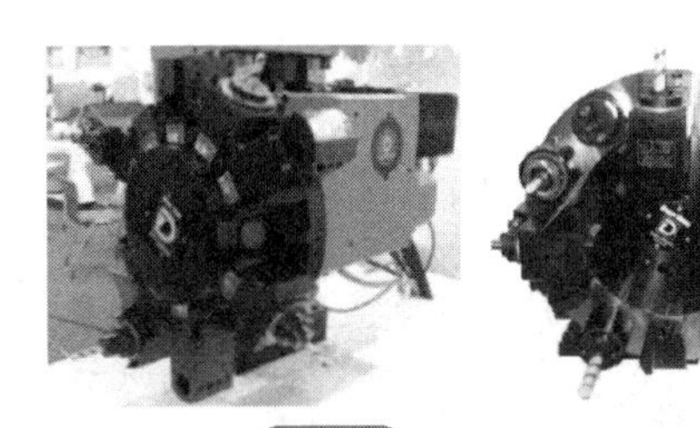

图 1-8 电动刀塔动力头

④ 车削中心。车削中心是以多功能数控车床为主体，并配置刀库、分度装置、铣削动力头和机械手换刀装置等，实现多工艺复合加工的机床。

（2）数控铣床

数控铣床适合各种箱体类和盘类零件的加工，主要对工件进行型面的铣削加工，还可进行钻、扩、铰、锪、镗以及螺纹加工。数控铣床分为立式、卧式、龙门式、五面体数控铣床，如图 1-9~图 1-14 所示。

图 1-9 立式数控铣床

图 1-10 卧式数控铣床

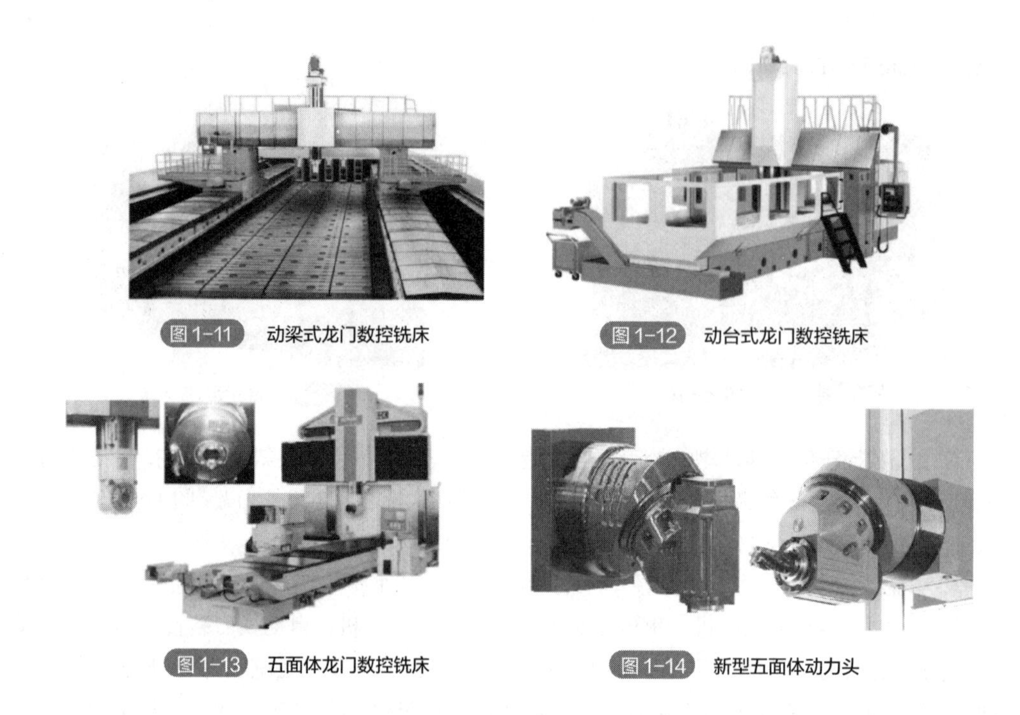

图 1-11 动梁式龙门数控铣床

图 1-12 动台式龙门数控铣床

图 1-13 五面体龙门数控铣床

图 1-14 新型五面体动力头

（3）数控加工中心

加工中心的主要功能是把铣削、镗孔、钻削、攻螺纹、铣螺纹等功能集中在一台设备上，工件一次装夹后能完成较多的加工内容，加工精度高。加工中心分为立式、卧式、龙门式数控加工中心，如图 1-15~图 1-18 所示。

图 1-15 斗笠式立式加工中心

图 1-16 带凸轮机械手的立式加工中心

图 1-17 带机械手链式刀库的卧式加工中心

图 1-18 工作台回转的立式五轴加工中心

1.4　数控机床位置检测装置

在闭环和半闭环伺服系统中，必须有位置检测装置进行移动部件的实际位置检测。

位置检测装置的作用为：检测位移（线位移或角位移）和速度，反馈至数控装置或伺服驱动器，构成伺服驱动系统闭环或半闭环控制，使工作台按指令路径精确地移动。常见的位置检测装置见表1-1。

表1-1　位置检测装置

类型	数字式		模拟式	
	增量式	绝对式	增量式	绝对式
回转型	增量式脉冲编码器、圆光栅	绝对式脉冲编码器	旋转变压器、圆感应同步器、圆磁尺	多级旋转变压器、三速圆感应同步器
直线型	计量光栅、激光干涉仪	多通道透射光栅	直线感应同步器、光栅尺	三速直线感应同步器、绝对值式磁尺

1.5　数控机床典型机械结构

数控机床机械结构包括主传动结构、进给传动结构、滚珠丝杠螺母副、导轨副、自动换刀装置、回转工作台等典型机械结构。

1.5.1　主传动结构

（1）数控机床对主传动结构的要求

① 转速高、功率大，能使数控机床进行大功率切削和高速切削，实现高效率加工；

② 主轴必须具有较宽的调速范围，能迅速可靠地实现无级调速，使主轴始终处于最佳运行状态；

③ 主轴必须具有较高的回转精度、足够的刚度和抗振性、较好的热稳定性，动态响应好；

④ 有些数控机床还具有自动换刀、主轴准停等功能。

主传动结构如图1-19所示。

图1-19　主传动结构

1—主轴；2—主轴电机；3—同步齿形带；4—主轴脉冲编码器

（2）主传动的配置方式

根据数控机床的类型与大小，其主传动主要有带传动、齿轮传动、电主轴等三种形式，如图1-20所示。

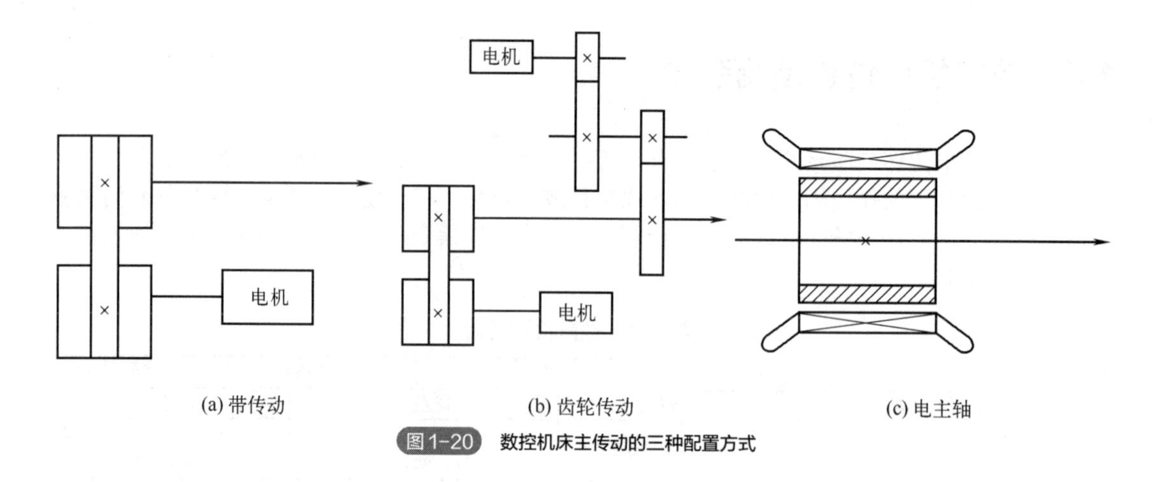

图1-20 数控机床主传动的三种配置方式

(3)典型主轴部件

主轴内部刀具自动夹紧机构是数控机床特别是加工中心的特有机构。图1-21为某加工中心主轴结构部件图，其刀具可以在主轴上自动装卸并进行自动夹紧。其工作原理如下：当刀具2装到主轴孔后，刀柄后部的拉钉3便被送到主轴拉杆7的前端，在碟形弹簧9的作用下，通过弹性卡爪5将刀具拉紧。当需要换刀时，电气控制指令给液压系统发出信号，使液压缸14的活塞左移，带动推杆13向左移动，推动固定在拉杆7上的轴套10，使整个拉杆7向左移动，当弹性卡爪5向前伸出一段间隔后，在弹性力作用下，弹性卡爪5自动松开拉钉3，此时拉杆7继续向左移动，喷气嘴6的端部把刀具顶松，机械手便可把刀具取出进行换刀。装刀之前，压缩空气从喷气嘴6中喷出，吹掉锥孔内脏物，当机械手把刀具装进之后，压力油通入液压缸14的左腔，使推杆退回原处，在碟形弹簧的作用下，通过拉杆7又把刀具拉紧。冷却液喷嘴1用来在切削时对刀具进行大流量冷却。

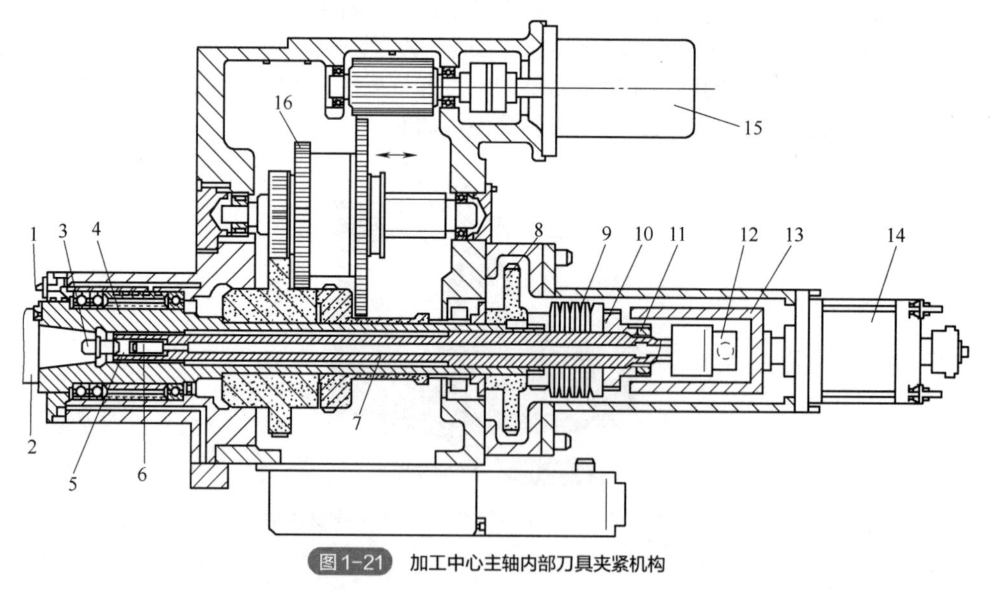

图1-21 加工中心主轴内部刀具夹紧机构

1—冷却液喷嘴；2—刀具；3—拉钉；4—主轴；5—弹性卡爪；6—喷气嘴；7—拉杆；8—定位凸轮；9—碟形弹簧；10—轴套；11—固定螺母；12—旋转接头；13—推杆；14—液压缸；15—交流伺服电机；16—换挡齿轮

（4）主轴准停装置

数控机床为了完成 ATC（刀具自动交换）的动作过程，必须设置主轴准停机构。刀具装在主轴上，在主轴前端设置一个凸键，当刀具装入主轴时，刀柄上的键槽必须与凸键对准，才能顺利换刀。为此，主轴必须准确停在某固定的角度上。图 1-22 所示为主轴电气控制准停装置结构原理图。用磁性传感器检测定位：在主轴上安装一个永磁体与主轴一起旋转，在距离永磁体旋转外轨迹 1~2mm 处固定一个磁传感器，它经过放大器并与主轴控制单元相连接，当主轴需要定位时，便可停止在调整好的位置上。

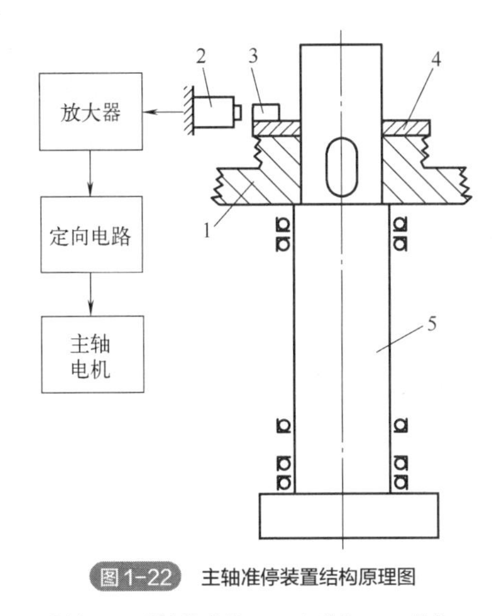

图 1-22　主轴准停装置结构原理图

1—带轮；2—磁性传感器；3—永磁体；4—垫片；5—主轴

1.5.2　进给传动结构

数控机床进给系统中的传动装置和元件要求具有高的寿命、高的刚度、无传动间隙、高的灵敏度和低摩擦阻力的特点。在数控机床上将回转运动转换为直线运动，一般采用滚珠丝杠螺母副结构，如图 1-23 所示。滚珠丝杠螺母副结构的特点是：传动效率高，一般 η=0.92～0.96；传动灵敏，不易产生爬行；使用寿命长，不易磨损；具有可逆性，不仅可以将旋转运动转变为直线运动，也可将直线运动变成旋转运动；施加预紧力后，可消除轴向间隙，反向时无空行程；成本高，价格昂贵；不能自锁，垂直安装时需要有平衡装置。

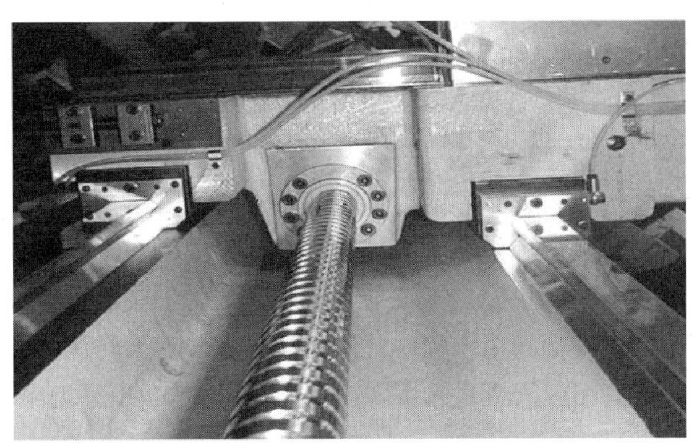

图 1-23　滚珠丝杠螺母副

进给传动系统通常是由伺服电机、同步齿形带轮传动副、滚珠丝杠螺母副所组成，有的机床直接将伺服电机与滚珠丝杠连接。数控机床常采用直线滚动导轨（图 1-24），其特点有：可自调整，安装基面允许误差大；制造精度高；可高速运行，运行速度可大于 10m/s；能长时间保持高精度；预加负载可提高刚度等。

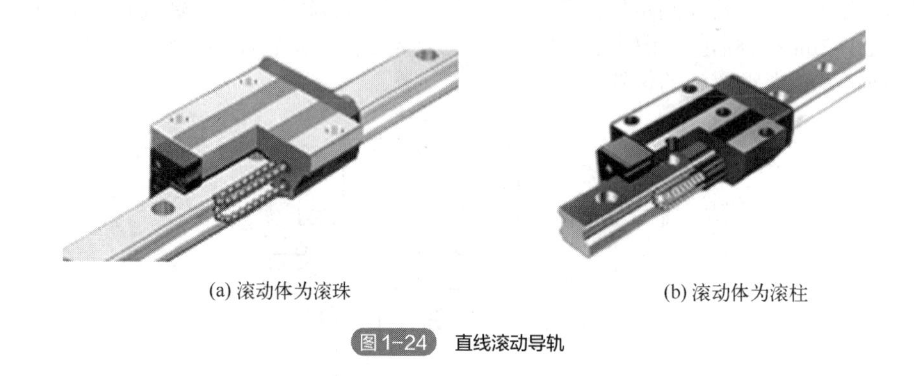

(a) 滚动体为滚珠　　(b) 滚动体为滚柱

图 1-24　直线滚动导轨

1.6　数控机床自动换刀装置

1.6.1　数控车床自动换刀装置

数控车床换刀装置有电动回转刀架和电动转塔，最为常见的是四工位电动回转刀架，如图 1-25 所示。

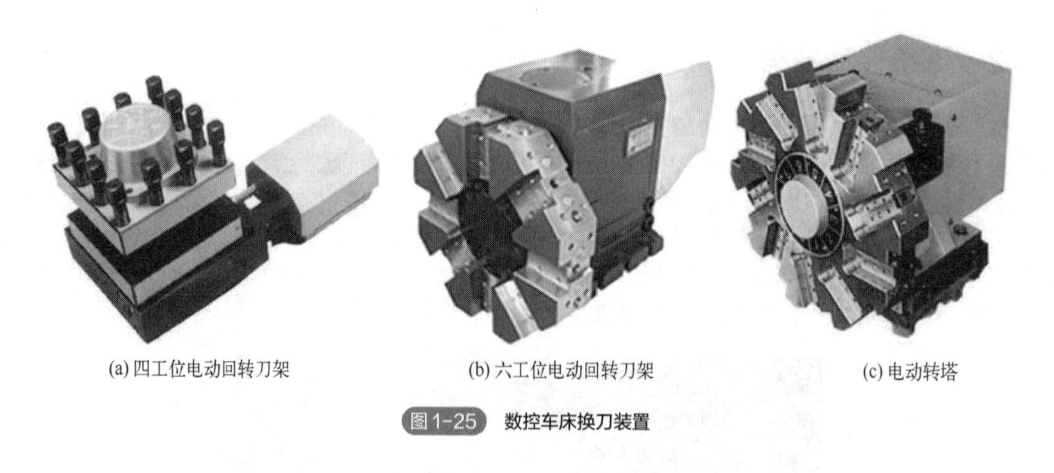

(a) 四工位电动回转刀架　　(b) 六工位电动回转刀架　　(c) 电动转塔

图 1-25　数控车床换刀装置

(1) 电动回转刀架结构

数控车床电动回转刀架是一种自动换刀装置，有四（或六）个刀位，能装夹四（或六）把不同功能的刀具。方刀架回转 90°时，刀具交换一个刀位，方刀架的回转和刀位号的选择由加工程序指令控制。换刀时，方刀架的动作顺序是：刀架抬起、刀架转位、刀架定位和刀架夹紧。为完成上述动作要求，要有相应的机构来实现，下面就以 LD-4B 型刀架为例说明其具体结构，如图 1-26 所示。

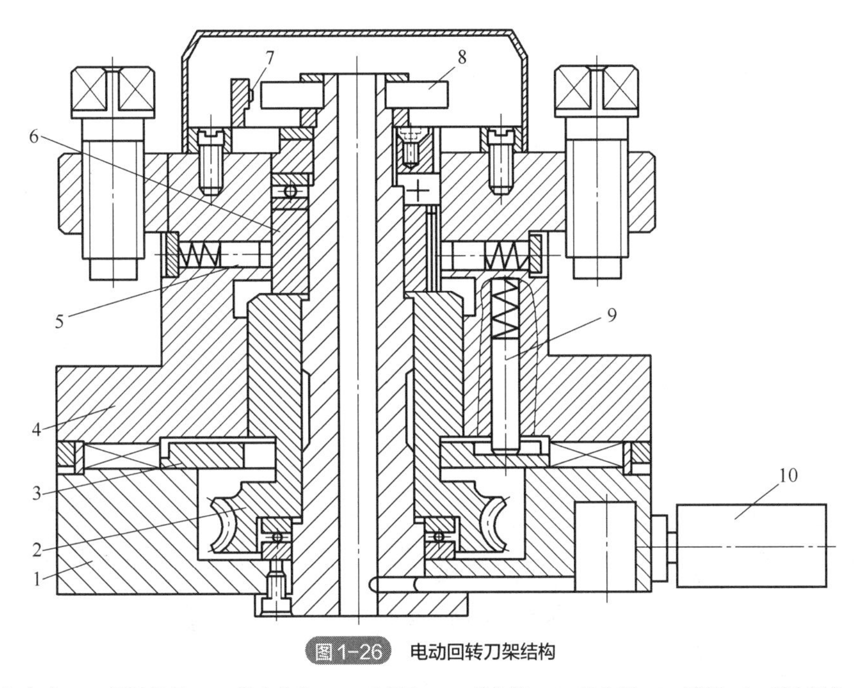

图 1-26 电动回转刀架结构

1—刀架底座；2—蜗轮丝杆；3—粗定位盘；4—刀架体；5—球头销；6—转位套；7—磁钢；8—霍尔开关；9—粗定位销；10—刀架电机

(2) 电动回转刀架工作原理

电动回转刀架一般由电机、机械换刀机构、发信盘等组成。系统发出换刀信号，刀架电机正转继电器动作，电机正转，通过减速机构和升降机构将上刀体上升至一定位置，离合盘起作用，带动上刀体旋转到所选择刀位，发信盘发出刀位信号，刀架电机反转继电器动作，电机反转，完成初定位后上刀体下降，齿牙盘啮合，完成精确定位，并通过升降机构锁紧刀架。

(3) 电动回转刀架工作过程

① 刀架抬起。当数控系统发出换刀指令后，刀架电机启动正转，通过联轴器使刀架蜗杆轴转动，从而带动蜗轮丝杠转动。刀架体的内孔加工有螺纹，与丝杠轴连接，蜗轮与丝杠为整体结构。当蜗轮开始转动时，由于刀架底座和刀架体上的端面齿在啮合状态，且蜗轮丝杠轴向固定，这时刀架体抬起，从而完成刀架抬起动作。

② 刀架转位。当刀架抬起到一定距离后，端面齿脱开，转位套用销钉与蜗轮丝杠连接，随蜗轮丝杠一同转动，当端面齿完全脱开时，球头销在弹簧力的作用下进入转位套的槽中，带动刀架体转位，刀架体转位的同时带动磁钢也转位，与刀号转位盘（4 个霍尔开关控制电路板）配合进行刀号的检测。

③ 刀架定位。当系统程序的刀号与实际刀架检测刀号一致时，刀架电机立即停止，并开始反转，球头销从转位套的槽中被挤出，使粗定位销在弹簧的作用下进入粗定位盘的凹槽中，由于粗定位销的限制，刀架体小范围转动，使其在该位置垂直落下，刀架体和刀座上的端面齿啮合实现精确定位。

④ 刀架夹紧。电机继续反转（反转时间由系统 PMC 程序控制），此时蜗轮停止转动，蜗杆轴自身转动，当两个端面齿增加到一定夹紧力时，刀架电机立即断电停止。

1.6.2 加工中心自动换刀装置

刀具交换装置是实现刀库与机床主轴之间传递和装卸刀具的装置。刀具的交换方式通常分为无机械手换刀和有机械手换刀两大类。

刀库式自动换刀装置主要应用于加工中心上，如图 1-27 所示。加工中心是一种备有刀库并能自动更换刀具对工件进行多工序加工的数控机床。工件经一次装夹后，数控系统能控制机床连续完成多工步的加工，工序高度集中。自动换刀装置是加工中心的重要组成部分，主要包括刀库、刀具交换装置等部分。刀库有转塔式刀库、斗笠式刀库、圆盘式刀库、链式刀库等，配置圆盘式刀库、链式刀库的加工中心机床常带有机械手实现换刀。

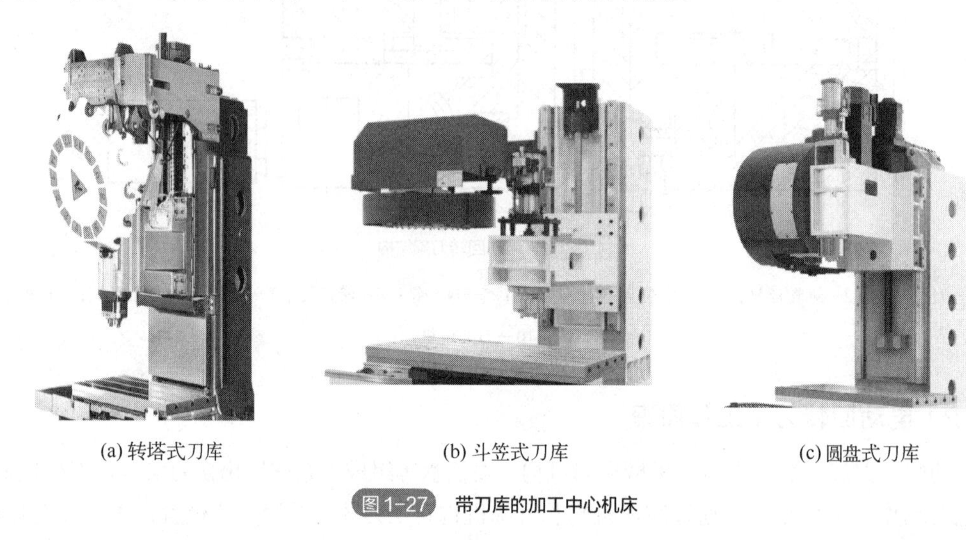

(a) 转塔式刀库　　(b) 斗笠式刀库　　(c) 圆盘式刀库

图 1-27　带刀库的加工中心机床

(1) 斗笠式刀库自动换刀装置

斗笠式自动换刀装置结构如图 1-28 所示，其换刀动作如图 1-29 所示，主要过程为：①轴移动至换刀点；②主轴准停；③刀库前进（抓旧刀）；④主轴松刀；⑤主轴向上移动；⑥刀库旋转选刀；⑦主轴向下移动至换刀点；⑧主轴紧刀（抓新刀）；⑨刀库后退（换刀结束）。

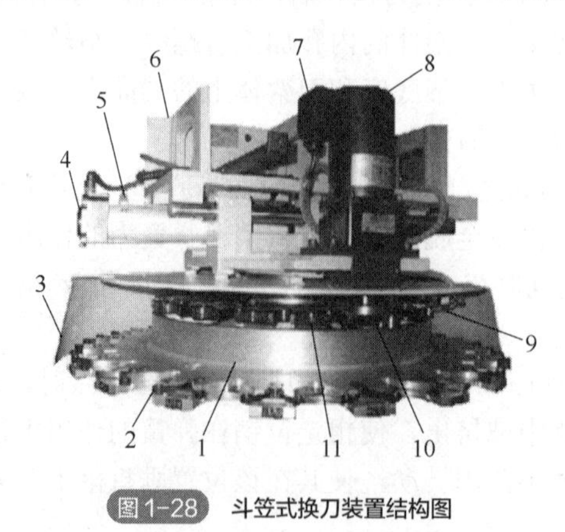

图 1-28　斗笠式换刀装置结构图

1—刀盘；2—刀盘卡簧；3—防护罩；4—气缸；5—磁环开关（2 个）；6—刀库支架；7—电机接线盒；8—刀盘驱动电机；9—接近开关；10—槽轮套；11—马氏机构

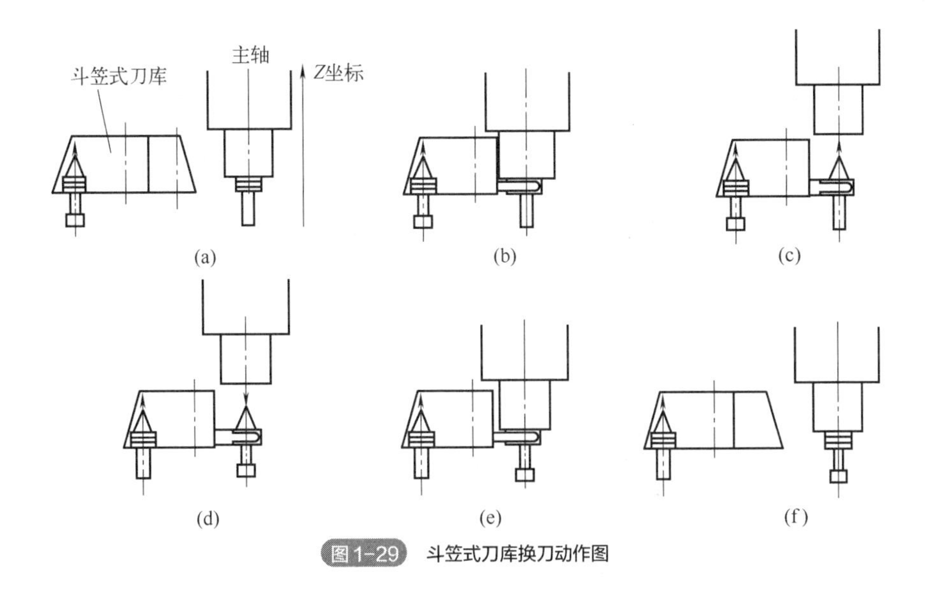

图1-29 斗笠式刀库换刀动作图

(2)圆盘式刀库、机械手自动换刀装置

圆盘式刀库的结构简图见图 1-30。以 BT50-24TOOL 圆盘式刀库自动换刀装置为例，其特点有：

① 刀库的旋转为电机驱动（具有电磁制动装置），靠电气系统实现刀库旋转方向（具有就近选刀功能）、换刀位置检测及定位控制，结构简单，工作可靠。

② 机械手换刀采用先进的凸轮换刀结构，实现电气和机械联合控制。

③ 倒刀控制采用气动控制，通过气缸的磁环开关检测控制。

④ 全机械式换刀，避免了液压泄漏，降低了故障率。

⑤ 换刀时间仅 2.7s，大大提高了机床效率。

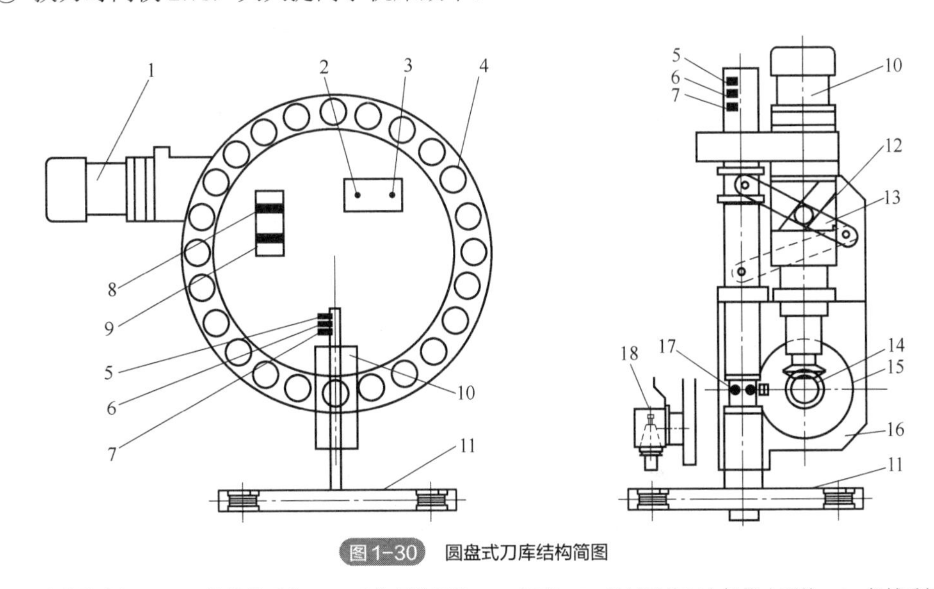

图1-30 圆盘式刀库结构简图

1—刀库旋转电机；2—刀位计数开关；3—刀位复位开关；4—刀座；5—机械手换刀电机停止开关；6—机械手扣刀到位开关；7—机械手原位确认开关；8—倒刀气缸缩回到位开关；9—回刀气缸伸出到位开关；10—机械手换刀电机；11—机械手；12—圆柱凸轮；13—杠杆；14—锥齿轮；15—凸轮滚子；16—主轴箱；17—十字轴；18—刀套

圆盘式刀库自动换刀装置的自动刀具交换动作步骤为：选刀→倒刀→扣刀→机械手拔刀→机械手插刀并完成主轴刀具锁紧→机械手回到原位→回刀，如图 1-31 所示。

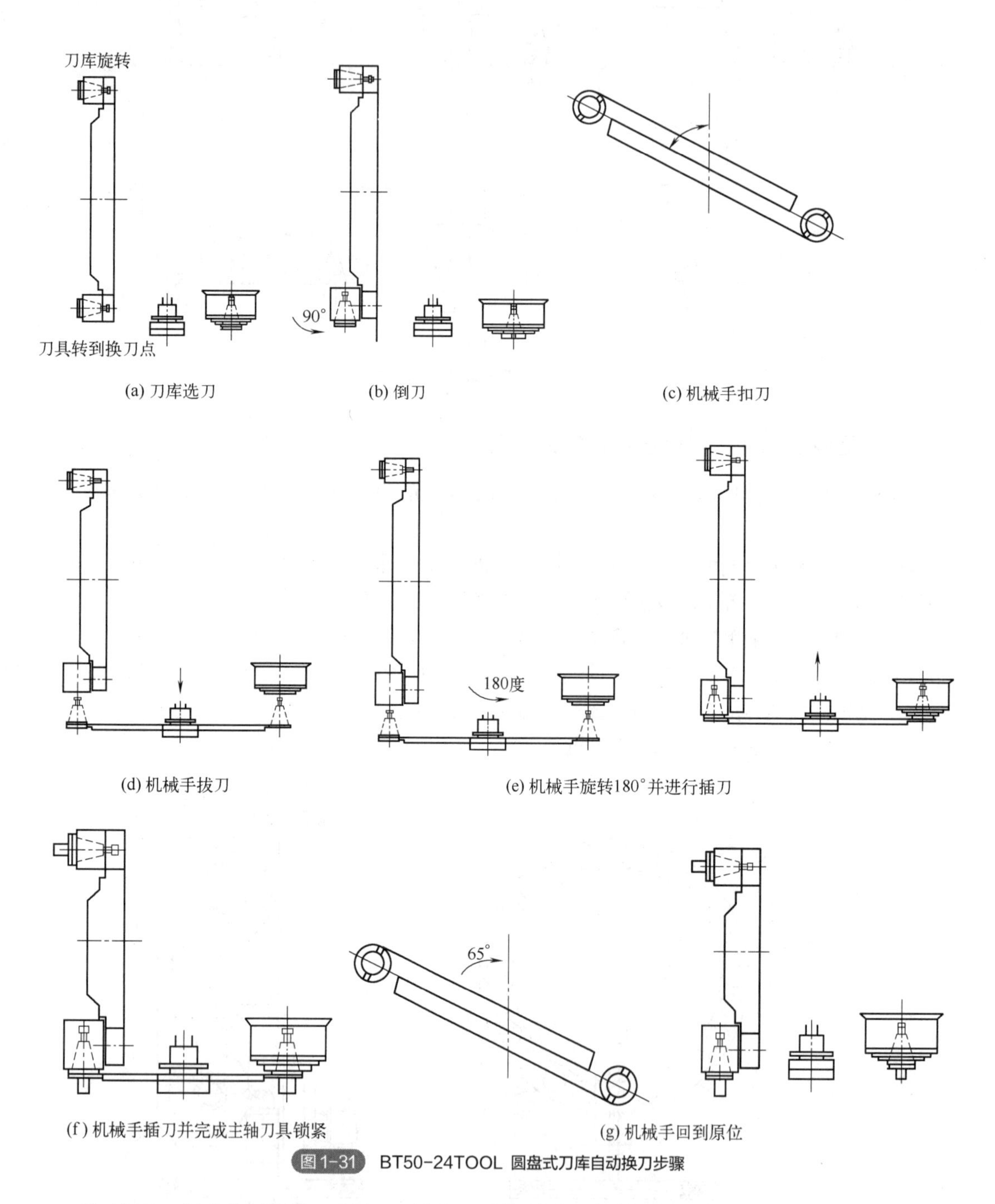

(a) 刀库选刀　(b) 倒刀　(c) 机械手扣刀

(d) 机械手拔刀　(e) 机械手旋转180°并进行插刀

(f) 机械手插刀并完成主轴刀具锁紧　(g) 机械手回到原位

图 1-31　BT50-24TOOL 圆盘式刀库自动换刀步骤

① 选刀。程序执行到选刀指令 T 码时，系统通过方向判别后，控制刀库电机 1 正转或反转，刀库中刀位计数开关 2 开始计数（计算出到达换刀点的步数），当刀库上所选的刀具转到换刀位置后，刀库电机立即停转，完成选刀定位控制。

② 倒刀。程序中执行到交换刀具指令，交换刀具指令一般为 M06（实际是调用换刀宏程序

或换刀子程序），首先主轴自动返回换刀点（一般是机床的第二参考点），且实现主轴准停，然后倒刀电磁阀线圈获电，气缸推动选刀的刀杯向下翻转 90°（倒下），倒刀到位检测开关（磁环开关）8 发出信号，完成倒刀控制，同时这也是交换刀具的开始信号。

③ 扣刀。当倒刀到位检测开关 8 发出信号且机械手原位开关 7 处于接通状态时，换刀电机 10 旋转带动机械手从原位逆时针旋转一个固定角度(65°/75°)，进行机械手抓刀(扣刀)控制。

④ 机械手拔刀。当机械手扣刀到位开关 6 接通后，主轴开始松开刀具控制（常采用气动或液压控制）；当主轴松刀开关接通后，换刀电机运转，使机械手下降，进行拔刀控制；机械手完成拔刀后，换刀电机继续旋转，机械手旋转 180°（进行交换刀具控制）并进行插刀控制；当换刀电机停止开关 5（接近开关）接通后发出信号使电机立即停止。

⑤ 机械手插刀并完成主轴刀具锁紧。当机械手完成插刀控制后，机械手扣刀到位开关 6 再次接通，主轴刀具进行锁紧控制。

⑥ 机械手回到原位。当主轴锁紧完成开关信号发出后，机械手电机启动旋转，机械手顺时针旋转一个固定角度。机械手回到原位后，机械手电机立即停止。

⑦ 回刀。当机械手的原位开关 7 再次接通后，回刀电磁阀线圈获电，气缸推动刀杯向上翻转 90°，为下一次选刀做准备。回刀气缸伸出到位开关 9（磁环开关）接通，完成整个换刀控制。

1.7 多轴机床的分类及选用

1.7.1 立式五轴加工中心

产品特点：机床总体设计布局为纵、横床身呈 T 形结构，立柱纵向移动，工作台在横床身做 X 向运动，立柱在纵床身上做 Y 向运动，滑板在立柱上做 Z 向运动。主轴箱绕 X 轴摆动±30°作为 A 轴，主轴箱绕 Y 轴摆动±30°作为 B 轴，主传动由交流主电机通过齿轮带动主轴完成主切削运动。A 轴和 B 轴与 X、Y、Z 三个直线轴实现五轴联动。配置刀库可自动换刀。

其应用于一般通用类五轴加工，如图 1-32 所示。

图 1-32 立式五轴加工中心

1.7.2 桥式五轴加工中心

产品特点：

桥梁及滑座（*X*轴）：桥梁为整体焊接结构，其内部的加强筋布置合理，保证了桥梁的高刚性。在两导轨之间设有齿条及光栅尺，通过齿轮齿条的传动从而实现 *X* 轴的运动，双电机驱动结构能消除齿轮齿条传动间的反向间隙。

横梁及滑板（*Y*轴）：横梁为焊接的方形结构，其内部的加强筋布置合理，保证了横梁的高刚性。横梁上安装两根滚柱直线导轨，并且采用全密封性滑块。在两导轨之间设有滚珠丝杠，滚珠丝杠的螺母座拖动滑板在导轨上做 *Y* 向直线运动。

滑板及滑枕（*Z*轴）：滑板为铸造结构，滑枕上安装两根滚柱直线导轨，滑板和滑枕之间设有滚珠丝杠，滚珠丝杠的螺母座拖动滑枕在丝杠上做 *Z* 向直线运动。

其应用于大型航空航天类零件的高速加工，如图 1-33 所示。

图 1-33 桥式五轴加工中心

1.7.3 龙门五轴加工中心

产品特点：采用固定横梁式龙门框架结构，床身固定，双立柱与床身两侧螺栓连接的布局形式。工作台在床身上做 *X* 向移动，滑枕在滑鞍上做 *Z* 向移动，滑鞍连同滑枕在横梁上做 *Y* 向移动。

床身（*X* 轴）：工作台 *X* 轴导轨副采用进口重载滚动直线导轨，动/静摩擦力小，工作台灵敏度高，高速振动小，低速无爬行，定位精度高，伺服驱动性能优；同时承载能力大，切削抗振动性能好。

横梁（*Y* 轴）：为满足机床重负荷切削，采用大截面，导轨平行式布置，具有足够的抗弯刚度和抗扭刚度。

滑枕及主轴头（*Z* 轴）：滑枕部件采用双液压缸平衡机构，保证滑枕的运动稳定性。该机床的主轴头是从国外引进的产品，主轴采用的是 CYTEC 公司的电主轴。主轴头通过 *A* 轴摆动、*C* 轴旋转可对空间任意方向孔、面及型面进行加工。

其应用于大型通用类零件的五轴加工，如图 1-34 所示。

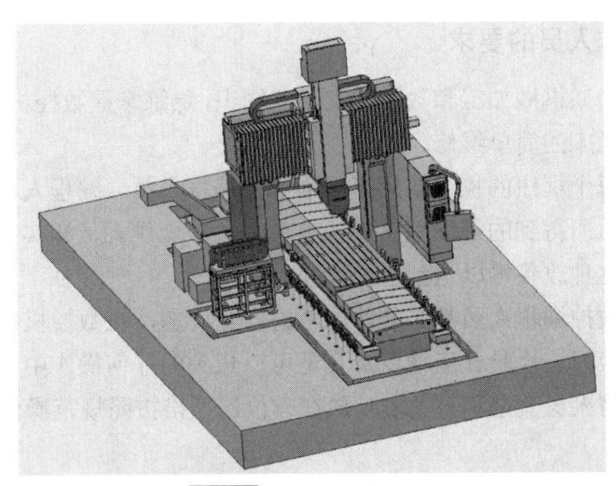

图1-34 龙门五轴加工中心

1.7.4 龙门车铣复合加工中心

产品特点：机床可以包括一个龙门架水平移动的 CNC 控制的直线 Y 轴，它垂直于 X 轴。这种配置能在加工件的所有平面上进行铣削加工，实现五面体加工功能，同时具有车削功能。

其应用于重载五轴切削，如图 1-35 所示。

图1-35 龙门车铣复合加工中心

1.8 数控加工人员的要求

数控加工技能通常掌握在两类人手中：一是从事编程的人员；二是从事加工操作的人员。

（1）对数控编程人员的要求

数控编程人员一般是拥有丰富实践经验的工程师或技师，他们知道如何读懂技术图样，也能领会设计背后的工程意图，这种实践经验是在办公室环境下“加工”零件的基础。数控编程人员必须能够收集、分析、处理数据，并把所有收集到的数据按逻辑组成程序整体。除加工技巧外，数控编程人员还必须理解数学原理，如方程的应用、圆弧和角度的计算、三角函数等相关知识，以及计算机编程、手工编程和计算机输入/输出技术。

（2）对数控操作人员的要求

数控操作人员要精通机械加工和数控加工工艺知识，熟练掌握数控机床的操作和手工编程，了解自动编程和数控机床的简单维修。

数控操作人员把每个程序的执行结果汇报给数控编程人员，编程人员运用自身的知识、技巧和意图对程序修正后所得到的最终程序加以改善。数控操作人员和实际加工联系最为密切，因而可以精确地知道这种改善可以达到何种程度。

数控操作人员同数控编程人员都必须严肃考虑安全问题，在数控机床车间的日常工作中，编程、安装、加工、换刀、检验、运输以及凡是可以想到的任何操作中，安全都是最重要的，在任何情况下，必须将人身安全和设备安全放在首位，严格按照规范操作。

本章小结

本章主要介绍了数控机床的发展历程，数控的定义，数控机床加工的特点和应用范围，数控机床的组成和分类，常见数控机床，位置检测装置的作用及类型，数控机床主传动和进给传动机械结构，电动回转刀架、斗笠式刀库、转塔式刀库、带机械手的换刀装置等。通过本章学习，可以对数控机床与编程有基本的认识。

思考题

1. 名词解释：数控、数控机床、数控加工、数控编程、插补。
2. 数控机床加工的特点是什么？
3. 数控机床适合加工哪些零件？
4. 数控机床的基本组成有哪些？
5. 数控机床的分类有哪些？
6. 位置检测装置的作用是什么？
7. 数控机床的换刀装置有哪些？
8. 编码器在数控机床中的作用是什么？
9. 电动回转刀架、转塔式刀库、斗笠式刀库、机械手刀库换刀动作过程是怎样的？

拓展阅读

［1］郑堤，张建，王春海，等. 数控机床与编程［M］. 北京：机械工业出版社，2019.
［2］赵科学，宋飞，陶林. 智能机床与编程［M］. 北京：北京理工出版社，2020.

第 2 章

数控车床编程

扫码获取本书资源

本章思维导图

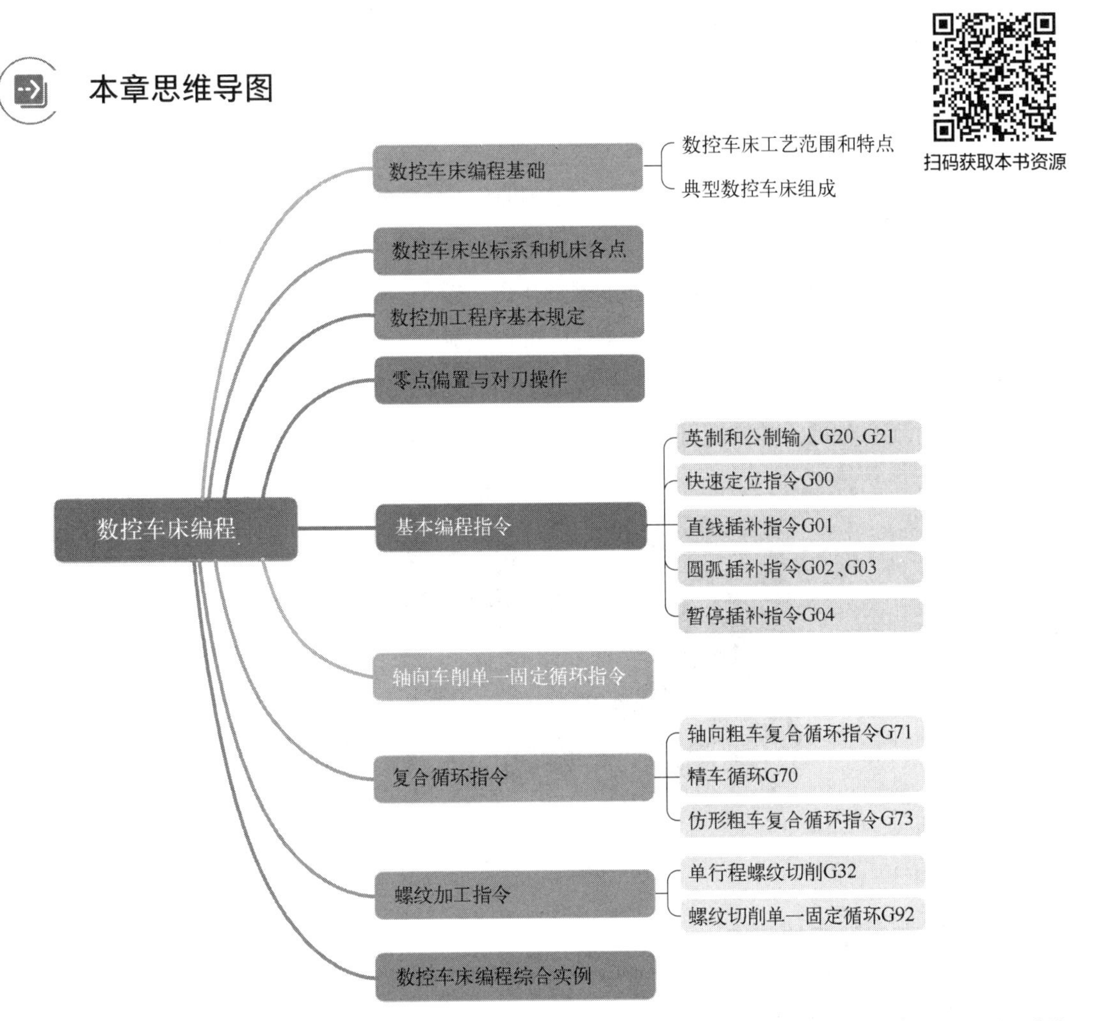

本章内容主要包括：数控车床加工范围和特点，典型数控机床的组成，数控车床的坐标系统，

机床原点、参考点、工件原点等，加工程序结构，五大功能指令（G、M、S、F、T），零点偏置，数控车床对刀，基本编程指令（G21、G20、G00、G01、G02、G03 等），单一固定循环指令 G90，复合循环指令 G71、G70、G73，螺纹加工指令 G32 和 G92 等。本章学习目标如下：

① 熟悉数控车床编程基础与车削加工基本工艺知识，了解子程序。

② 掌握编程指令 G20、G21、G00、G01、G02、G03、G04 及其用法。

③ 牢固掌握 G71、G70、G73 指令并能熟练应用。

④ 掌握螺纹加工指令 G32 和 G92 及其应用。

⑤ 理解并掌握数控车床对刀操作方法。

⑥ 完成阶梯轴和螺纹零件的数控加工工艺设计、编程与加工。

2.1 数控车床编程基础

2.1.1 数控车床工艺范围和特点

（1）数控车床的工艺范围

数控车床（图 2-1）是目前使用最广泛的数控机床之一，主要用于加工轴套类、盘盖类等回转体零件。其通过数控加工程序的运行，可自动控制完成内外圆柱面、圆锥面、成型表面、螺纹和端面等工序的切削加工，并能进行车槽、钻孔、扩孔、铰孔等工作。近年来研制出的数控车削中心和数控车铣中心，使得在一次装夹中可以完成更多的加工工序，提高了加工质量和生产效率，特别适宜复杂形状的回转体零件的加工。

数控车床加工零件的尺寸精度可达IT5~IT6，表面粗糙度精度可达 1.6μm以下。

图 2-1 数控车床

（2）数控车床加工的特点

与普通车床加工相比较，数控车床加工主要具有以下一些特点：

① 精度高。数控车床的控制系统性能和机床制造能力不断提高，机械结构更加合理，机床精度不断提高，且零件精度的一致性高。

② 效率高。随着机床结构的不断完善，以及新工艺、新刀具材料的应用，数控车床的切削效率、主轴转速、机床功率等不断提高，大大提高了数控车床的加工效率。通常其加工效率比普通车床高2~5倍。加工零件形状越复杂，越能体现数控车床的高效率加工特点。

③ 柔性高。数控车床具有高柔性的特点，适应加工零件变化的能力强。通常其能适应70%以上的多品种、小批量零件的自动加工。

④ 工艺能力强。数控车床既能用于粗加工，也能用于精加工，且在一次装夹中完成全部或大部分工序，体现出很强的工艺能力。

⑤ 可靠性高。随着数控系统性能的可靠性和机床制造精度的不断提高，以及机械结构工作性能的提高，数控机床的平均无故障时间大大提高。

（3）数控车削的主要加工对象

① 轮廓形状特别复杂或难以控制尺寸的回转体零件。由于数控车床具有直线和圆弧插补功能，部分车床数控装置还有某些非圆曲线插补功能，所以其可以车削由任意直线和平面曲线组成的形状复杂的回转体零件和难以控制尺寸的零件，如具有封闭内成型面的壳体零件。

② 精度要求高的回转体零件。数控车床刚性好，制造精度高，并且能方便地进行人工补偿和自动补偿，所以能加工精度要求较高的零件，甚至可以以车代磨。数控车床刀具的运动是通过高精度插补运算和伺服驱动实现的，并且工件经一次装夹可完成多道工序的加工，因此大大提高了加工工件的形状精度和位置精度。

③ 表面粗糙度值低的回转体零件。数控车床能加工出表面粗糙度小的零件，不但是因为机床的刚性和制造精度高，还由于它具有恒线速度切削功能。使用数控车床的恒线速度切削功能，就可选用最佳线速度来切削端面，这样切出的零件的粗糙度既小又一致。

④ 超精密、超低表面粗糙度的回转体零件。轮廓精度要求超高和表面粗糙度超低的回转体零件，适合在高精度、高功能的数控车床上加工。超精加工的轮廓精度可达 0.1μm，表面的粗糙度可达 0.02μm，超精加工所用数控系统的最小设定单位应达到 0.01μm。超精车削零件的材质以前主要是金属，现已扩大到塑料和陶瓷。

⑤ 带一些特殊类型螺纹的零件。数控车床不但能车削任何等节距的直螺纹、锥螺纹和端面螺纹，而且能车削增节距、减节距，以及要求等节距、变节距之间平滑过渡的螺纹和变径螺纹。数控车床可利用精密螺纹切削功能，采用机夹硬质合金螺纹车刀，使用较高的转速，车削精度较高的螺纹。

2.1.2 典型数控车床组成

数控车床由车床主体、控制部分、驱动部分、辅助部分等组成。车床主体包括床身、主轴箱、导轨、电动刀架、尾座、进给机构等（图 2-2）。控制部分是数控机床的控制核心，由各种数控系统完成对数控车床的控制。驱动部分是数控车床执行机构的驱动部件，包括主轴电机和进给伺服电机。辅助部分是数控车床的一些配套部件，包括液压装置、气动装置、冷却系统、润滑系统、自动清屑器等。

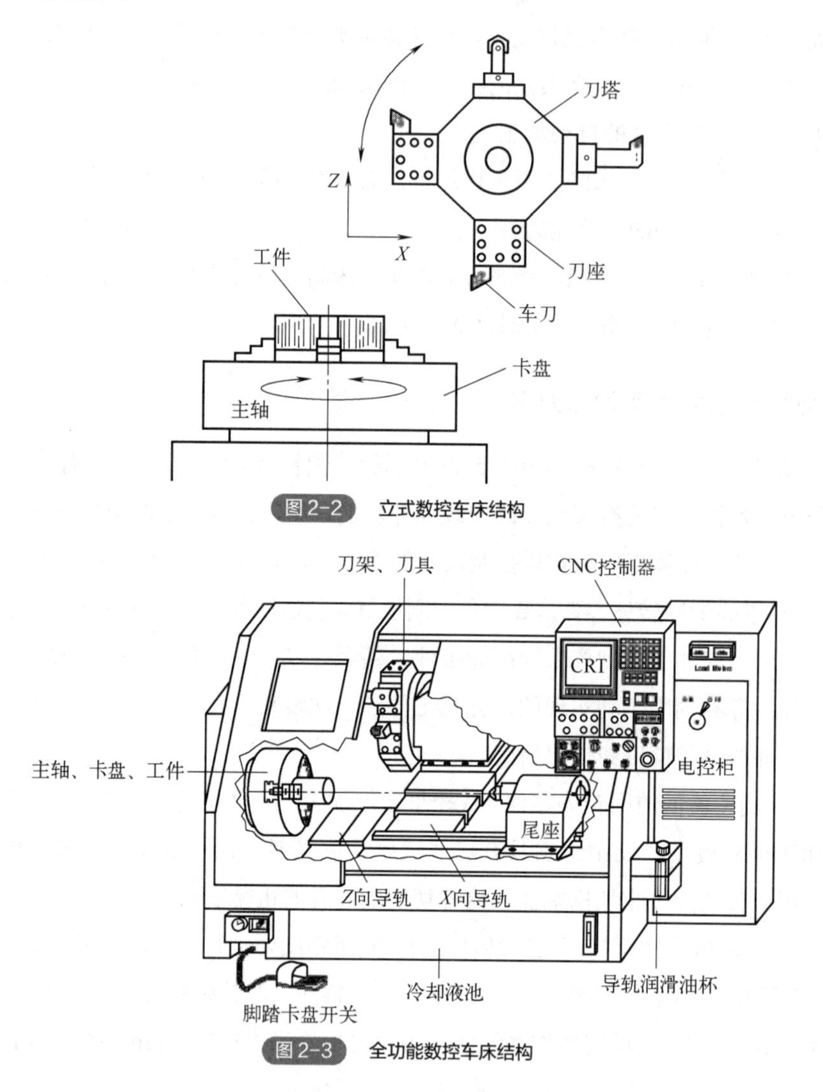

图 2-2 立式数控车床结构

图 2-3 全功能数控车床结构

图 2-3 所示为典型的全功能数控车床。该 CNC 车床的主要组成部分有 CNC 控制器、床身、主轴箱、进给运动装置、刀架、卡盘与卡爪、尾座、电源控制箱、液压和润滑系统以及其他设置。下面以典型的全功能卧式数控车床为例，简介数控车床的组成。

（1）床身

床身用于支承和对正机床的 X 轴、Z 轴及刀具部件，可以吸收由于金属切削而引起的冲击与振动。床身的设计有两种方式，即平床身或斜床身。大多数全功能 CNC 车床采用斜床身设计，这种设计有利于切屑和冷却液从切削区落到切屑传送带。

（2）主轴箱

主轴箱包含用于旋转卡盘和工件的主轴，以及传动齿轮或传动带。主轴电机驱动主轴箱主轴，数控车床的主传动与进给传动采用了各自独立的伺服电机，使传动链变得简单、可靠。由于采用了高性能的主传动及主轴部件，CNC 车床主运动具有传递功率大、刚度高、抗振性好及热变形小的优点。全功能 CNC 车床主轴实现无级变速控制，具有恒线速度、同步运行等控制功能。

（3）电动刀架

数控车床配置自动回转刀架，在加工过程中可自动换刀，连续完成多道工序的加工，大大提高了加工精度和加工效率。刀架是用于安放刀具的部件，当 CNC 程序需要某一把刀具时，必须将它转位到切削位置。因此，其基本功能是夹持刀具并实现刀具的快速转位，实现换刀功能。如图 2-4 所示，数控车床多采用自动回转刀架来夹持各种不同用途的刀具，它们可能是外圆加工刀具，也可能是内孔加工刀具，转塔刀架可以夹持 4 把、6 把、8 把、12 把甚至更多的刀具。回转刀架上的工位数越多，加工的工艺范围越大，但同时刀位之间的夹角越小，在加工过程中刀具与工件的干涉越大。

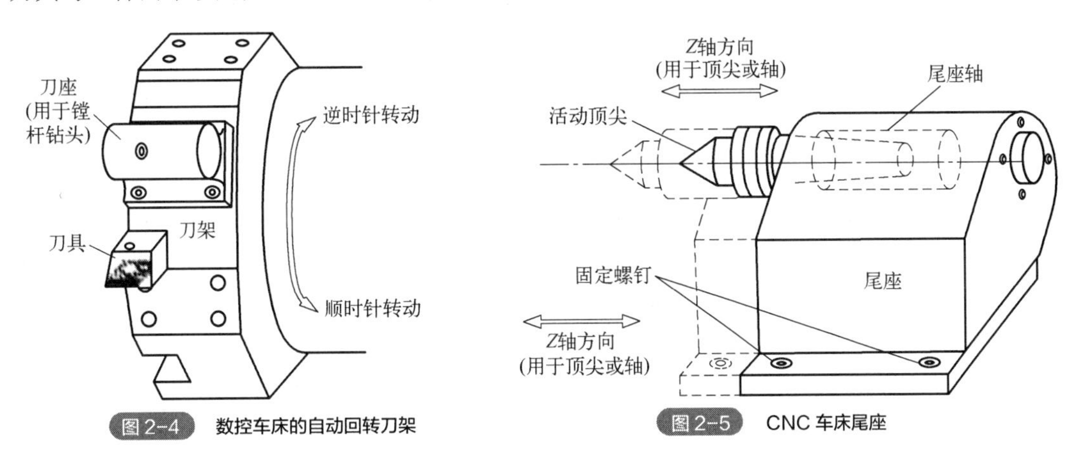

图 2-4 数控车床的自动回转刀架

图 2-5 CNC 车床尾座

（4）尾座

如图 2-5 所示，尾座用于支承刚性较低的工件，如细长轴、长的空心铸件及小型零件等。尾座可以设计成手动操作或由 CNC 程序命令操作。尾座一般利用顶尖来支承工件的一端。车床顶尖有多种样式，以适应各种车削加工的需要。最常用的顶尖是活动顶尖，它可以在轴承中旋转，从而能够减小摩擦。尾座可以沿 Z 轴滑动并支承工件。

（5）卡盘与卡爪

卡盘安装在主轴上，并配备有一套卡爪来夹持工件。三爪卡盘一般通过自定心沿径向对正零件。自定心卡盘的各卡爪同时夹紧和松开，可以自动找工件轴心与主轴线对齐。四爪卡盘装夹工件时，通常要手动找正工件，各卡爪可以单独控制，分别实现夹紧和松开，适用于不规则零件的夹持。

卡爪可以是淬硬钢（即硬卡爪）或低碳钢（即软卡爪）制成。硬卡爪有各种标准设计；软卡爪需要镗孔工序，与所夹持工件的直径相匹配。与主轴相连接的夹具可设计成弹簧夹头，弹簧夹头用于夹持棒料。棒料可以是圆形、方形或六边形等。采用了液压卡盘的数控车床，夹紧力调整方便可靠，同时也降低了操作工人的劳动强度。

（6）进给运动装置

CNC 车床的两个主要进给轴是 *X* 轴和 *Z* 轴。*X* 轴用于控制横溜板，控制刀具横向进给移动，改变工件的直径；*Z* 轴用于控制拖板，沿长度方向移动刀具来控制工件的长度。全功能 CNC 车床进给伺服系统通常为高精度数字式闭环伺服系统，采用高速微处理器及软件伺服控制，采用高分辨率位置检测器进行位置检测，能实现高速、高精度的进给运动控制。闭环进给伺服系统通常采用交流伺服电机来驱动滚珠丝杠，滚珠丝杠驱动刀架刀具沿导轨进给运动。各轴向运动控制分别采用单独的驱动电机、滚珠丝杠、导轨。

（7）CNC 控制系统

现代数控车削控制系统中，除了具有一般的直线、圆弧插补功能外，还具有同步运行螺纹切削功能，外圆、端面、螺纹切削固定循环功能，用户宏程序功能。另外，还有一些提高加工精度的功能，如恒线速度控制功能，刀具形状、刀具磨损和刀尖半径补偿功能，存储型螺距误差补偿功能，刀具路径模拟功能。

FANUC 数控车削系统以其高质量、低成本、高性能、较全的功能等特点，在市场的占有率远远超过其他的数控系统。FANUC 0i TB/TC/TD/TF 是目前广泛使用的数控车床控制系统，它以高品质、高可靠性、高性价比在国内得到广泛应用。其中 0i TB 可实现四轴二联动，目前多用于全功能数控车床；0i TC 用于四轴四联动车床；0i Mate TC 用于三轴二联动（二轴二联动）车床。

LCD（LED）位于控制器面板，它允许操作员方便、直观地访问 CNC 程序和机床信息。通过 CNC 控制器屏幕，操作员可以浏览 CNC 程序、活动代码、刀具偏置和工件偏置、机床位置、报警信息、错误消息、主轴转速（RPM）及功率。控制器面板上控制开关、按键、按钮用于操作员对机床的手动操控。LCD（LED）控制器面板如图 2-6 所示。

（8）驱动控制系统

驱动控制系统包括主轴驱动系统和进给伺服驱动系统。主轴驱动系统包括主轴放大器、主轴电机、主轴传动机构及主轴编码器等，实现数控机床主轴的速度和位置控制、主轴与进给轴的同步控制、主轴准停与定向控制；进给伺服驱动系统包括伺服放大器、伺服电机、进给传动机构、进给单元（如工作台）的位置检测装置等，实现数控机床进给装置的速度与位置控制，如图 2-7、图 2-8 所示。

（9）电源控制箱

电源控制箱上通常安装有电源开关及各种电气元件，其中包括保险装置和复位按钮。安全起见，这些元件均安装在电气控制柜内部。通常要对电源控制箱加锁，以防止未得到授权的人员操作。如果需要进行电气方面的维护，需要与取得授权的人员联系。

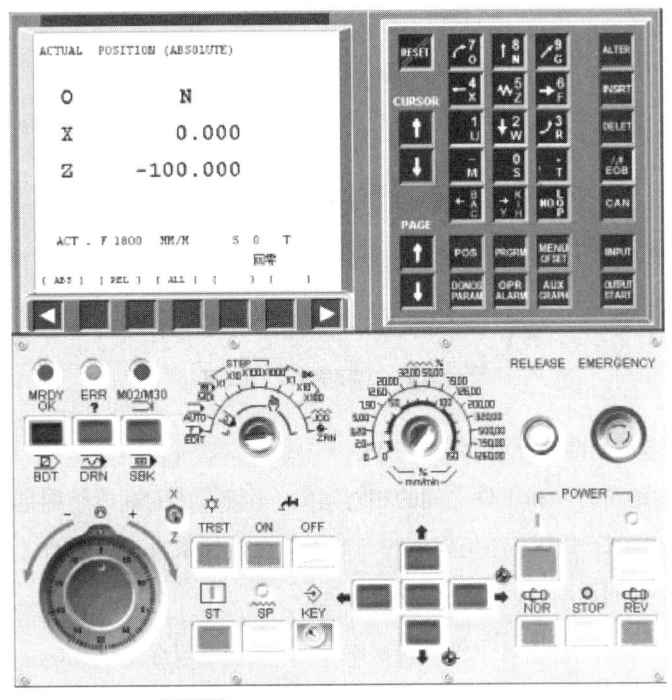

图2-6　典型FANUC数控车床控制器面板

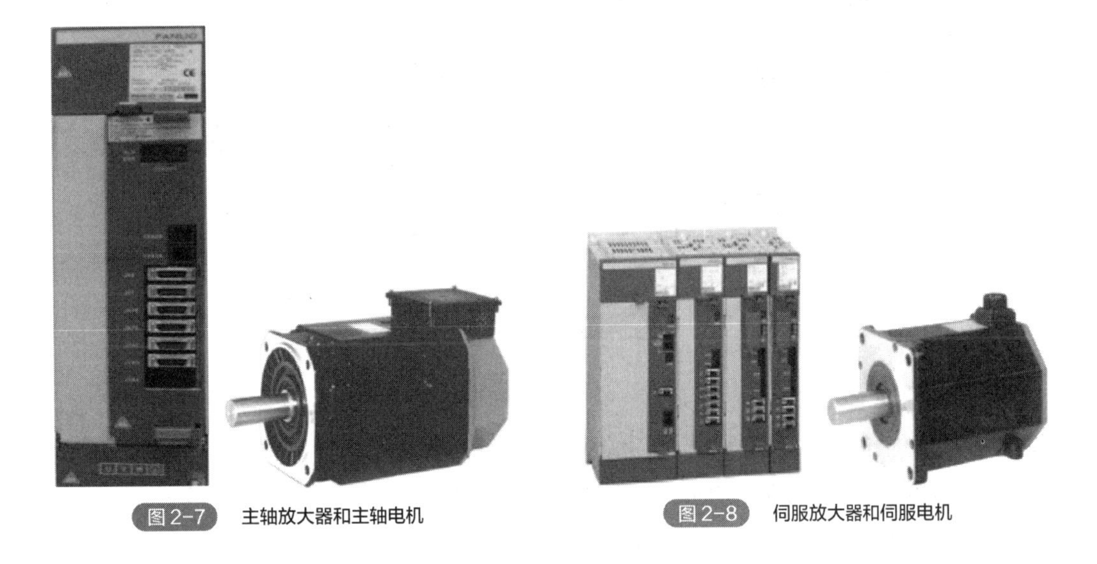

图2-7　主轴放大器和主轴电机

图2-8　伺服放大器和伺服电机

2.2　数控车床坐标系和机床各点

（1）数控车床的坐标系

数控机床标准坐标系是一个右手直角笛卡尔坐标系（图2-9）。基本坐标轴为 X、Y、Z 直角坐标轴，大拇指指向 X 轴正向，食指指向 Y 轴正向，中指指向 Z 轴正向，Z 轴与车床主导轨平行。

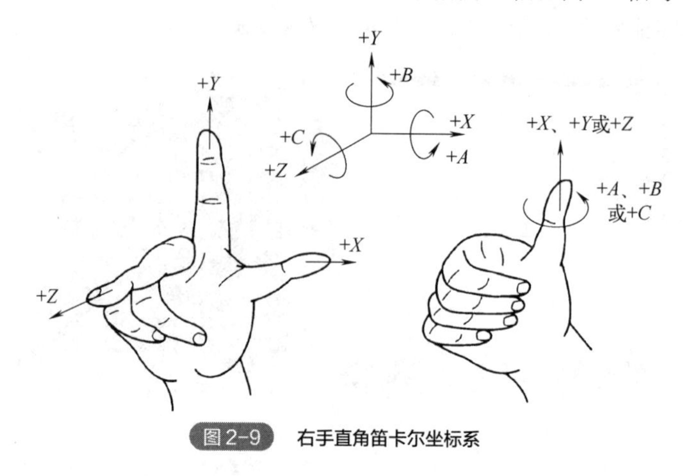

图 2-9 右手直角笛卡尔坐标系

坐标轴和运动方向的命名原则（图 2-10）：

① 机床的运动是指刀具和工件之间的相对运动，不管机床的具体结构是哪个运动哪个静止，在确定机床坐标系时一律假定工件是静止的，即刀具在坐标系内相对于静止的工件运动。

② 刀具远离工件的运动方向为坐标轴正方向。

③ 机床主轴旋转运动的正方向是按照右旋螺纹进入工件的方向。

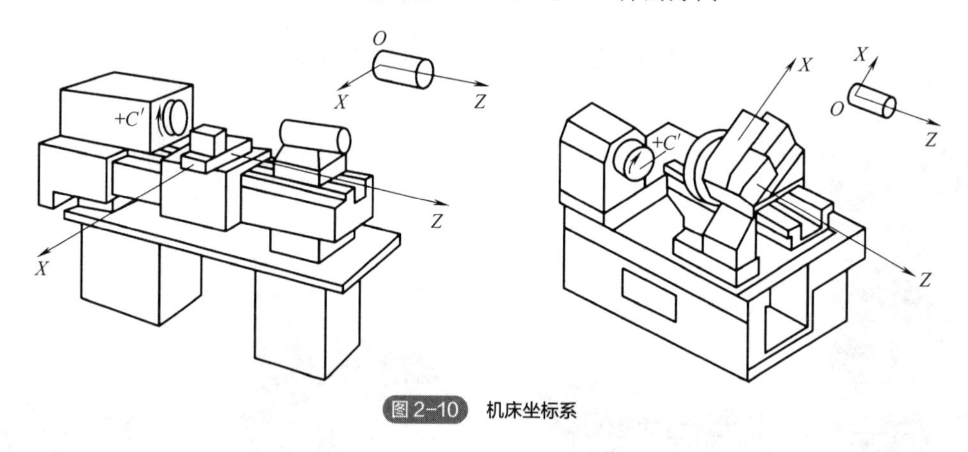

图 2-10 机床坐标系

Z 坐标轴的规定：在机床坐标系中，规定与传递切削动力的主轴重合或平行的刀具运动方向为 Z 轴，远离工件的刀具运动方向为 Z 轴正方向（$+Z$）。

X 坐标轴的规定：X 轴是水平的，平行于工件的装夹面。

数控车床一般这样规定坐标系：平行主轴线的运动方向取名 Z 轴方向，横滑座上导轨方向取名 X 轴方向，且规定刀架离开工件方向为正向。

（2）数控车床原点

数控车床坐标系的原点称为数控车床原点，它是一个固定不变的位置点。数控车床原点可设在卡盘前端面或后端面的中心，也可设在接近各轴进给行程的终点。如图 2-11（a）所示，若数控车床生产厂把机床坐标零点设在主轴线与卡盘定位面的交点 M，则建立了以 M 为原点的数控车床坐标系。如图 2-11（b）所示，数控车床厂把机床坐标零点 M 设在 X、Z 正向的极限行程点。

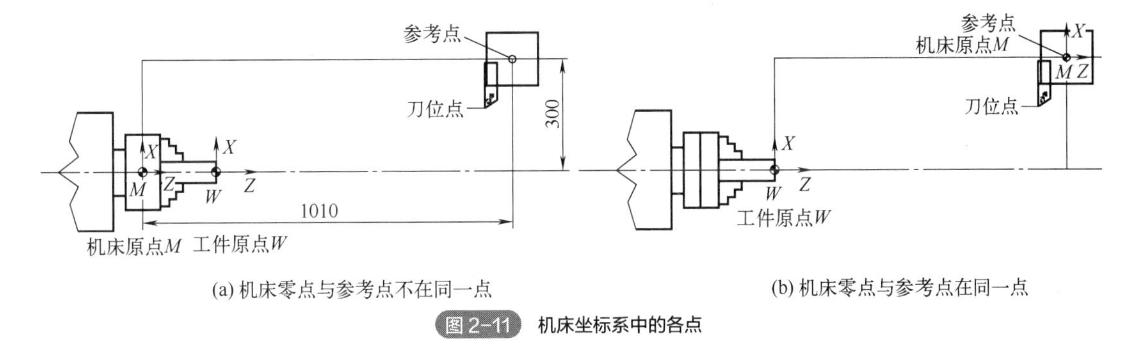

(a) 机床零点与参考点不在同一点　　(b) 机床零点与参考点在同一点

图 2-11 机床坐标系中的各点

（3）机床参考点

对于增量式测量系统的数控机床，机床厂家设置另一固定的点——机床参考点。机床参考点通常设在接近 X、Z 正向的极限行程点，用于标定进给测量系统的测量起点。机床参考点相对机床原点（亦称机床零点）具有准确坐标值，出厂前由机床厂家精密测量并固化存储在数控装置的内存里。

（4）刀架参考点

数控车床生产厂无法预先确定具体工件和刀具的位置，机床坐标系无法直接提供追踪测量刀具相对工件坐标位置的功能。因此，数控车床生产厂选择刀架上一定点——刀架参考点，作为机床坐标系直接追踪测量的目标。刀架参考点用来代表刀架在机床中的位置，如图 2-11 中的刀架中心（与参考点重合）。

（5）回参考点操作

采用增量式光电编码器作为测量装置的数控机床开机后，首先要执行回参考点操作，让刀架参考点与机床参考点重合，确立进给测量系统的测量起点及坐标值，进而机床具有在坐标系上对测量目标的位置进行测量的功能。若机床将机床参考点和机床原点设为同一点，则起始坐标值为零坐标值，返回参考点操作又称为回零操作。值得注意的是，回参考点操作不能让CNC直接测量到刀具刀位点相对工件的位置，数控车床坐标系追踪测量的目标是刀架参考点的坐标位置。

（6）刀位点

刀具相对工件的进给运动中，工件轮廓的形成往往是由刀具上的特征点直接决定的。例如，外圆车刀的刀尖点的位置决定工件的直径；端面车刀的刀尖点的位置决定工件的被加工端面的轴向位置；钻削时，刀具的刀尖中心点代表刀具钻入工件的深度；圆弧形车刀的圆弧刃的圆心距加工轮廓总是一个刀具半径值。用这些点可表示刀具实际加工时的具体位置。选择刀具的这些点作为代表刀具车削加工运动的特征点，称为刀具刀位点。

图 2-12 所示为一些常见车刀的刀位点。其中，图（a）（b）（f）刀具刀位点并不在刀具上，而是刀具外的一个点，可称之为假想的刀尖，其位置是由对刀的方法和特点决定的。

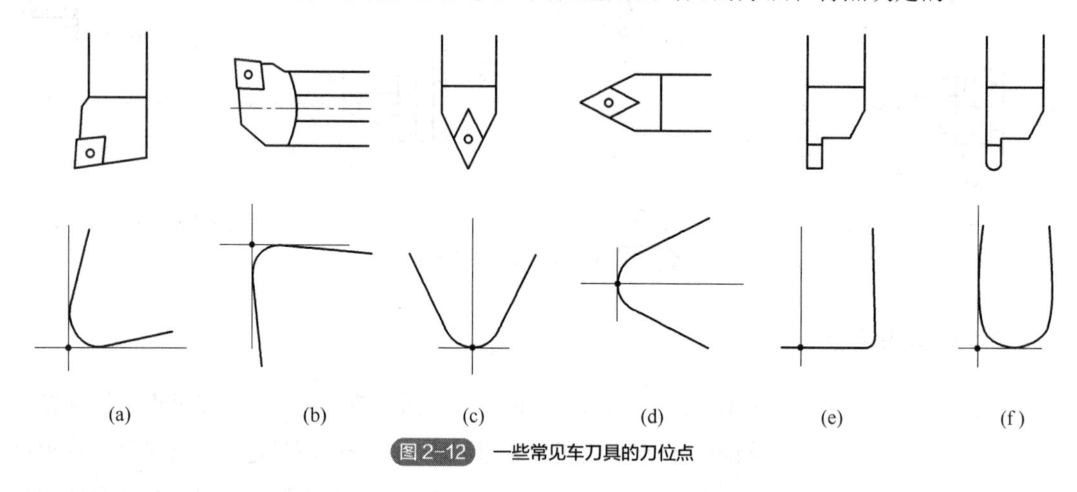

图 2-12　一些常见车刀具的刀位点

（7）工件坐标系及工件原点

选择工件一点作为工件零点，代表工件在机床的位置。取工件右端面中心为工件零点，取与机床坐标系名称和方向相同的坐标轴，建立工件坐标系。工件坐标系的坐标零点随编程者的意愿确定。工件坐标系的原点称为工件原点或编程原点。工件原点在工件上的位置虽可任意选择，但一般遵循以下原则：

① 工件原点选在工件图样的基准上，以利于编程；

② 工件原点尽量选在尺寸精度高、粗糙度值低的工件表面上；

③ 工件原点最好选在工件的对称中心上；

④ 要便于测量和检验。

在数控车床上加工工件时，工件原点一般设在主轴中心线与工件右端面（或左端面）的交点处。

2.3　数控加工程序基本规定

2.3.1　数控加工程序结构

数控机床加工程序由程序名、程序内容、程序结束三部分组成。

① 程序名。所有数控加工程序都要取一个程序名，用于存储、调用。不同的数控系统有不同的命名规则，FANUC数控系统程序名通常由字符“O”后跟四位数字来表示。

② 程序内容。由一个个程序段组成，每个程序段则由一个或若干个信息字组成，每个信息字又由地址符和数据字组成。

③ 程序结束。用辅助功能代码M02或M30表示。

数控车床程序段由顺序号字、功能字、尺寸字、其他地址字组成，末尾用“;”表示结束，如:

```
N100  T0101  M03  S500  G01  X50.  Z30.  F0.2;
```

2.3.2 加工程序指令字的格式

(1) 加工程序的字符

构成加工程序指令的字符是加工程序的最小组成单位。数控标准规定选用A、B、…、Z共26个字母，0、1、2、…、9共10个数字字符，标点符号和数学运算符号等作为表达加工程序的最基本的组成符号。在加工程序的描述中，字符用来组成表示某种控制功能的指令字或表示数据。例如，程序中的一段指令:

```
G01 X100 Z50 F0.3;
```

“G01”是由G、0、1三个字符按顺序组合成的指令，其含义是：进给运动的轨迹是一直线段。这个指令对CNC而言，应做好控制进给运动是直线进给运动轨迹的准备。

“X100 Z50”表示直线的终点坐标数据为（*X*100，*Z*50），这符合数学的习惯。

“F0.3”表示直线进给的速度是“0.3mm/r”。

“;”表示程序中的一段指令的结束。

(2) 加工程序的指令字的结构组成

地址字符与其后具体的数据组成数据字。如：“X55”和“F200”，X、F是地址字符，55，200是具体的数据。“X55”在程序中代表坐标尺寸数据，是尺寸数据字；“F200”表示的是进给速度的数值，是非尺寸数据字。

地址字符与其后数字代号组成指令字。如：“G01”是一个指令字，其中G是地址字符，01是数字代号。

数控加工程序指令中，位于字头的字符或字符组，用以识别其后的数据，称为地址字符，在传递信息时，它表示其在计算机存储单元的出处或目的地。在加工程序中常用的地址有N、G、X、Y、Z、U、V、W、I、J、K、F、S、T和M等字符，都有标准所规定的含义。

2.3.3 加工程序指令字的功能

(1) 顺序号字

顺序号字又称程序段号，位于程序段之首，用地址符N和后面的若干位数字（常用2～4

位）来表示。一般都将第一程序段冠以N10，后面以10为间隔设置，这主要是便于调试时插入新的程序段。如在N10和N20之间可插入N11~N19。顺序号相当于程序段的名字，作用主要是便于程序编辑时的校对和检索修改，还可用于程序转移。

注意：程序执行的顺序和程序输入的顺序有关，而与顺序号的大小无关。所以，一整个程序中也可以全不设顺序号，或只在需要的部分设置。

（2）准备功能字

准备功能字的地址符是G，故又称G功能或G指令，它指令数控机床做好某种控制方式的准备，或CNC系统准备处于某种工作状态的指令。G代码由地址G及其后的两位数字组成，从G00~G99共100种，有些数控系统的G代码已使用三位数（表2-1）。

功能：建立机床或控制系统工作方式的一种命令。

指令使用说明：① 不同数控系统G代码各不相同；② G代码有模态代码和非模态代码两种。

表2-1 FANUC 0i TC/0i Mate TC系统常用G代码功能

G代码	组别	意义	G代码	组别	意义
G00*	01	快速定位	G66*	12	宏程序模态调用
G01*		直线插补	G67*		宏程序模态调用取消
G02*		顺时针圆弧插补	G70	00	精车复合循环
G03*		逆时针圆弧插补	G71		轴向粗车复合循环
G04	00	暂停	G72		端面粗车复合循环
G20*	06	英制输入	G73		仿形粗车复合循环
G21*		公制输入	G74		端面深孔钻削
G22*	09	存储行程检测功能有效	G75		外圆车槽复合循环
G23*		存储行程检测功能无效	G76		螺纹切削复合循环
G27*	00	参考点返回检查	G80*	10	取消固定循环
G28*		返回参考点	G83*		端面钻孔循环
G29		从参考点返回	G84*		端面攻螺纹循环
G30		第二参考点返回	G85*		端面镗孔循环
G32*	01	切削螺纹	G87*		侧面钻孔循环
G40*	07	取消刀尖圆弧半径补偿	G89*		侧面镗孔循环
G41*		刀尖圆弧半径左补偿	G90*	01	外圆、内孔切削单一循环
G42*		刀尖圆弧半径右补偿	G92*		螺纹切削单一循环
G50*	00	工件坐标系设定或最大转速限制	G94*		端面切削单一循环
G52*		可编程坐标系偏移（局部坐标系）	G96*	02	恒线速

续表

G代码	组别	意义	G代码	组别	意义
G53*	00	取消可设定的零点偏置（或选择机床坐标系）	G97*	02	恒转速
G54～G59*	14	设定零点偏置	G98*	05	每分钟进给量（mm / min）
G65	00	宏程序调用	G99*		每转进给量(mm/r)

注：表中带有“*”的指令为模态指令，亦称续效指令，它一经指定便一直有效，直到被同组的其他指令取代为止。

（3）坐标尺寸字

尺寸字给定机床在各坐标轴上的移动方向、目标位置或位移量，由尺寸地址符和带正、负号的数字组成。尺寸地址符较多，其中：

① X、Y、Z、U、V、W表示直线坐标，与数学坐标标注习惯相似。

② A、B、C、D、E表示角度坐标。回转轴的转动坐标字表达如B30.45，“30.45”是回转角度，单位“度”。

③ I、J、K表示圆心坐标，I、J、K地址符后数值一般是圆心相对圆弧起点的增量值，例如在*XY*平面内“I20 J0”。

④ R用来指定圆弧半径。大多数CNC控制系统有半径指定功能，即在已知起点、终点的情况下，用半径R指定圆弧大小位置，例如：用R100 指定圆弧半径。

注意：尺寸字的数值有公制或英制、绝对值坐标或增量坐标的区分。坐标字的指令值最大不超过 8 位，如设定单位用 10μm，则直线轴指令值范围为 0~±999999.99；回转轴回转角度指令范围为 0~±999999.99°。

（4）进给功能字

进给功能字由地址符F和若干位数字组成，故又称F功能或F指令。它的功能是指定切削的进给速率，具体的进给速率由F后的数字给出，如“F200”。

F进给速率的单位有每转进给量（mm/r）和每分钟进给量（mm/min）两种。在FANUC车削系统用G98、G99 来选择单位是每分钟进给量还是每转进给量。FANUC数控系统开机默认毫米/转（mm/r）。F指令是模态指令。

如：G98 F200，“F200”单位是mm/min；

G99 F0.2，“F0.2”单位是mm/r。

有时F还可用来指定螺纹导程，如F1.5 在螺纹加工程序段中表示螺纹导程为 1.5mm。

（5）主轴转速功能字

主轴转速功能字由地址符 S 和若干位数字组成，故又称 S 功能或 S 指令，用 G97、G96 来选择是指定每分钟转数还是线速度。G97 用来指定主轴的转速单位为 r/min，例如 G97 S600 表示主轴转速为600r/min。G96用来指定切削线速度单位为m/min，例如G96 S200，“S200”单位是m/min。开机默认G97。

线速度和转速之间的关系为：

$$v=\pi Dn/1000 \text{ 或 } n=1000v/(\pi D)$$

式中，D为切削部位的直径，mm；v为切削线速度，m/min；n为主轴转速，r/min。

S功能用以指定主轴转速，S是模态指令。S功能只有在主轴速度可调节时才有效。S代码只是设定主轴转速的大小，并不会使主轴回转，必须有M03或M04指令时，主轴才开始回转。

（6）刀具功能字

刀具功能字由地址符T和若干位数字组成，故又称T功能或T指令，主要用来指定加工所用的刀具。数控车床的T指令一般有两个功能，一是用来指令刀具转换到工作位置；二是指令刀具的补偿号。

（7）辅助功能字

辅助功能字又称M功能，主要用于数控机床开关量的控制，表示一些机床辅助动作的指令。它用地址符M和两位数字表示，有M00~M99，共100种。与G指令一样，M指令在实际使用中的标准化程度也不高。不同的数控系统M代码的含义是有差别的，使用前一定要查看手册。FANUC机床数控系统M指令大部分虽然与国际标准相似，但部分M代码的含义是有差别的。表2-2为FANUC数控车削系统的M指令应用。

表2-2 FANUC数控车削系统M指令应用

M代码	说明	M代码	说明
M00	强制停止程序	M12	尾架顶尖套筒进
M01	可选择停止程序	M13	尾架顶尖套筒退
M02	程序结束	M19	主轴定位（可选择）
M03	主轴正转	M21	尾架向前
M04	主轴反转	M22	尾架向后
M05	主轴停	M23	螺纹逐渐退出开
M07	冷却液喷雾开	M24	螺纹逐渐退出关
M08	冷却液开	M30	程序结束，返回程序开始
M09	冷却液关	M98	子程序调用
M10	卡盘夹紧	M99	子程序结束
M11	卡盘松开		

M功能完成的动作类型，是与机床相关的开关动作，同时也要注意M功能常常有两种状态的选择模式，如“开”和“关”、“进”和“出”、“向前”和“向后”、“进”和“退”、“调用”和

“结束”、“夹紧”和“松开”等相对立的辅助功能是占大多数的。下面对常用的辅助功能指令加以说明：

M00——程序停。当执行了M00之后，完成编有M00指令的程序段中的其他指令后，主轴停止，进给停止，冷却液关断，程序停止，此时可执行某一手动操作，如工件调头、手动变速等，重新按“循环启动”按钮，机床将继续执行下一程序段。

M01——程序选择停止。当执行到这一条程序时，以后还执行下一条程序与否，取决于操作人员事先是否按了面板上的选择停止按钮，如果没按，那么这一代码就无效，继续执行下一段程序。所以采用这种方法是给操作者一个机会，可以对关键尺寸或项目进行检查，如果不需要的话，只要不按“选择停止”按钮即可。

M02——程序结束。它使主轴、进给、冷却液都停下来，并使数控系统处于复位状态。

注意： M00、M01、M02代码在应用中的不同。M00及M01都是在程序执行的中间停下来，当然还没执行完程序，其中M00是肯定要停，要重新启动才能继续下去，M01是不一定停，看操作者是否有这方面的要求；而M02是肯定停下且让机床处于复位状态。

M03——主轴正转；M04——主轴反转。

M05——主轴停。它表示在执行完所在程序段的其他指令之后停止主轴。

M08——冷却液开；M09——冷却液关。

M98——调用子程序。

M99——子程序结束，返回主程序。

M30——程序结束。它与M02类似，但M30可以使程序返回到开始状态。

2.4 零点偏置与对刀操作

在零件图纸上规划刀具相对工件的运动轨迹并形成编程数据，无疑是方便的，但值得注意的是，编程数据表达的是刀位点相对工件零点的位置。而数控机床在机床坐标系内所能直接追踪测量的目标是刀架参考点的坐标位置。因此，即使程序已经输入，工件、刀具已经安装上机床，机床CNC也不能直接理解编程数据，更不能精确控制刀位点在工件坐标系内按程序进给。其根本原因是机床坐标系与工件坐标系存在差别，差别表现在以下两个方面：

① 坐标系追踪测量的目标不一致。机床坐标系追踪测量刀架参考点的坐标，编程坐标表达刀位点坐标。

② 坐标的零点不一致。从编程者角度看，工件零点就是工件编程原点。从机床数控系统的角度看，它事先并不知道工件及零点在机床的什么位置。

CNC不能理解编程数据的根本原因是两种坐标表达的差别，于是，测量它们间的差别进行弥补，使两个坐标测量统一起来，以便CNC能认识理解编程数据代表的具体位置，并正确控制刀具相对工件的运动轨迹。弥补差别的方法通常有零点偏置（图 2-13）和几何位置补偿。

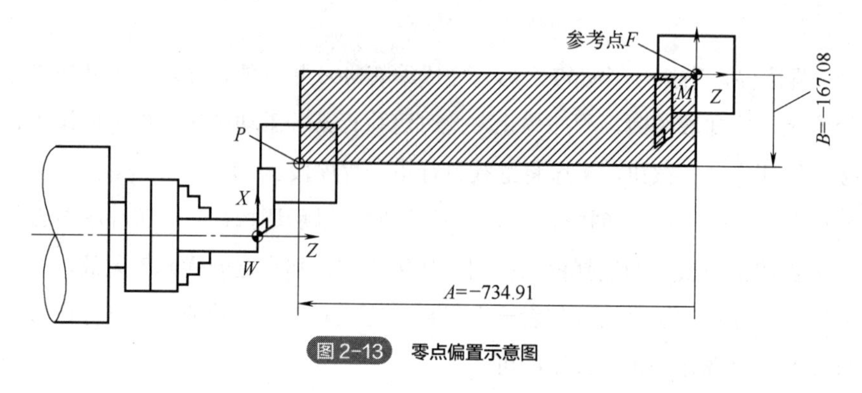

图 2-13 零点偏置示意图

（1）零点偏置

以机床参考点和机床原点设为同一点的机床为例。当执行回参考点（回零）操作后，刀架参考点与机床原点重合，此时，机床坐标系追踪测量目标——刀架参考点的坐标值为（*X*0，*Z*0），即机床认为位置坐标是（*X*0，*Z*0）。

如果手动操作机床移动刀架，使刀位点到达工件零点 *W*，此时，工件坐标系追踪测量目标——刀位点坐标值为（*X*0，*Z*0），即工件坐标认为是（*X*0，*Z*0）。

由图 2-13 可见：刀位点到达工件零点 *W* 时，刀架参考点处于 P，刀架参考点在此位置时，机床坐标系认为机床坐标是（X-334.16，Z-734.91）。由此可见，当刀具与工件如图安装时，两坐标系显示坐标的差别是：

$$X_M-X_W=B=-167.08\times2-0=-167.08\times2=-334.16$$

$$Z_M-Z_W=A=-734.91-0=-734.91$$

可以这样设想，如果把机床的零点 *M* 偏置到 *P* 点，则刀位点就到达工件零点，机床坐标系认为机床坐标是（*X*0，*Z*0），工件坐标也认为是（*X*0，*Z*0），那么两坐标系坐标显示的差别就可以消除了，这就是零点偏置的意义。

WORK COONDATES　　0　　N
(G54)

番号	数据		番号	数据	
00	X	0.000	02	X	0.000
(EXT)	Y	0.000	(G55)	Y	0.000
	Z	0.000		Z	0.000
01	X	-334.160	03	X	0.000
(G54)	Y		(G56)	Y	0.000
	Z	-734.910		Z	0.000

〉^
回零 **** *** ***
[NO检索] [测量] [ ] [+输入] [输入]

图 2-14 零点偏置画面

零点偏置的方法是：当刀具与工件安装后，手动操作机床测量图 2-13 中的偏移值 *A*、*B*，并把 *A*、*B* 值输入到 CNC 的零点偏置画面，如图 2-14 所示。执行程序时，CNC 自动按给定值偏移机床零点，从而使机床坐标系显示坐标与工件坐标一致。

加工程序如“G54 G00 X60 Z5”，其中“G54”的功能是调用图 2-14 中所示的零点偏置，操作者须预先测量输入的零点偏置。零点偏置值的大小与机床零点位置、工件零点位置、刀位点位置相关。

（2）长度补偿（几何尺寸偏移）

如图 2-15 所示，当执行回参考点操作，刀架参考点与机床原点重合后，机床坐标认为是（*X*0，*Z*0）。但此时刀位点在工件坐标系的坐标是（*X*=+167.08×2，*Z*+734.91）。

可以这样设想，当机床坐标是（*X*0，*Z*0）后，如果把刀位点向 *X* 负向再移动 2*B*（直径值），向 *Z* 负向再移动 *A*，这样刀位点就到达了工件零点，使得工件坐标为（*X*0，*Z*0）。这就是长度补偿的意义。

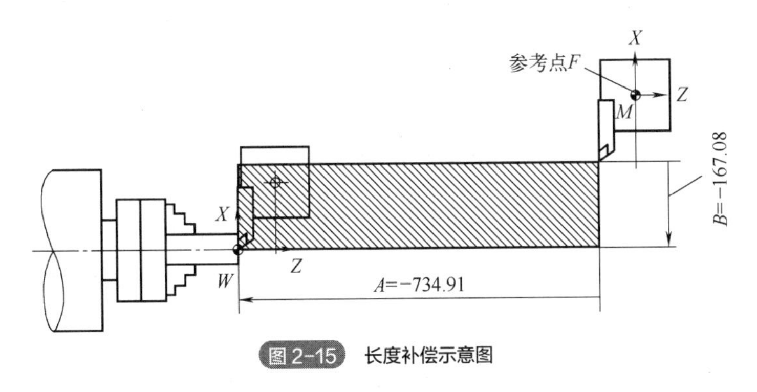

图 2-15　长度补偿示意图

由图 2-14、图 2-15 可见，零点偏置与长度补偿的方法，对弥补两个坐标系测量差别的方法不一样，但补偿或偏置数值却是一样的。

（3）典型的对刀方法

在加工程序执行前，调整每把刀的刀位点，使其尽量重合于某一理想基准点，这一过程称为对刀。对刀时直接或间接地使对刀点与刀位点重合。目前，绝大多数的数控车床采用手动对刀，有定位对刀法、光学对刀法、试切对刀法。试切对刀法会得到更加准确和可靠的结果，故普遍采用。对刀是数控加工中的重要操作，可测出工件坐标系在机床坐标系中的位置。

当刀具与工件安装后，工件零点、刀位点就有了确定的位置，回参考点后，机床明确了起始位置，然后就可以操作机床，测量工件坐标与机床坐标间的差别，即对刀测量。

基于上述原理，FANUC 0i TC 系统数控车床经常使用的一种试切对刀方法如图 2-16 所示，具体步骤如下（选择工件右端面中心为工件零点）：

对 *X* 轴：①选择刀具（如 T01），并手动操作试切削工件外圆，保持 *X* 坐标不变，测量当前外圆尺寸（如 ϕ51.020mm）；②按 MDI 键盘中的【OFFSET/SETTING】键，按软键【补正/形状】，显示刀具几何尺寸偏置参数表，见表 2-3；③移动光标至指定的刀补号，输入试切后测量的工件外圆尺寸，如“X51.020”，按【测量】软键，系统自动计算出 X 向刀具相对工件零点的几何尺寸偏移值（亦称为刀补值）。

对 Z 轴：试切端面（刀尖与端面对齐），保持 Z 坐标不变，输入“Z0”，按【测量】软键，得出 Z 向刀具相对工件零点的几何尺寸偏移值。

同理，设定其他刀具的刀补参数，在刀补设定后可使用 MDI 操作方式验证刀补的正确性。

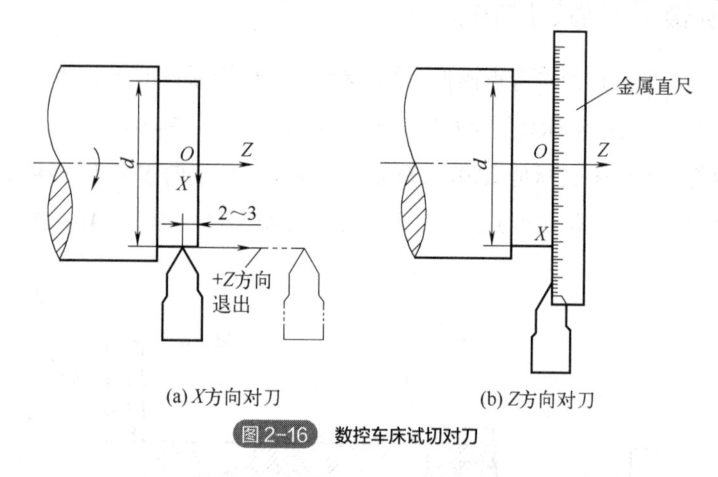

(a) X方向对刀　　(b) Z方向对刀

图 2-16　数控车床试切对刀

上述对刀测量刀补值的实质是：从刀架处于回零位置开始测量刀位点到工件零点的距离，只不过系统提供了自动的算术计算和自动填写补偿值的功能罢了。图2-15所示为长度补偿或几何尺寸偏移的取值。

表 2-3　几何尺寸形状偏置表

号	X-偏置	Z-偏置	半径 R	刀尖 T
G01	-334.160	-734.910	0.800	3
G02	0.000	0.000	0.000	0
G03	0.000	0.000	0.000	0
G04	0.000	0.000	0.000	0
G05	0.000	0.000	0.000	0
G06	0.000	0.000	0.000	0
G07	0.000	0.000	0.000	0

（4）FANUC 车削系统刀具 T 指令

FANUC系统中，刀具T功能指令用T加四位数字来表示，如“T0101”。为了很好地理解这一功能，将四位数字看成两组，即前两位为一组，后两位为另一组，各组都有它们规定的含义。

① 第一组（前面两位数字）：用来选择刀具，选择编号刀具处于工作位置。例如：T01××——选择安装在刀架上第一位置上的01号刀具。

② 第二组（后面两位数字）：用来表示几何尺寸形状偏置寄存器和磨损寄存器的编号，它们不一定要与刀具编号一样，但应用时，尽可能让它们一致，见表2-4。

表2-4 刀具磨损偏置表

编号	*X*～偏置	*Z*～偏置	半径	刀尖方位
01	0.000	0.000	0.400	3
02	0.000	0.420	0.000	0
03	0.083	0.000	0.400	3
04	0.000	−0.850	0.000	0
05	0.025	−0.560	0.000	0
06	−0.030	0.000	0.800	2
07	0.000	0.000	0.000	0

例如：T××01——选择1号几何尺寸形状偏置寄存器或磨损偏置寄存器。

刀具功能T0101将选择1号刀具、1号几何尺寸偏置以及相应的1号刀具磨损偏移。

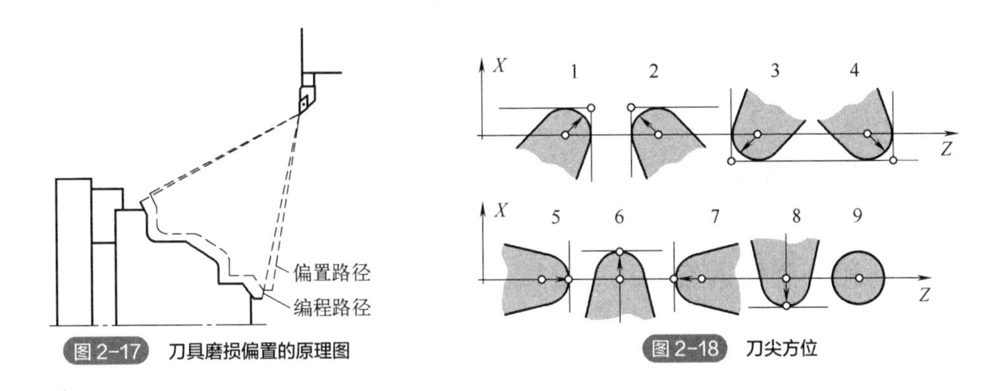

图2-17 刀具磨损偏置的原理图　　图2-18 刀尖方位

(5) 刀具磨损偏置及应用

在CNC车床上，磨损偏置适用于刀具在*Z*向和*X*向位置偏差的调整和补偿，或是对刀具磨损后引起的偏差的补偿，或是用来调整同一刀架上的刀具刀位点相对基准刀刀位点间的位置偏差。磨损偏置的值就是调整刀具刀位点在程序中的值与工件实际测量尺寸值之间的差别。图2-17所示为刀具磨损偏置的原理，这里为了强调，放大了其比例。表2-4所示为磨损偏置寄存器，形式与几何尺寸形状偏置表一致。图2-18所示为车刀刀尖方位。

刀具磨损偏置的应用举例如下：

① 对已经磨损但尚可以继续使用的刀具的调整。妥善处置已经磨损但尚可以继续使用的刀具，必须调整编写好的刀具轨迹，协调它以适应加工条件。这种情况下，可以不改变程序本身，而只改变刀具的磨损偏置值，这是刀具磨损偏置最基本的应用。

② 应用程序试切削时，对工件实际尺寸进行调整。通常，一旦设定给定刀具的几何尺寸偏置，该值将不再改变，对工件实际尺寸的调整只能由磨损偏置来完成。例如ϕ80mm的

直径是零件的设计要求，加工工件检测中，测量得到的实际尺寸为ϕ80.004mm，可将微小的值-0.004mm输入磨损偏置寄存器。这种调整对CNC保证零件的加工质量有用。

③ 变换刀片与刀具磨损偏置。刀片的标准很高，但不同来源的刀片间允许有一定的公差浮动。由于各种原因，在工作半途中变换刀片是很正常的，为了保持良好的切削条件并使尺寸公差符合图纸规范，改变刀片后，宜调整磨损偏置，这样可避免产生废品。

④ 刀具间相对位置调整。一个数控车床加工程序不可能只由一把刀具完成，如要用到外圆车刀、内孔车刀、螺纹车刀、切断刀等多把刀具，在多把刀具中设定一个基准刀具，对刀时只用基准刀具试切对刀确定刀具与工件的位置关系，而其他刀具处于工作位置的刀位点与基准刀具处于工作位置的刀位点的偏差可用磨损偏置的方法进行调整。

（6）工件坐标系设定指令G50

功能：建立一个以工件原点为坐标原点的工件坐标系。

指令格式：G50 X__Z__;

说明：该指令是规定刀具起点（或换刀点）到工件原点的距离，“X”“Z”用于设定刀尖起刀点在工件坐标系中的坐标。

2.5 基本编程指令

2.5.1 英制和公制输入G20、G21

如果一个程序段开始用G21指令，则表示程序中相关的一些数据为公制（mm）；如果一个程序段开始用G20指令，则表示程序中相关的一些数据为英制（in）。机床出厂时一般设为G21状态，机床刀具各参数以公制单位设定。两者不能同时使用，停机断电前后G21、G20仍起作用，除非再重新设定。

2.5.2 快速定位指令G00

功能：快速定位指令G00使刀具以点控制方式，从刀具所在点快速移动到目标点。它只是快速定位，对中间空行程无轨迹要求，G00移动速度是机床设定的空行程速度，与程序段中的进给速度无关。该指令主要应用于刀具的快进、快退及刀具的空行程运动，移动过程中不能对工件进行加工。G00为模态指令。

指令格式：

G00 X（U）__ Z（W）__;

说明：

① X__ Z__ 表示快速移动目标点的绝对坐标；

② U__ W__　表示快速移动目标点相对于刀具当前点的相对坐标；

③ X（U）　坐标按直径输入；

④ 在某一轴上相对位置不变时，可以省略该轴的移动指令；

⑤ 在同一程序段中，绝对坐标指令和相对坐标指令可以混用。

G00 运动轨迹：在执行 G00 指令时，*X*、*Z* 轴以各自独立的快移速度移动，不能保证各轴同时到达终点，*X*、*Z* 轴的合成轨迹不一定是直线，通常情况下多为折线轨迹（图 2-19）。因此，在使用 G00 指令时，要注意刀具是否和工件或夹具发生干涉，防止发生碰撞。

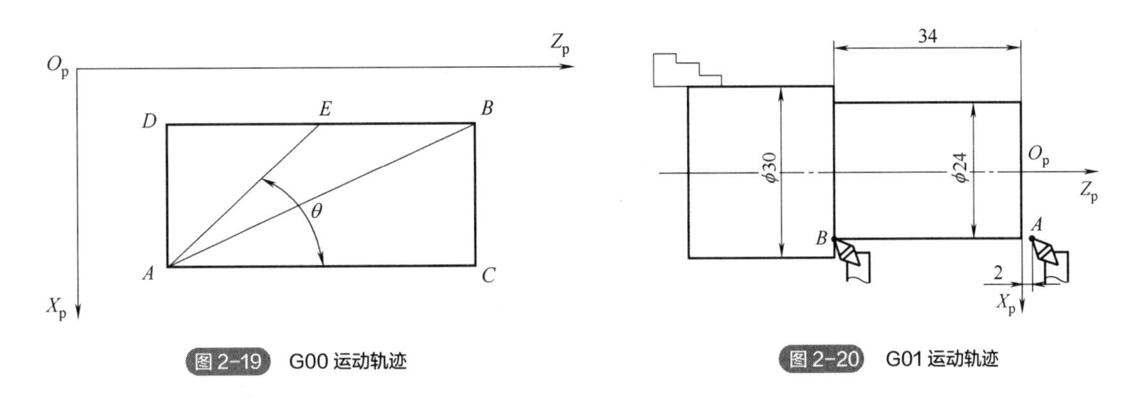

图 2-19　G00 运动轨迹

图 2-20　G01 运动轨迹

2.5.3　直线插补指令 G01

功能：直线插补指令 G01 使刀具按程序给定的进给速度，从所在点出发，直线移动到目标点。该指令主要应用于刀具的切削运动。G01 为模态指令。

指令格式：

G01 X（U）__ Z（W）__ F__；

说明：

① X（U）__ Z（W）__ 的意义同 G00 指令；

② F__ 表示合成进给速度，单位一般为 mm/r。

（1）G01 运动轨迹

G01 的运动轨迹是一条从当前点到终点的直线（图 2-20）。由于在运动中进行了插补计算，因此该直线轨迹具有很高的精度。

（2）G01 倒角功能

G01 的倒角功能可以在两相邻轨迹的程序段之间插入直角倒角或圆弧倒角。其格式为：

G01 X（U）__ Z（W）__ ，C__ F__；　　　（直线倒角）

G01 X（U）__ Z（W）__ ，R__ F__；　　　（圆弧倒角）

【例 2-1】图 2-21 所示零件，材料为 45 钢，其外轮廓已完成了粗车，试分析该零件的加工工艺，设计一段精车程序。

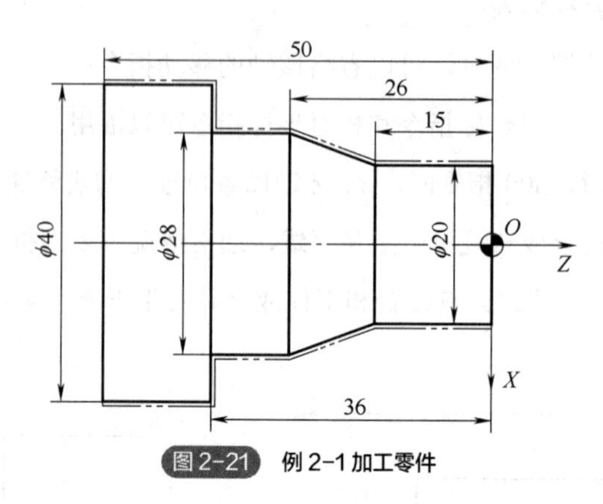

图 2-21 例 2-1 加工零件

编制数控车床加工程序一般需经以下步骤：设置工件零点、换刀点（起刀点）；确定刀具工艺路线；计算刀尖运动轨迹坐标值；编程。

① 编程前的工艺分析。由于工件已完成粗加工，只需按零件图尺寸直接编程，一次走刀即可完成零件精加工。工件原点设在工件右端面的中心。

精车加工路线：车 φ20mm 外圆→车锥面→车 φ28mm 外圆→车 φ40mm 端面→车 φ4mm 外圆。

车刀选择：外圆车刀 T0101。

切削用量选择：主轴转速“S700”，进给量“F0.15”。

② 编程：

```
O2001;                    （程序号）
G21 G97 G99 G40;          （初始化程序）
T0101;                    （换 1 号刀）
M03 S700;                 （主轴正转，转速 700r/min）
G00 X20.0 Z2.0;           （快速定位至 φ20mm 位置）
G01 Z-15.0 F0.15;         （车 φ20mm 圆柱面）
X28.0 Z-26.0;             （车锥面）
Z-36.0;                   （车 φ28mm 圆柱面）
X40.0;                    （车 φ40mm 端面）
Z-50.0;                   （车 φ40mm 外圆）
G00 X100.0;               （X 向快速退刀）
Z100.0 M05;               （Z 向快速退刀至换刀点，主轴停转）
M30;                      （程序结束，返回程序开始）
```

2.5.4　圆弧插补指令 G02、G03

圆弧插补指令 G02、G03 使刀具刀尖在给定的平面内以指令的进给速度，从圆弧起点，沿圆弧移动到圆弧终点，其间做插补运动。该指令主要用于圆弧表面的切削。G02 为顺时针圆弧插补；G03 为逆时针圆弧插补。G02、G03 都是模态指令。

圆弧顺、逆方向的判断：沿垂直于圆弧所在平面的坐标轴的正方向向负方向看去，刀具相对于工件的转动方向是顺时针方向, 为 G02，逆时针方向为 G03，如图 2-22 所示。

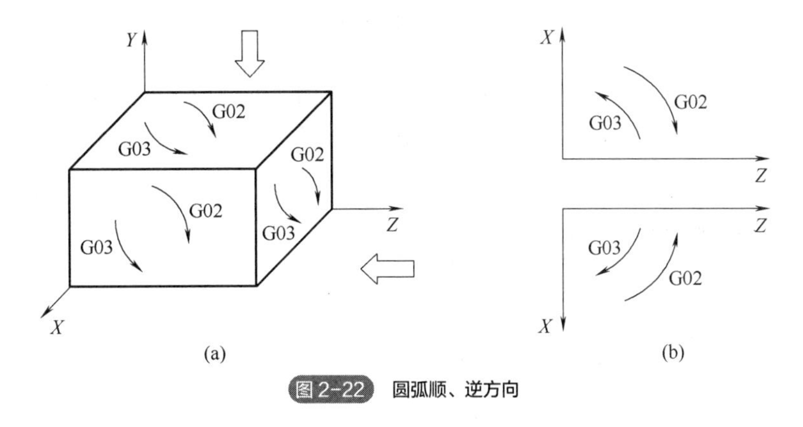

图 2-22　圆弧顺、逆方向

G02、G03 指令说明如图 2-23、图 2-24 所示，指令格式：

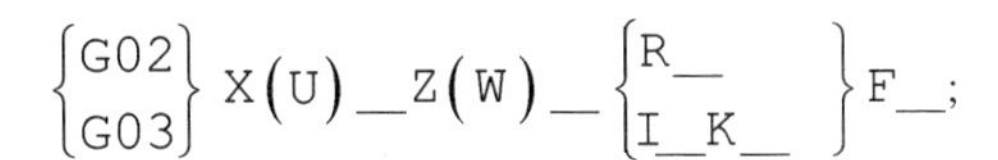

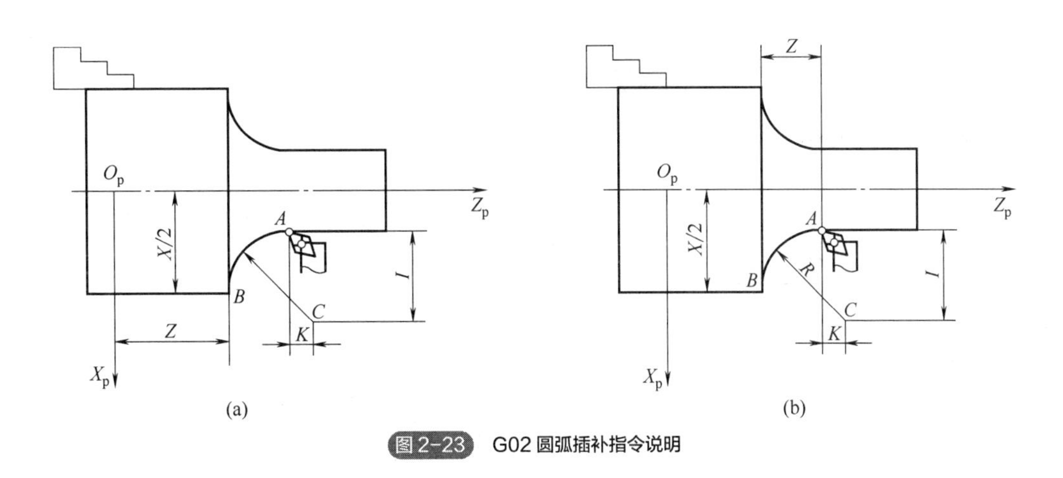

图 2-23　G02 圆弧插补指令说明

说明：

① X__ Z__　设定工件坐标系中圆弧终点的绝对坐标值。

② U__ W__　设定圆弧终点相对于圆弧起点的增量坐标值。

③ I__ K__　设定圆心相对于圆弧起点的增量坐标值，也可以理解为圆弧起点指向圆心的矢量分别在 X 轴、Z 轴上的投影。I、K 根据方向带有符号，I、K 方向与 X、Z 轴方向相同时取正值，反之取负值，I、K 为零时可以省略。

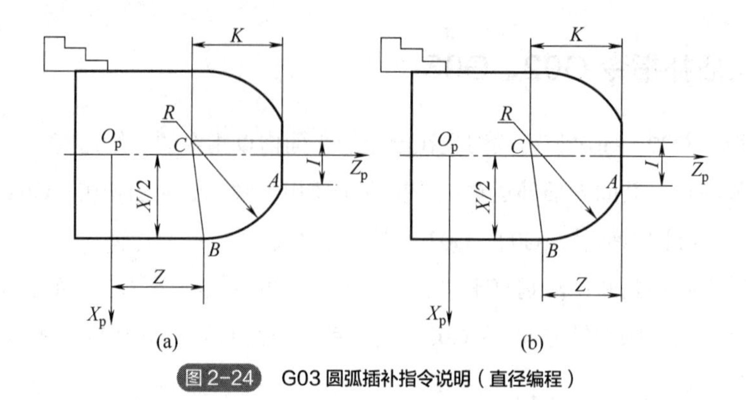

图 2-24 G03 圆弧插补指令说明（直径编程）

④ R 设定圆弧半径，不与 I、K 同时使用。常见的有两种情况：当圆弧不大于 180°时，R 后为正值，即“+R”；当圆弧大于 180°时，R 后为负值，即“-R”，如图 2-25 所示。

⑤ 在同一程序段中，如 I、K 与 R 同时出现时，R 有效。

⑥ F 用于设定圆弧插补合成进给速度。

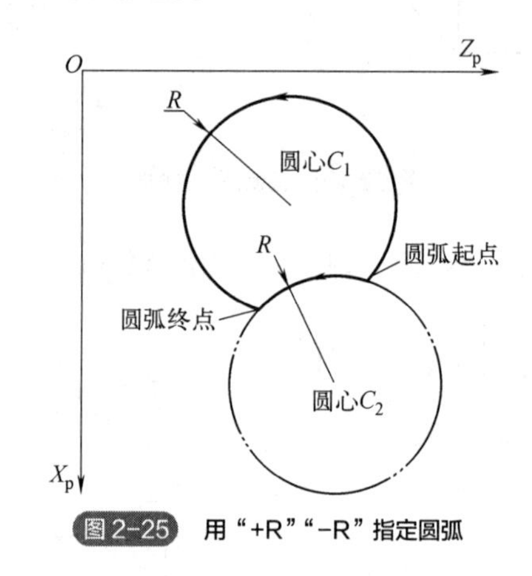

图 2-25 用“+R”“-R”指定圆弧

【例 2-2】 图 2-26 所示零件的外轮廓已完成粗车，请编写精车加工和切断程序。

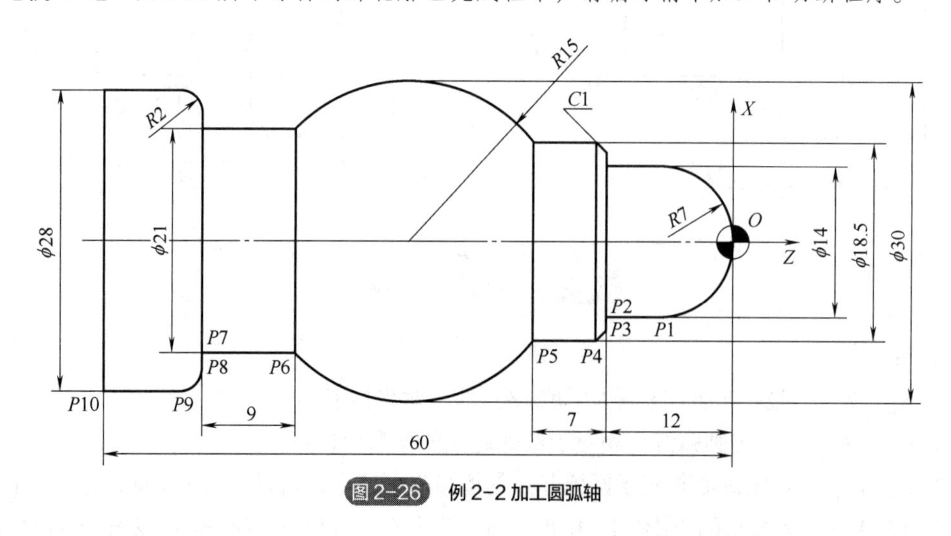

图 2-26 例 2-2 加工圆弧轴

① 编程前的工艺分析。根据工件坐标系建立原则，工件原点设在右端面与主轴轴线的交

点上。

精车加工路线：车 R7mm 圆弧→车 ϕ14mm 外圆→车 ϕ18.5mm 端面→倒角→车 ϕ18.5mm 外圆→车 R15mm 圆弧→车 ϕ21mm 外圆→车 ϕ28mm 端面→车 R2mm 圆弧→车 ϕ28mm 外圆→切断工件，保证总长 60mm。

车刀选择：外圆精车刀 T0202；切断刀 T0303（刀宽 3mm，以左刀尖为基准）。

切削用量选择：主轴转速“S700”（700r/min），进给量“F0.15”。

② 计算基点坐标。基点 P1～P10 坐标见表 2-5。

表 2-5 基点坐标

基点	坐标（X，Z）	基点	坐标（X，Z）
P1	（14，-7）	P6	（21，-41.52）
P2	（14，-12）	P7	（21，-50.52）
P3	（16.5，-12）	P8	（24，-50.52）
P4	（18.5，-13）	P9	（28，-52.52）
P5	（18.5，-19）	P10	（28，-60）

③ 编程：

```
O2002;                        （程序号）
G21 G97 G99 G40;              （初始化程序）
T0202;                        （换 2 号刀，调用 2 号刀补值，建立工件坐标系）
M03 S700;                     （主轴正转，转速 700r/min）
G00 X30.0 Z5.0;               （快移至工件附近）
X0;                           （进刀至中心线）
G01 Z0 F0.15 M08;             （进刀至圆弧起点，冷却液开）
G03 X14.0 Z-7.0 R7.0;         （车R7mm圆弧）
G01 Z-12.0;                   （车 φ14mm圆柱面）
X16.5;                        （车 φ18.5mm端面）
X18.5 Z-13.0;                 （倒角C1;）
Z-19.0;                       （车 φ18.5mm圆柱面）
G03 X21.0 Z-41.52 R15.0;      （车R15mm圆弧）
G01 Z-50.52;                  （车 φ21mm圆柱面）
X24.0;                        （车 φ28mm端面）
```

```
G03 X28.0 Z-52.52 R2.0;         （车R2mm圆弧）
G01 Z-64.0;                     （车 φ28mm圆柱面）
G00 X100.0;                     （X向快速退刀）
Z100.0;                         （Z向快速退刀）
T0303;                          （换 3 号刀，调用 3 号刀补值）
M03 S400;                       （主轴正转，转速 400r/min）
G00 X32.0 Z-63.0;               （快移至切断位置）
G01 X0 F0.1;                    （切断工件）
G00 X100.0;                     （X向快速退刀）
Z100.0 M09;                     （Z向快速退刀至换刀点，冷却液关）
M05;                            （主轴停转）
M30;                            （程序结束，返回程序开始）
```

2.5.5 暂停插补指令 G04

执行 G04 指令，使程序暂停，经过暂停延时之后执行下一个程序段。该指令一般应用于车槽、镗孔、钻孔指令后，以提高表面质量及有利于铁屑充分排出。G04 是非模态指令。

指令格式：

G04 X（U）__；或 G04 P__；

其中，X、U、P 为暂停时间，P 后面的数值为整数，单位为 ms；X（U）后面为带小数点的数，单位为 s。在暂停指令同一语句段内不能指令进给速度。

例如，欲停留 1.5s 的时间，则程序段为：

G04 X1.5；或 G04 P1500；

2.6 轴向车削单一固定循环指令

前面介绍的 G 指令，如 G00、G01、G02、G03 等，都是基本切削指令，一个指令只能使刀具产生一个动作。但一个单一形状固定切削循环指令可使刀具产生四个动作，即可将刀具“切入→切削→退刀→返回”，用一个循环指令完成。故使用循环指令可简化编程。G90 单一车削循环指令可用来调用圆柱面车削一系列四个动作。

(1) G90 单一固定循环车削圆柱面

功能：该指令可使刀具从循环起点 *A* 开始走矩形轨迹，经 *B*、*C*、*D* 点后，回到 *A* 点，进刀后，再按矩形轨迹循环，依此类推，最终完成圆柱面车削，刀具路径如图 2-27 所示。

指令格式：

```
G90 X(U) __ Z(W) __ F__;
```

说明：

① 执行该指令时，刀具刀尖从循环起点 *A* 开始，经 *A*→*B*→*C*→*D*→*A* 四段轨迹，其中 *AB* 和 *DA* 段按快速“R”移动；*BC* 和 *CD* 段按指令进给速度“F”移动。

② X__ Z__ 表示刀具移动的目标点的绝对坐标。

③ U__ W__ 表示刀具移动的目标点相对于刀具当前点的相对坐标。

④ F 值是合成进给速度。

注意：使用循环切削指令时，刀具必须先定位至循环起点，再执行循环切削指令，且完成一循环切削指令后，刀具仍回到此循环起点。G90 循环切削指令为模态指令。

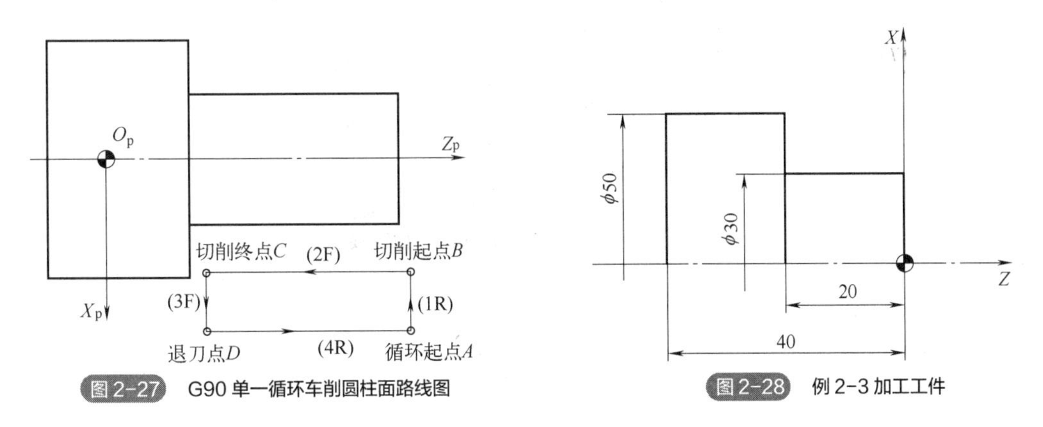

图 2-27 G90 单一循环车削圆柱面路线图

图 2-28 例 2-3 加工工件

【例 2-3】 加工如图 2-28 所示工件的 ϕ30mm外圆，设刀具起点为与工件具有安全间隙的 *S*点（*X*55，*Z*2），请使用G90 指令编程。

程序如下：

```
O2003;                  （程序号）
T0101;                  （换 1 号刀，调用 1 号刀补值）
M03 S500;               （主轴正转，转速 500r/min）
G00 X55.Z2.M08;         （快速运动至循环起点，冷却液开）
G90 X46.Z-19.8 F0.2;    （X向单边切深 2mm，端面留 0.2mm精加工余量）
X42.;                   （G90 模态有效，X向切深至 42mm）
X38.;                   （X向切深至 38mm）
X34.;                   （X向切深至 34mm）
X31.;                   （X 向留单边余量 0.5mm 用于精加工）
```

```
M03 S800;                 (主轴转速提高到 800r/min)
G90 X30.Z-20.F0.1 ;       (精车)
G00 X100.Z100.M09;        (快速退刀至换刀点，冷却液关)
M05;                      (主轴停转)
M30;                      (程序结束，返回程序开始)
```

(2) G90 单一固定循环车削圆锥面

轴向车削单一固定循环指令 G90 不仅可调用圆柱面车削一系列四个动作，还可以调用圆锥面车削一系列四个动作。

功能：该指令可使刀具从循环起点 *A* 开始走直线轨迹，经 *B*、*C*、*D* 点后，回到 *A* 点，进刀后，再按直线轨迹循环，依此类推，最终完成圆锥面的车削，刀具路径如图 2-29 所示。

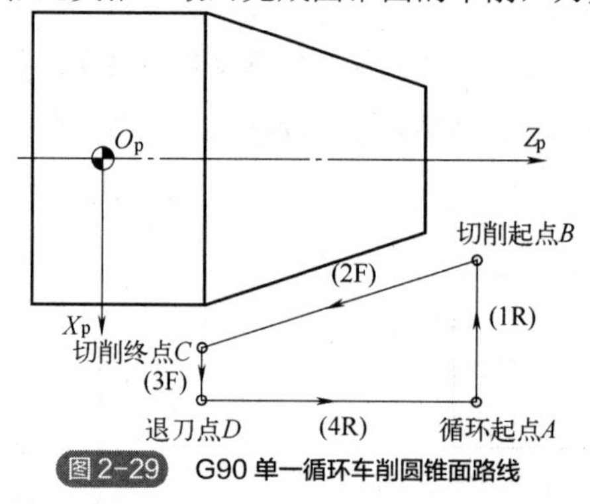

图 2-29 G90 单一循环车削圆锥面路线

指令格式：

```
G90 X(U) __ Z(W) __ R__ F__;
```

说明：

① 执行该指令时，刀具刀尖从循环起点 *A* 开始，经 *A*→*B*→*C*→*D*→*A* 四段轨迹，其中 *AB* 和 *DA* 段按快速“R”移动，*BC* 和 *CD* 段按指令进给速度“F”移动；

② X(U) __ 、Z(W) __ 、F__ 意义同前；

③ R 后值为锥体面切削起点 *B* 与切削终点 *C* 的半径差。

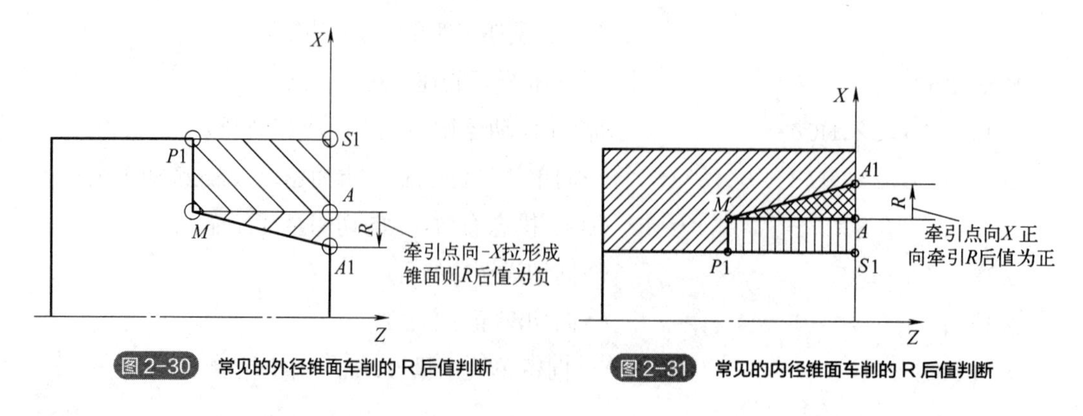

图 2-30 常见的外径锥面车削的 R 后值判断

图 2-31 常见的内径锥面车削的 R 后值判断

如图 2-30 所示，外圆锥面可看成由起点与对角点形成的基本矩形区域牵引而成，牵引点为矩形运动路线中第一个运动到达的点，牵引点把基本矩形区域向 *X* 负方向牵引形成锥面，则 R 后值为负。图 2-31 所示为常见的内孔锥面，R 后值判断为正。R 后值的大小就是牵引点移动的距离，其值为被加工锥面两端直径差的 1/2，即表示单边量锥度差值。

【例 2-4】 加工如图 2-32 所示工件的外锥面，请使用 G90 指令编程。

① R 后值正、负判断。牵引点把基本矩形区域向 X 负方向牵引形成锥面，则 R 后值为负。

② R 后值计算。为保证刀具切削起点与工件间的安全间隙，刀具起点的 *Z* 向坐标值宜取 *Z*1~*Z*5，而不是 *Z*0，因此，实际锥度的起点 *Z* 向坐标值与图样不吻合，所以应该算出锥面起点与终点处的实际直径差，否则会导致锥度错误。程序中实际 R 后值可用相似三角形方法求解。实际 R 后值为 PP_1 长度数值，如图 2-33 可见：

$$\frac{PP_1}{A_1A}=\frac{MP_1}{A_1M}\Rightarrow PP_1=\frac{MP_1}{A_1M}\times A_1A=\frac{22}{20}\times 5=5.5$$

③ 刀具起点及对角点设计。刀具起点的 *X* 值大于等于毛坯外径加上 2*R*，即 $X_{起}\geqslant X_{毛}+2R$，否则容易导致切深过大的错误。设刀具的起点为与工件具有安全间隙的 *S* 点（X61，Z2）。设第一刀的最大切深为 2mm，第一个对角点的 *X* 坐标是：50-4+11=57。

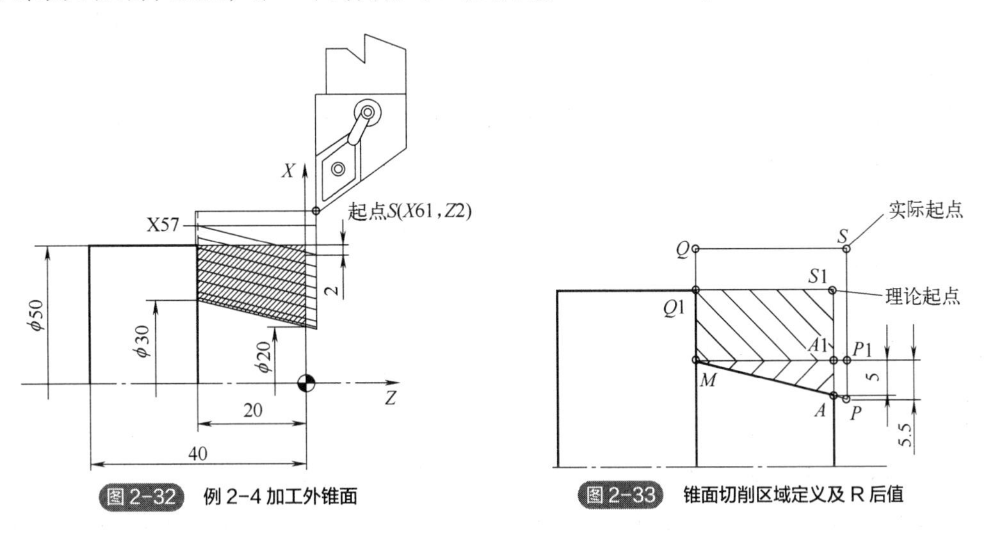

图 2-32 例 2-4 加工外锥面

图 2-33 锥面切削区域定义及 R 后值

④ 外圆锥面粗、精加工程序如下：

```
O2004;                          (程序号)
T0101;                          (换 1 号刀，调用 1 号刀补值，建立工件坐标系)
M03 S500;                       (主轴正转，转速 500r/min)
G00 X61.Z2.M08;                 (快速走刀至循环起点，冷却液开)
G90 X57.Z-19.8 R-5.5 F0.3;      (X 向单边切深 2mm，端面留 0.2mm 精加工余量)
X53.;                           (G90 模态下 X 向切深至 53mm)
X49.;                           (X 向切深至 49mm)
```

```
X45.;                        （X向切深至45mm）
X41.;                        （X向切深至41mm）
X37.;                        （X向切深至37mm）
X33.;                        （X向切深至33mm）
X31.;                        （X向留单边余量0.5mm用于精加工）
M03 S800;                    （主轴转速提到800r/min）
G90 X30.Z-20.F0.15;          （精车）
G00 X100.Z100.M09;           （快速退刀至换刀点，冷却液关）
M05;                         （主轴停转）
M30;                         （程序结束，返回程序开始）
```

2.7 复合循环指令

当工件的形状较复杂，如有台阶、锥度、圆弧等，若使用基本切削指令（G00、G01、G02、G03）或单一固定循环切削指令（G90、G94），粗车时为了考虑精车余量，在计算粗车的坐标点时，可能会很繁杂。如果使用复合固定循环指令，只需依指令格式设定粗车时每次的切削深度、精车余量、进给量等参数，在接下来的程序段中给出精车时的加工路径，则CNC控制器即可自动计算出粗车时的刀具路径，自动进行粗加工。因此，使用复合循环的优点是简化编程。

使用粗车复合循环G71指令后，必须使用G70指令进行精车，使工件达到所要求的尺寸精度和表面粗糙度。

2.7.1 轴向粗车复合循环指令G71

G71轴向粗车复合循环亦称外（内）径粗车复合循环，该指令适用于对圆柱棒料毛坯粗车外圆和内孔需切除较多余量的情况。在G71指令前是运动到循环起点的程序段，在G71指令后面是描述精加工轮廓的程序段。CNC系统根据循环起点、精加工轮廓、G71指令内的各个参数，自动生成加工路径，将粗加工待切除的余量切削掉，并保留设定的精加工余量。

指令格式：

```
G71 U(Δd)R(e);
G71 P(ns) Q(nf) U(Δu) W(Δw)  F__ S__T__;
N(ns) ……
……
……
N(nf) ……
```

指令格式中参数含义如下：

△d——每次切削深度（背吃刀量），即 *X* 轴向的进刀（半径值，正值）；

e——每次切削结束的退刀量；

ns——精车开始程序段的段号；

nf——精车结束程序段的段号；

△u——*X* 轴方向精车预留量，以直径值表示；

△w——*Z* 轴方向精车预留量。

G71 指令刀具循环路径如图 2-34 所示。CNC 装置首先根据用户编写的精加工轮廓，在预留出 *X* 向和 *Z* 向精加工余量 Δu 和 Δw 后，计算出粗加工实际轮廓的各个坐标值。

刀具按层切法将余量去除，在每个切削层，刀具指令 *X* 向切深 U（△d），每个层切削后按 R（e）指令值，沿 45° 方向退刀，然后循环到下一层切削，直至粗加工余量被切除。最后，刀具沿与精加工轮廓 *X* 向相距 Δu 余量、*Z* 向相距 Δw 余量的路线半精加工。

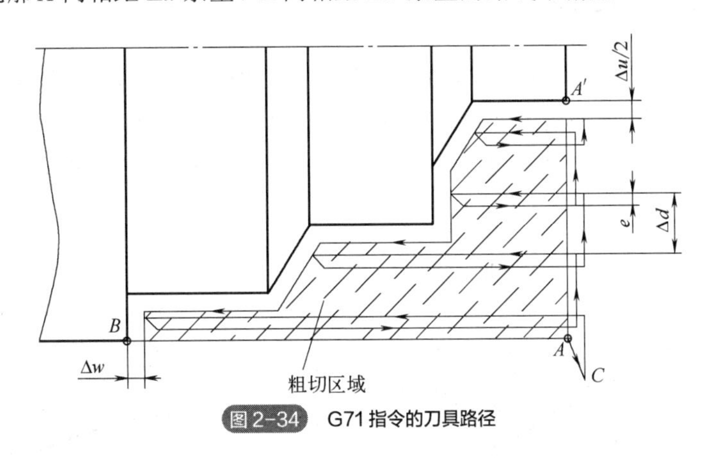

图2-34 G71指令的刀具路径

其他说明：

① 描述精加工轮廓的程序段中指定的F、S、T功能，对粗加工循环无效，但对精加工有效。

② 在G71 程序段或前面程序段中指定的F、S、T功能，对粗加工循环有效。

③ *X*向和*Z*向精加工余量Δu和Δw的正负符号判断方法：留余量的轮廓形状相对零件的最终轮廓形状，向*X*、*Z*正向偏移则符号为正，向*X*、*Z*负向偏移则符号为负，即车外圆轮廓时，Δu为正值；车内孔轮廓时，Δu为负值；

④ G71 复合循环第一个走刀动作应是*X*方向走刀，由循环起点到切削起点只能使用G00 或G01，且不可有*Z*轴方向的移动指令；

⑤ 车削的路径必须是单调增大或减小，不可有内凹的轮廓外形。

⑥ 调用G71 指令前，刀具应处于循环起点，循环起点位置随加工表面不同而不同，它应趋近工件，并具有安全间隙。

⑦ ns到nf间的程序段不能调用子程序，也不能使用宏指令编程。

（1）多重复合循环切削区域边界定义

FANUC 系统允许用循环指令调用对完全封闭的切削区域的多次分层加工动作过程，这种指令称为多重复合循环。在多重复合循环指令中要给定切削区域的切削工艺参数。多重复合循环首先要定义多余的材料的边界，形成了一个完全封闭的切削区域，在该封闭区域内的材料根据循环调用程序段中的加工参数进行有序切削。

从数学角度上说，定义一个封闭区域至少需要三个不共线的点，图 2-35 所示为一个由三点定义的简单边界和一个由多点定义的复杂边界。*S*、*P* 和 *Q* 点则表示所选（定义）加工区域的极限点。图 2-35（b）中，车削工件轮廓由点 *P* 开始，到点 *Q* 结束，它们之间还可以有很多点，如#1、#2、#3、#4……这样由 *P* 点开始到 *Q* 点结束形成了复杂的轮廓，*P*、*Q* 点间复杂轮廓就是精加工的路线。这样由 *S* 点和 *P* 点到 *Q* 点精加工的路线就确定了一个完全封闭的切削区域。

（2）起点和 *P*、*Q* 点的设计

图 2-35 所示的 *S* 点为任何轮廓切削循环的起点，它的定义是：起点是调用轮廓切削循环前刀具的 *X*、*Z* 坐标位置。认真选择起点很重要，它应趋近工件，并具有安全间隙。图 2-35 中，*P* 点代表精加工轮廓的起点；*Q* 点代表精加工轮廓终点。*P*、*Q* 点应在工件之外，与工件有一定的安全间隙。

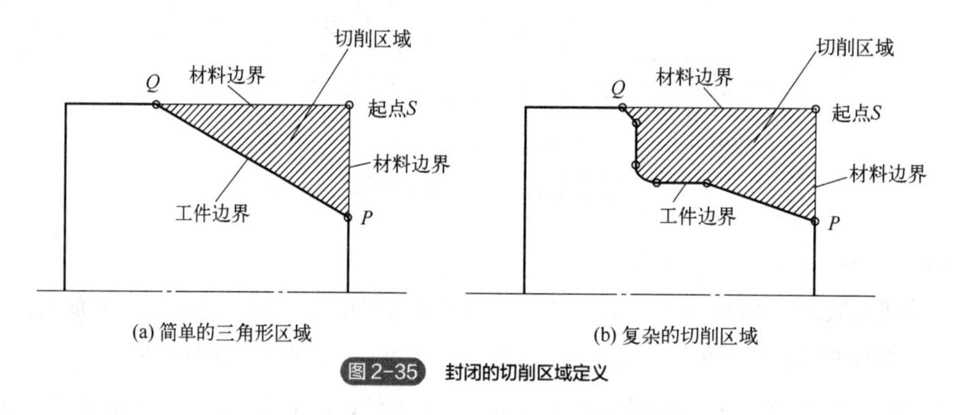

图 2-35 封闭的切削区域定义

2.7.2 精车循环 G70

指令格式：

```
G70 P(ns) Q(nf);
```

说明：G70 指令用于G71、G72、G73 指令粗车工件后的精车加工。G70 指令总是在粗加工循环之后，调用粗加工循环指令后的精加工轮廓路线。宜在G70 程序段之前编写刀具T指令和主运动指令，若不指定，则维持粗车指定的F、S、T状态。当G70 循环结束时，刀具返回到起点，并读下一个程序段。

【例2-5】 工件如图2-36所示，毛坯直径 ϕ50mm，工件坐标原点设在工件右端面中心，刀具初始点在换刀点（*X*100，*Z*100）。切削区域、切削起点、P点、Q点设计如图2-37所示。

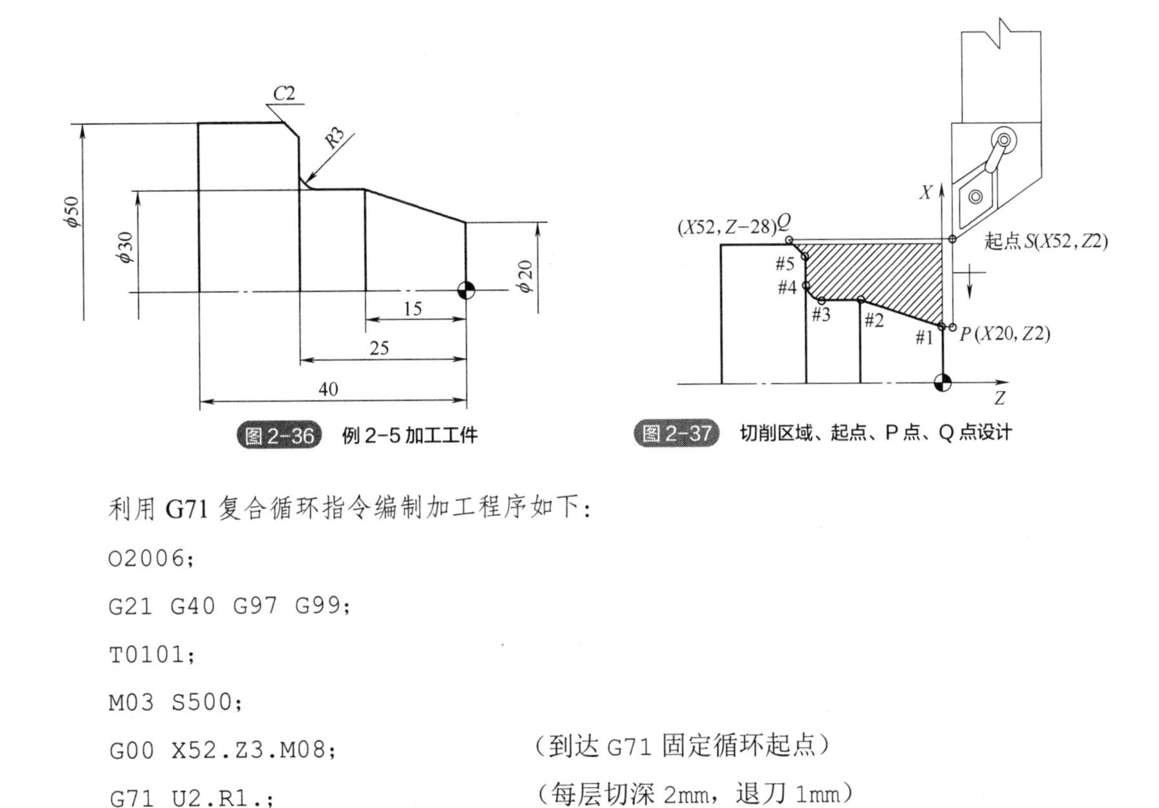

图2-36 例2-5加工工件

图2-37 切削区域、起点、P点、Q点设计

利用G71复合循环指令编制加工程序如下：

```
O2006;
G21 G40 G97 G99;
T0101;
M03 S500;
G00 X52.Z3.M08;               (到达G71固定循环起点)
G71 U2.R1.;                   (每层切深2mm，退刀1mm)
G71 P10 Q20 U0.3 W0.1 F0.3;   (X向留单边精加工余量0.3mm，Z向留0.1mm)
N10 G00 X18. ;                (精加工轮廓开始程序段，第一个动作是X向运动)
G01 X30.Z-15.F0.1;
G01 Z-22.;
G02 X36.Z-25.R3.;
G01 X46.;
N20 G01 X52.Z-28.;            (精加工轮廓结束)
M03 S700;                     (主轴转速升至700r/min)
G70 P10 Q20 ;                 (调用精加工循环)
G00 X100.Z100.M09;            (快速退刀至换刀点)
M05;                          (主轴停转)
M30;                          (程序结束，返回程序开始)
```

【例2-6】 加工如图2-38所示多阶梯轴，毛坯为直径 ϕ28mm的棒料，材料为45钢，未注倒角*C*1。试分析加工工艺并编写数控加工程序。

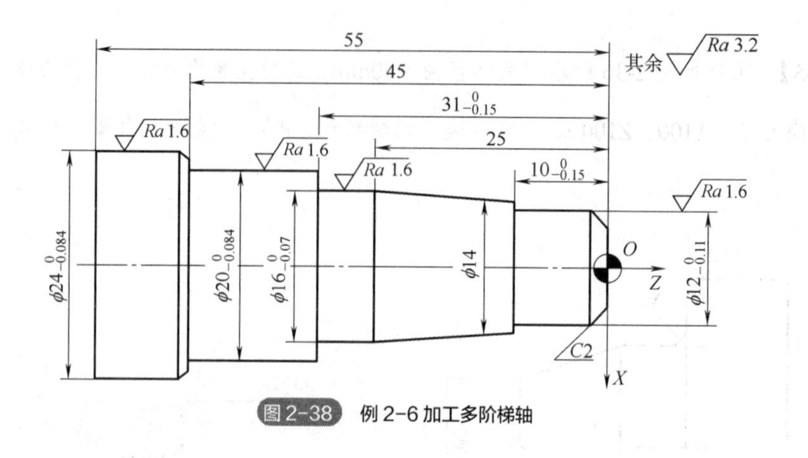

图 2-38 例 2-6 加工多阶梯轴

（1）工艺分析

① 刀具选择：工件材料 45 钢，选用YT类硬质合金外圆车刀T01、T02 进行粗、精车，分别置于 1 号、2 号刀位；刀宽 4mm的切断刀T03 切断工件，置于 3 刀位。

② 制定加工工艺路线：粗车外轮廓各表面，留 0.4mm的精车余量；精车外轮廓各表面至尺寸；切断工件，控制总长 55mm±0.1mm。

③ 合理选择切削用量，见表 2-6。

表 2-6　工步和切削用量

工步号	工步内容	刀具号	切削用量		
			背吃刀量 a_p/mm	进给量 f/(mm/r)	主轴转速 n/(r/min)
1	车右端面	T01	1~2	0.3	600
2	粗车外轮廓各表面，留 0.4mm 精车余量	T01	1~2	0.3	600
3	精车外轮廓各表面至尺寸	T02	0.2	0.15	800
4	切断工件，控制总长 55mm±0.1mm	T03	4	0.08	400

（2）编程

① 建立工件坐标系，工件坐标系原点设在工件右端面与主轴轴线的交点上。

② 计算基点坐标，取极限尺寸的中值，得出各基点坐标，见表 2-7。

表 2-7　基点坐标

基点	坐标（X，Z）	基点	坐标（X，Z）
$P1$	（7.945，0）	$P7$	（19.958，-30.925）
$P2$	（11.945，-2）	$P8$	（19.958，-45）
$P3$	（11.949，-9.925）	$P9$	（21.958，-45）
$P4$	（14，-9.925）	$P10$	（23.958，-46）
$P5$	（15.965，-25）	$P11$	（23.958，-55）
$P6$	（15.965，-30.925）		

③ 参考程序：

```
O2007;                            （多阶梯轴）
T0101;                            （外圆粗车刀）
M03 S600;
G00 X32.Z0.M08;
G01 X0 F0.1;                      （车右端面）
G00 X32.Z3.;                      （刀具快速移动至循环起点）
G71 U2.R1.;
G71 P10 Q20 U0.4 W0.1 F0.3;（设置粗加工循环参数）
N10 G01 X7.945 F0.15;
G01 Z0;
X11.945 Z-2.;
Z-9.925;
X14.;
X15.965 Z-25.;
Z-30.925;
X19.958;
Z-45.;
X21.958;
X23.958 Z-46.;
N20 Z-56.;
G00 X100.Z100.;                   （刀具退回至换刀点）
T0202;                            （换外圆精车刀）
M03 S800;                         （精加工转速 800r/min）
G00 X32.Z3.;
G70 P10 Q20;                      （调用精加工循环）
G00 X100.Z100.;                   （刀具退回至换刀点）
T0303;                            （换切断刀）
M03 S400;                         （主轴转速为 400r/min）
G00 X32.Z-59.;                    （刀具移动至工件左端）
G01 X0 F0.08;                     （切断）
G00 X100.;
Z100.M09;                         （刀具退回至换刀点，切削液关）
M05;
M30;
```

2.7.3 仿形粗车复合循环指令 G73

仿形粗车复合循环 G73 就是按照一定的切削形状逐渐地接近最终形状，适用于余量均匀的锻造或铸造毛坯的粗车，也用来车削棒料毛坯、轮廓凹凸不平的工件。图 2-39 为 G73 指令的循环路线图。

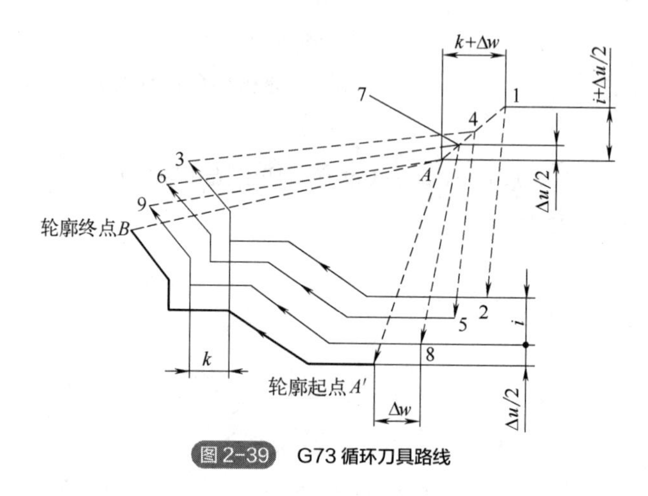

图 2-39 G73 循环刀具路线

指令格式：

```
G73 U(Δi) W(Δk) R(Δd);
G73 P(ns) Q(nf) U(Δu) W(Δw) F__ ;
N(ns) ......
......
......
N(nf) ......
```

指令格式中各参数含义如下：

△i——X 方向毛坯切除余量（半径值，正值）；

△k——Z 方向毛坯切除余量（正值）；

△d——粗车循环次数；

ns——精车开始程序段的段号；

nf——精车结束程序段的段号；

△u——X 轴方向精车预留量（以直径值表示）；

△w——Z 轴方向精车预留量。

说明：CNC 装置首先根据用户编写的精加工轮廓，在预留出 X 和 Z 向精加工余量 Δu 和 Δw 后，刀具按平行于精加工轮廓的偏离路线进行粗加工，切深为粗加工余量除以指令的粗加工次数。粗加工结束后，可使用 G70 指令最终完成精加工。使用 G73 粗车复合循环指令切削棒料毛坯的工件时，会有较多的空刀行程，棒料毛坯粗车应尽可能使用 G71 和 G72 粗车复合循环指令。使用 G73 指令时，不要求工件轮廓 $A' \to B$ 成单向增加或减小。ns 到 nf 间的程序段不能调用子程序，也不能使用宏指令编程。

【例 2-7】 G73 仿形粗车循环应用实例：加工如图 2-40 所示工件，毛坯为 $\phi 35$ 钢棒。所用刀具：外圆粗车刀 T01，外圆精车刀 T02，宽 4mm 切断刀 T03。请编写加工程序。

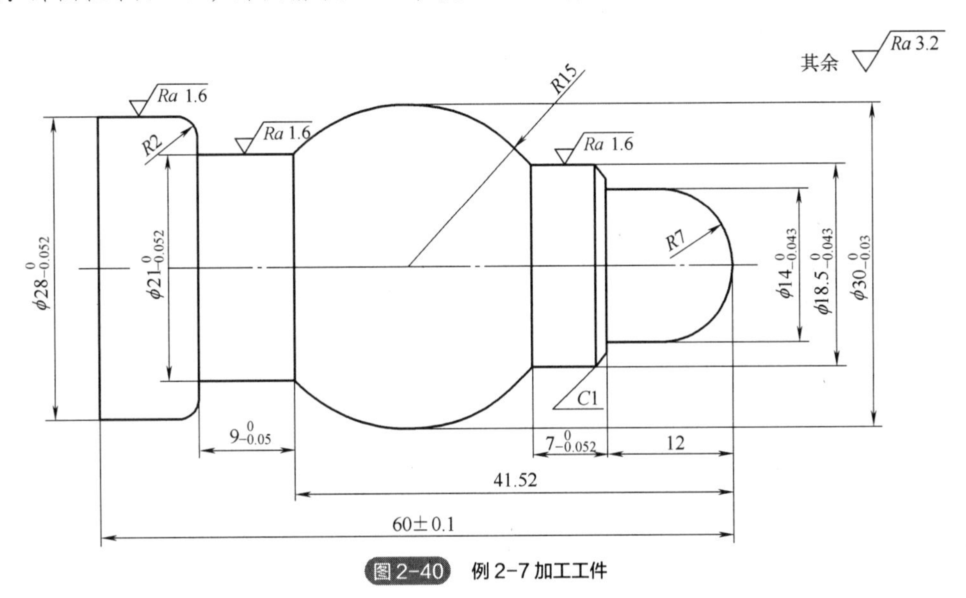

图 2-40　例 2-7 加工工件

工件原点设在右端面与主轴轴线的交点上。

工艺路线：粗车外轮廓各表面，留 0.4mm 的精车余量；精车外轮廓各表面至尺寸；切断工件，控制总长（60±0.1）mm。

粗车时，设“S500”“F0.3”；精车时，设“S700”“F0.15”。

参考程序如下：

```
O2010;
G21 G97 G99 G40;
T0101;
M03 S500;
G00 X40.Z5.M08;
G73 U10.W2.R5
G73 P10 Q20 U0.5 W0.2 F0.3
N10 G01 X0 Z0 F0.15;
G03 X14.Z-7.R7.;
G01 Z-12.;
X16.5;
X18.5 Z-13.;
Z-19.;
```

```
G03 X21.Z-41.52 R15.;
G01 Z-50.52;
X24.;
G03 X28.Z-52.52 R2.;
N20 G01 Z-61.;
G00 X100.Z100.
T0202;
M03 S700
G00 X10.Z5.
G70 P10 Q20
G00 X100.Z100.;
T0303;
M03 S400;
G00 X34.Z-64.;
G01 X0 F0.1;
G00 X100.M09;
Z100.M05;
M30;
```

2.8 螺纹加工指令

车削螺纹是在车床上控制进给运动与主轴旋转同步，加工特殊形状螺旋槽的过程。螺纹形状主要由切削刀具的形状和安装位置决定，螺纹导程由刀具进给量决定。常见的螺纹有圆柱螺纹和圆锥螺纹。图 2-41 所示为螺纹车削加工过程。

2.8.1 单行程螺纹切削 G32

G32 是FANUC数控系统中最简单的螺纹车削加工代码，该螺纹加工运动期间，控制系统自动使进给率倍率无效。

功能：G32 为等距圆柱螺纹或圆锥螺纹车削指令，只需一个指令便可完成螺纹全部车削。

指令格式：

```
G32 X(U) __ Z(W) __  F__ Q__ ;
```

说明：

① X(U) __ Z(W) __ 为直线螺纹的终点坐标；

② F后为直线螺纹的导程，如果是单线螺纹，则为螺距；

③ Q后为螺纹起始角，该值为不带小数点的非模态值，其单位为 0.001°，如果是单线螺纹，则该值不用指定，这时该值为 0。

G32 指令使用说明：

① 使用螺纹切削指令时，进给倍率无效。

② 螺纹切削指令为续效指令。

③ 加工螺纹时，刀具应处于螺纹起点位置。

④ 螺纹加工轨迹中应设置足够的升速进刀段和降速退刀段，以消除伺服滞后造成的螺距误差。

⑤ 从螺纹粗加工到精加工，主轴的转速必须保持一常数。

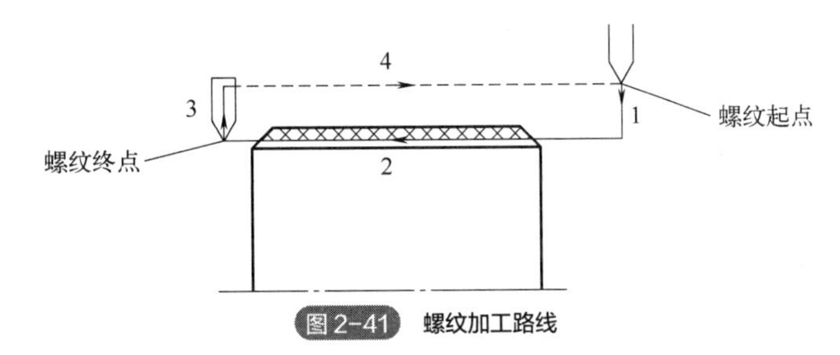

图 2-41　螺纹加工路线

【例 2-8】 试用 G32 指令，编写如图 2-42 所示工件的螺纹加工程序。

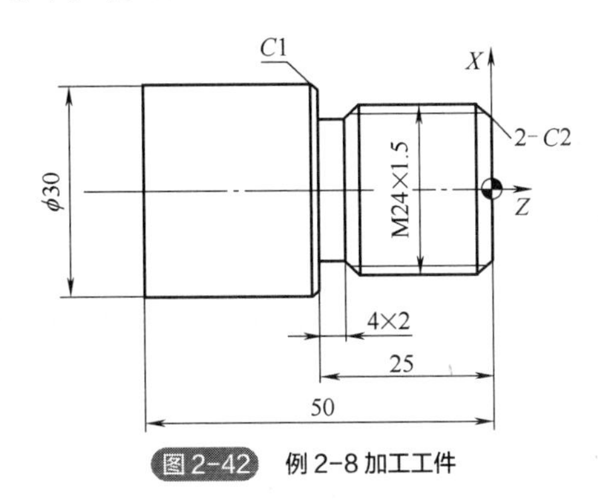

图 2-42　例 2-8 加工工件

（1）相关工艺

① 设计螺纹切削导入距离为 3mm；刀具退出的方式为 45°斜线，长度为导程 1.5mm。

② 车外螺纹前外圆直径=公称直径 $D-0.1P$=24mm−0.1×1.5mm=23.85mm。

③ 外螺纹小径=外圆公称直径 $D-1.3P$=24mm−1.3×1.5mm=22.05mm。

④ 设计螺纹分 4 次切削加工出所需深度，第一刀切深 0.4mm，然后，每刀逐渐减少螺纹加工深度，最后精加工完成。

⑤ 拟定主轴转速使用恒定转速 500r/min, 进给量则是导程 1.5mm/r。

（2）螺纹加工程序

```
O2011;
```

```
G21 G99 G97 G40;
T0404;                 （调用第 4 号外螺纹刀具）
M03 S500;
N20 G00 X30 Z3 M08;    （起点，导入距离 3mm）
N21 G00 X23.2;         （刀具从起始位置X向快速移动至螺纹计划切削深度处）
N22 G32 Z-21 F1.5;     （轴向螺纹加工，进给率等于螺距）
N23 U4 W-2;            （刀具退出的方式为 45°斜线，保持螺纹切削状态）
N24 G00 X30;           （刀具X向快速退刀至螺纹加工区域外的X30 位置）
N25 Z3;                （快速返回至起始位置，N21~N25 完成螺纹的第一刀
                        切削）
N26 G00 X22.6;
N27 G32 Z-21 F1.5;
N28 U4 W-2;
N29 G00 X30;
N30 Z3;                （N26~N30 完成螺纹的第二刀切削）
……
……
N40 G00 X22.05;
N41 G32 Z-21 F1.5;
N42 U4 W-2;
N43 G00 X30;
N44 Z3;                （N40~N44 完成螺纹的最后切削）
G00 X100 Z100 M09;
M05;
M30;                   （程序结束）
```

2.8.2 螺纹切削单一固定循环 G92

用G32 指令编写螺纹多次分层切削程序比较繁琐，每一层切削要五个程序段，多次分层切削程序中包含大量重复的信息。FANUC数控系统可用螺纹加工单一固定循环指令G92 的一个程序段代替每一层螺纹切削的五个程序段，可避免重复信息的书写，方便编程。图 2-43 所示为G92 螺纹加工程序段在加工过程中的刀具运动轨迹。

第一步：刀具沿X轴进刀至螺纹计划切削深度X坐标；

第二步：沿Z轴切削螺纹；

第三步：启动 45°倒角螺纹（斜线切出）；

第四步：刀具沿X轴退刀至X初始坐标；

第五步：沿Z轴退刀至Z初始坐标。

在G92 程序段里，须给出每一层切削动作相关参数，必须确定螺纹车刀的循环起点位置、螺纹切削的终止点位置，如图 2-43 所示。

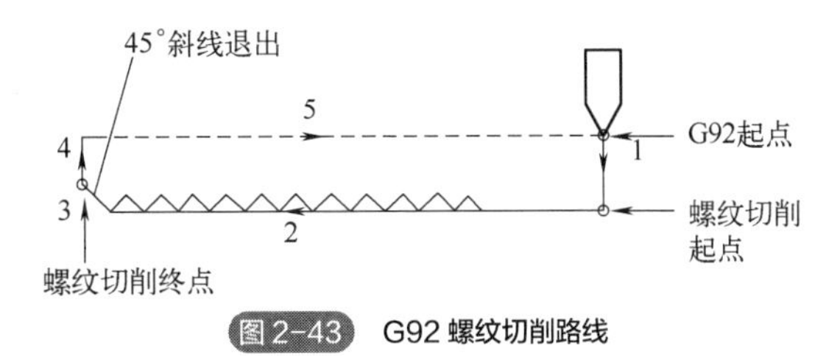

图 2-43　G92 螺纹切削路线

指令格式：

```
G92 X(U)__ Z(W)__  F__;（圆柱螺纹）
G92 X(U)__ Z(W)__ R__ F__;（圆锥螺纹）
```

格式说明：

① X（U）、Z（W）后为螺纹切削终点坐标。

② F后为螺纹导程，如果是单线螺纹，则为螺距。

③ 45°斜线螺纹切出距离在 0.1 L至 12.7 L之间指定（L为导程），指定单位为 0.1 L，可通过系统参数进行修改。

④ R后为圆锥螺纹切削参数。R值为螺纹起点与螺纹终点的半径差，即$R=r_{起}-r_{终}$。R后值为零时，可省略不写，螺纹为圆柱螺纹。

【例 2-9】 请使用G92 指令改写【例 2-8】的螺纹加工程序O2011。

程序如下：

```
O2012;
G21 G99 G97 G40;
T0404;                    （调用第 4 号外螺纹刀具）
M03 S500;
G00 X30 Z3 M08;           （外螺纹刀具到达切削起点，导入距离 3mm）
G92 X23.2 Z-23 F1.5;      （完成第一层螺纹切削）
X22.6;                    （完成第二层螺纹切削）
X22.2;                    （完成第三层螺纹切削）
X22.05;                   （完成螺纹的最后切削）
G00 X100 Z100 M09;
M05;
M30;                      （程序结束）
```

显然，用G92 编程比用G32 编程简单得多。

2.9 数控车床编程综合实例

【例 2-10】 编制如图 2-44 所示螺纹轴零件的数控加工程序。毛坯为 ϕ35mm 的棒料，材料为 45 钢。

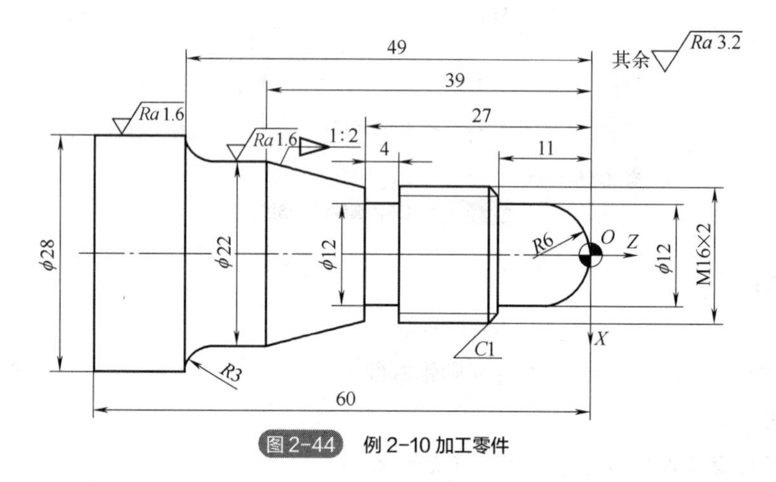

图 2-44 例 2-10 加工零件

(1) 编程前的工艺分析

① 刀具选择：选用机夹可转位数控车刀。选用 90°外圆粗车刀 T01 进行粗车，外圆精车刀 T02 进行精车，分别置于 1 号、2 号刀位；选用刀宽为 4mm 的切槽刀 T03 进行切槽和切断，置于 3 号刀位；选用 60°外螺纹车刀 T04 车螺纹，置于 4 号刀位。

② 制定加工工艺路线：采用一次装夹车削，再切断成零件的加工方法。加工路线安排如下：

· 粗车外轮廓各表面，留 0.2mm 的精加工余量；

· 精车外轮廓各表面至尺寸；

· 车 4mm 退刀槽；

· 车 M16×2mm 螺纹；

· 切断工件，保证总长（60±0.1）mm。

(2) 编程

① 建立工件坐标系。工件原点设在右端面与主轴轴线的交点上。

② 轴向尺寸处理。各轴向加工尺寸以工件原点为基准标注，便于编程。

③ 编制参考程序（表 2-8）。

表 2-8 螺纹轴零件加工参考程序

程序段号	程序内容	动作说明
	O2016	程序号
N05	G40 G99 G21 G97	取消刀尖半径补偿，每转进给，公制，恒转速
N10	T0101	调外圆粗车刀 T01
N15	M03 S600	主轴正转，转速为 600r/min

续表

程序段号	程序内容	动作说明
N20	G00 X36 Z5 M08	刀具快速移动至循环起点，冷却液开
N30	G71 U1 R1	调用毛坯外圆循环，设置加工参数
N40	G71 P50 Q170 U0.4 W0.1 F0.3	
N50	G01 X0 F0.15	轮廓精加工程序段
N60	Z0	
N70	G03 X12 Z-6 R6	
N80	G01 Z-11	
N90	G01 X13.8	
N100	X15.8 Z-12	
N110	Z-27	
N120	X16	
N130	X22 Z-39	
N140	Z-46	
N150	G02 X28 Z-49 R3	
N160	G01 Z-61	
N170	X32	
N180	G01 X34	
N190	G00 X100 Z100	刀具退回至换刀点
N200	T0202	换外圆精车刀
N210	M03 S800 F0.15	精加工转速为 800r/min，进给速度为 0.15mm/r
N220	G00 X30 Z3	
N230	G70 P50 Q180	调用精加工程序
N240	G00 X100 Z100	刀具退回至换刀点
N250	T0303	换切槽刀
N260	M03 S400	主轴转速为 300r/min
N270	G00 X24 Z-27	刀具移至螺纹退刀槽处
N280	G01 X12 F0.08	切槽
N290	G04 X1	
N300	X24	
N310	G00 X100 Z100	刀具退回至换刀点
N320	T0404	换螺纹刀
N330	G00 X20 Z-7	刀具快速移动至循环起点
N340	G92 X15.2 Z-24 F2	车螺纹
N350	X14.6	
N360	X14.1	
N370	X13.7	

续表

程序段号	程序内容	动作说明
N380	X13.5	车螺纹
N390	X13.4	
N400	G00 X100 Z100	刀具退回至换刀点
N410	T0303	换切槽刀
N420	G00 X32 Z-64	刀具移至切断处
N430	G01 X0 F0.08	切断工件
N440	X32 F0.3	*X* 方向退出刀具
N450	G00 X100 Z100 M09	刀具退回至换刀点，冷却液关
N460	M05	主轴停止
N470	M30	程序结束

本章小结

本章主要介绍了数控车床加工范围和特点，典型数控机床的组成，数控车床的坐标系统，机床原点、参考点、工件原点等基本概念，数控车床工件坐标原点的选择原则，走刀路线的选择原则，加工程序结构，准备功能G指令，辅助功能M指令，转速功能S指令，进给功能F指令，刀具功能T指令，零点偏置原理，数控车床对刀操作步骤，公制和英制输入G20、G21，快速定位指令G00，直线插补指令G01，圆弧插补指令G02、G03，暂停插补指令G04，轴向车削单一固定循环指令G90，轴向粗车复合循环指令G71，仿形粗车复合循环指令G73，精车循环指令G70，单行程螺纹切削指令G32，螺纹切削单一固定循环指令G92等。通过本章的学习，读者能够完成中等难度车床零件的数控编程与加工。

思考题

1. M02、M03、M04、M05、M08、M09、M30分别代表什么功能？
2. 说明圆弧插补指令 G02、G03的方向判断、指令格式及用法。
3. 说明外径复合循环指令G71的格式及用法。

习题

1. 编制粗车外圆及锥面的程序，每次切削深度 $a_p \leqslant 2mm$，工件外形及尺寸如题图2-1所示。
2. 编写题图2-2所示零件的加工程序。每次切深 $a_p=1mm$，采用单一循环指令。
3. 编制题图2-3所示零件的数控程序，要求使用G71复合循环指令。
4. 编制题图2-4所示零件的数控程序，可要求使用G73复合循环指令。

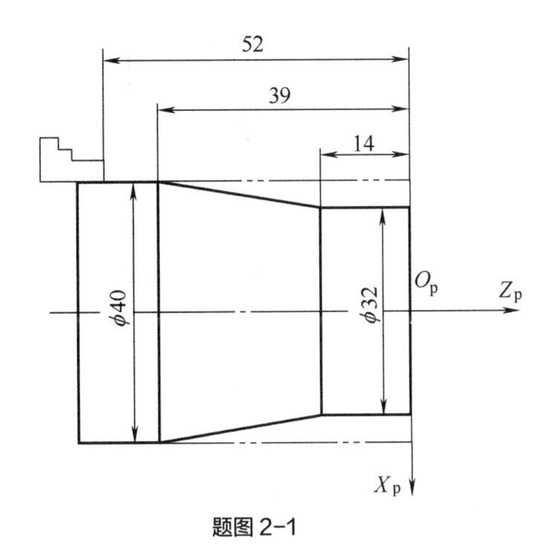

题图 2-1

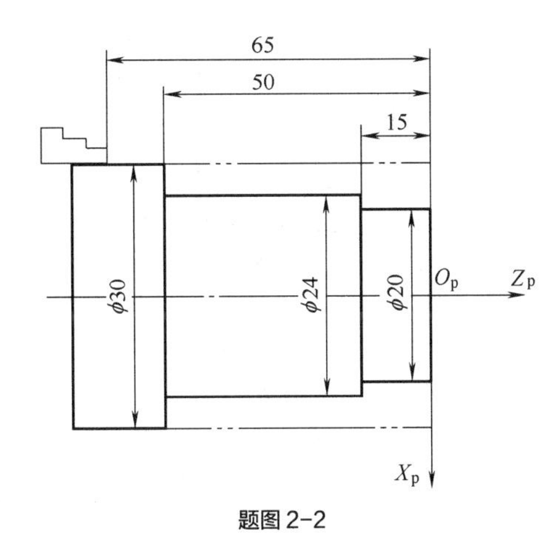

题图 2-2

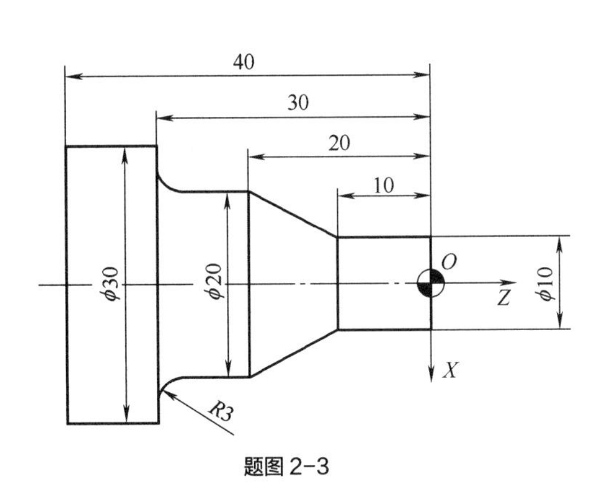

题图 2-3

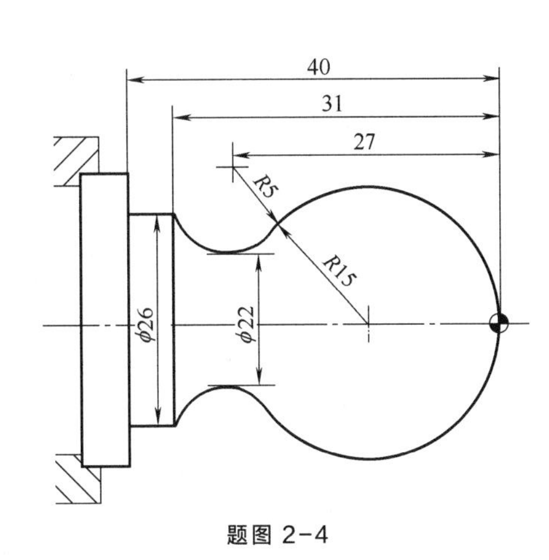

题图 2-4

5. 编制题图 2-5~题图 2-7 所示具有配合关系零件的数控加工工艺与加工程序。

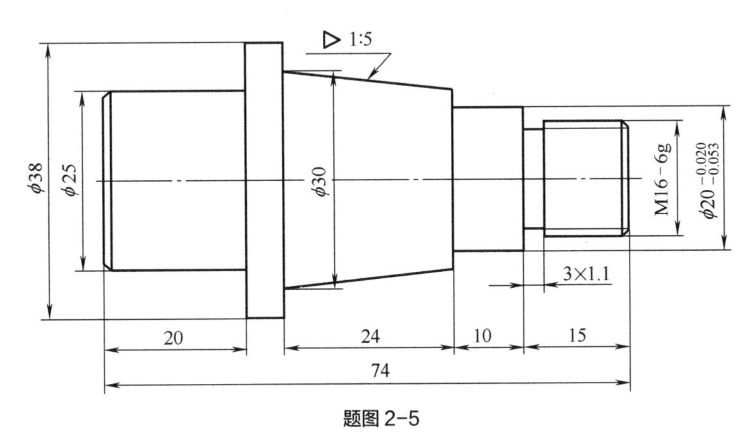

题图 2-5

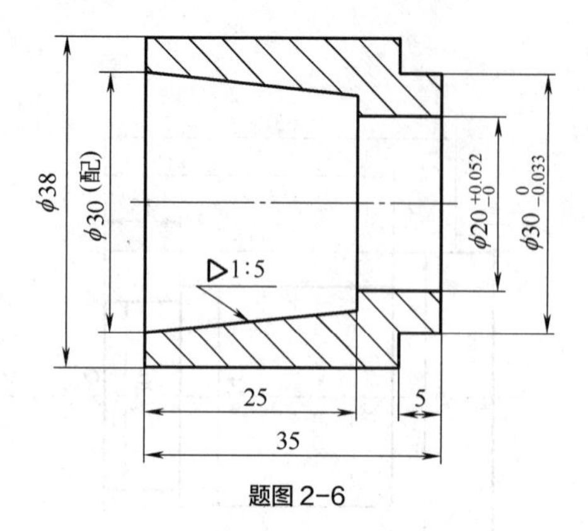

题图 2-6

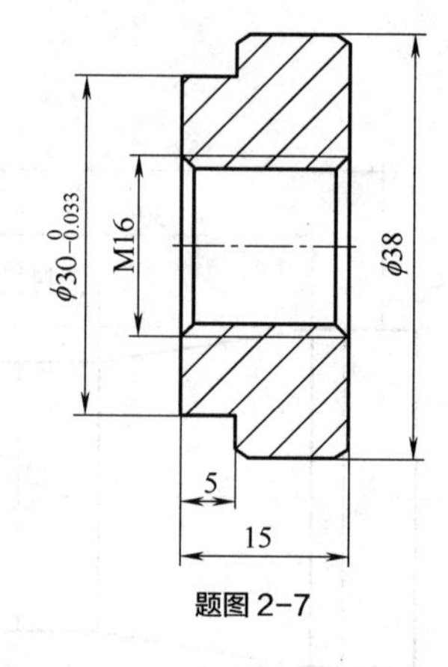

题图 2-7

第3章

UG NX 编程基础

本章思维导图

扫码获取本书资源

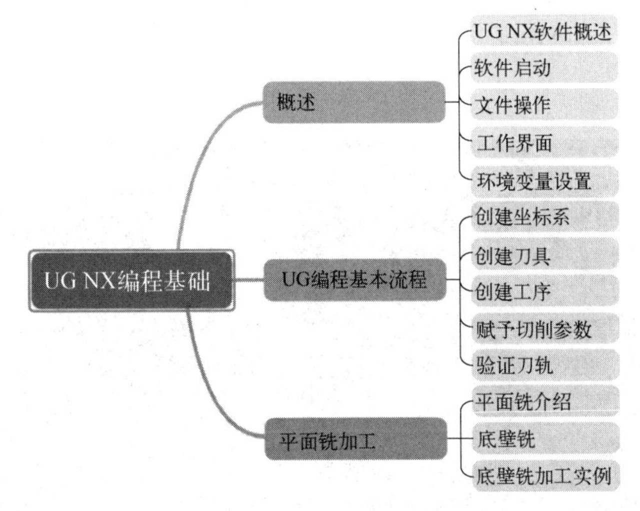

本章主要介绍UG加工的基础知识：①UG软件概述基本框架、基本设置，包括软件启动、文件基本操作以及工作界面介绍；②UG编程基本流程，主要内容为MCS和WCS坐标系的创建、刀具创建、工序创建以及切削参数的设置；③平面铣加工，主要内容是平面铣的介绍、底壁铣设置以及底壁铣加工实例。希望读者通过本章的学习可使基本UG软件加工的整体能力有所提升，适应未来智能制造的需要。本章学习目标如下：

① 掌握UG软件概述基本框架、基本设置。

② 掌握UG编程基本流程。

③ 重点掌握底壁铣精加工的方法；通过案例掌握底壁铣零件的编制规则。

3.1 概述

3.1.1 UG NX 软件概述

UG（Unigraphics NX，以下简称 NX）是 Siemens PLM Software 公司出品的一个产品工程解决方案，它为用户的产品设计及加工过程提供了数字化建模和验证手段，是一个交互式 CAD/CAM（计算机辅助设计与计算机辅助制造）系统。它功能强大，可以轻松实现各种复杂实体及造型的构建，已经成为模具行业三维设计的一个主流应用。其最新版本及功能可以查看西门子 PLM 的官方网站。

3.1.2 软件启动

启动 NX12.0 的方法有以下 4 种。

① NX12.0 安装完毕后，在计算机桌面会自动建立一个快捷方式，双击快捷方式图标，即可启动软件。

② 直接在 NX12.0 安装目录中双击 ugraf.exe 图标，即可启动软件。

③ 单击桌面的“开始”按钮，在弹出的菜单中找到 NX12.0，单击 NX12.0，即可启动软件，如图 3-1 所示。

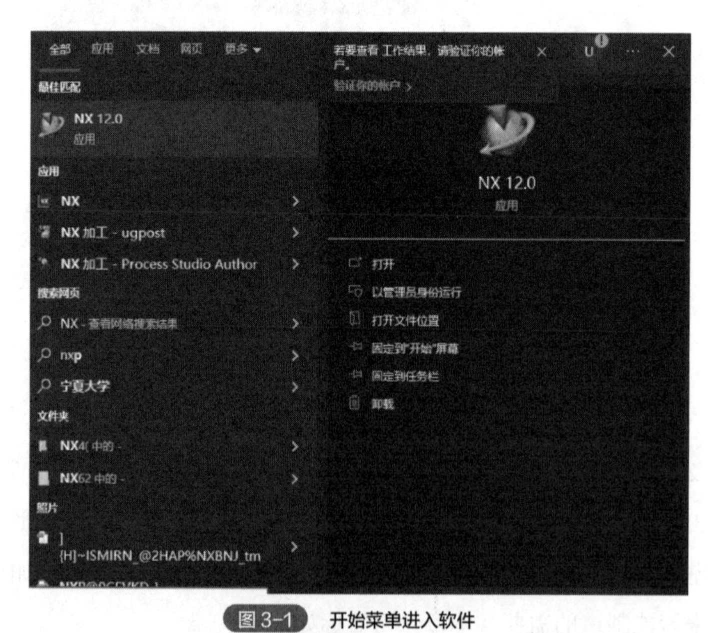

图 3-1 开始菜单进入软件

④ 将 NX12.0 快捷方式图标拖动到桌面下方的快捷启动栏中，使用时只需单击快捷启动栏中的图标，即可启动软件。

3.1.3 文件操作

（1）新建文件

选择“文件”菜单栏中的“新建”命令或按快捷键 Ctrl+N，在出现的对话框中选择相应的模块。由于 NX12.0 支持中文路径和中文名称，因此可在对话框中直接输入文中名称及文件保存路径，然后单击“确定”按钮即可完成新建。

（2）导入导出文件

NX12.0 具有强大的数据交换能力，支持丰富的交换格式，如 STEP203、STEP214、IGES 等通用格式。还可创建与 Pro/E、CATIA 交换数据的专用格式。导入文件选择“文件”→“导入”命令，在其子菜单中提供了“部件”命令，以及 NX 与其他应用程序文件格式的接口，其中常用的有 AutoCADDXF/DWG、IGES、STEP、STL 等。下面对常用的几种格式做简单介绍。

① 部件：在 NX 软件中，可以将已存在的零件文件导入目前打开的零件文件或新文件中。此外，还可以导入 CAM 对象。选择“文件”→“导入”→“部件”命令，打开“导入部件”对话框，如图 3-2 所示。

图3-2 导入部件

图3-3 导入 STL 部件

② Paraolid：选择该命令，在弹出的对话框中可以导入（*.X_T）格式文件。

③ CGM：选择该命令，可以导入 CGM 格式文件，即标准的 ANSI 格式的计算机图形元文件。

④ IGES：选择该命令，可以导入 IGES 格式文件。IGES 是可在一般 CAD/CAM 应用程序间转换的常用格式，可供各 CAD/CAM 应用程序转换点、线、曲面等对象。

⑤ AutoCADDXF/DWG：选择该命令，可将其他 CAD/CAM 应用程序导出的 DXF/DWG 文件导入 NX 软件中，操作方法与 IGES 相同。

⑥ STEP：选择该命令，可以导入（*.STP）格式文件。STEP 标准是为 CAD/CAM 系统提供中性产品数据而开发的公共资源和应用模型，使用任何的主流三维设计软件，如 Pro/E、UG、CATIA、Solidworks 等都可以直接打开。

⑦ STL：选择该命令，可以导入 STL 格式文件。STL 格式文件是在计算机图形应用系统中，用于表示三角形网格的一种文件格式。该文件格式非常简单，应用很广泛。图 3-3 所示为“STL 导入”对话框。

3.1.4 工作界面

NX12.0 的用户界面与之前版本有很大不同，采用的是 Windows 风格，因此了解并习惯其新界面的组成，对于提高工作效率十分有必要。NX12.0 的操作界面是用户对文件进行操作的基础。图 3-4 所示为选择了新建“模型”文件后 NX12.0 的初始工作界面，主要由功能区、上边框条、菜单按钮、导航区、绘图窗口（工作区）及状态行等组成。在绘图窗口中已经预设了三个基准面和位于三个基准面交点的原点，这是建立零件最基本的参考。

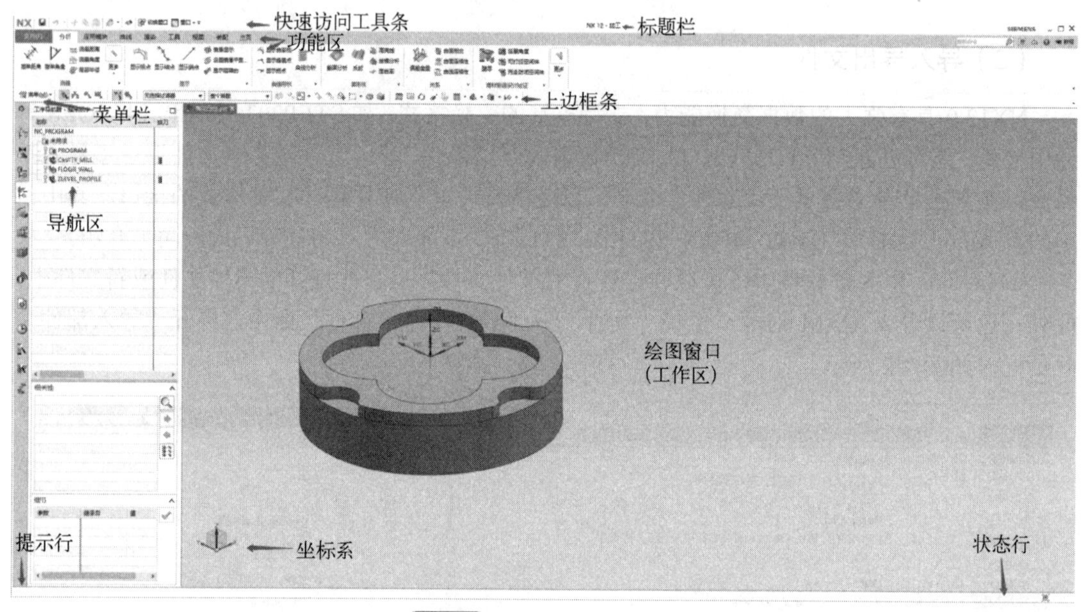

图 3-4 NX12.0 操作界面

3.1.5 环境变量设置

在 Windows 系统中，软件的工作路径是由系统注册表和环境变量来设置的。NX 软件安装后会自动建立一些环境变量，如 UGII_BASE_DIR、UGII_LANG 和 UG_ROOT_DIR 等，如果用户要添加环境变量，方法如下。

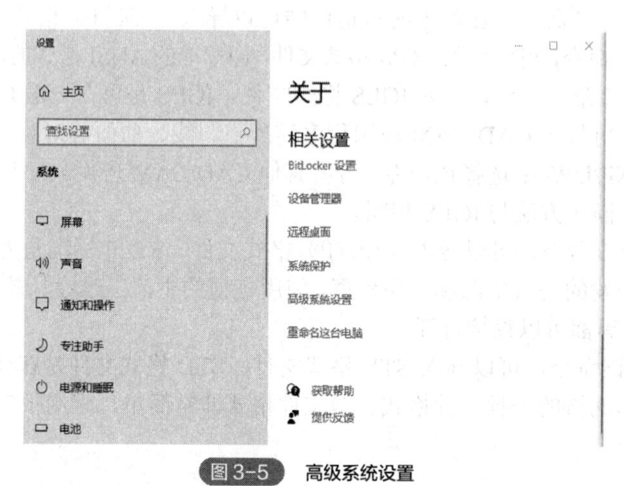

图 3-5 高级系统设置

① 在计算机“我的电脑”图标上右击，在弹出的快捷菜单中选择“属性”命令（图3-5）。

② 在弹出的对话框中选择“高级系统设置”命令。

③ 在弹出的“系统属性”对话框中，选择“高级”选项卡（图3-6），单击“环境变量”按钮。如图3-7所示，在弹出的“环境变量”对话框中进行相应的操作即可。

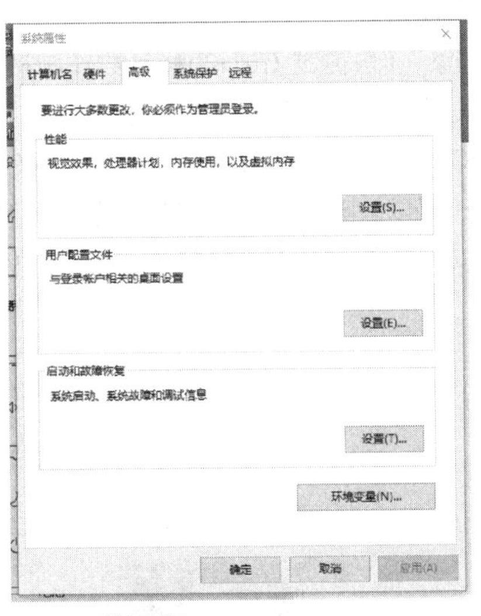

图3-6 “高级”选项卡

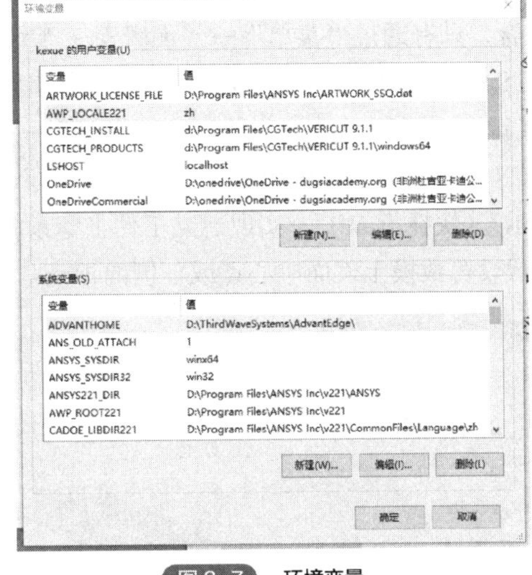

图3-7 环境变量

如果要对NX12.0进行语言的切换，在“环境变量”的“系统变量”列表中选择UGII_LANG，然后单击下面的“编辑”按钮，打开“编辑系统变量”对话框，在“变量值”文本框中输入“simple_chinese”（简体中文）或“English”（英文），即可实现中英文界面的切换。

3.2 UG编程基本流程

3.2.1 创建坐标系

UG软件一共有三个坐标系，即绝对坐标系ACS、工件坐标系WCS、加工坐标系MCS。它们之间是何种关系，每一个坐标系的原点和参考点在哪里？这是每一个初学者必须搞懂的问题。

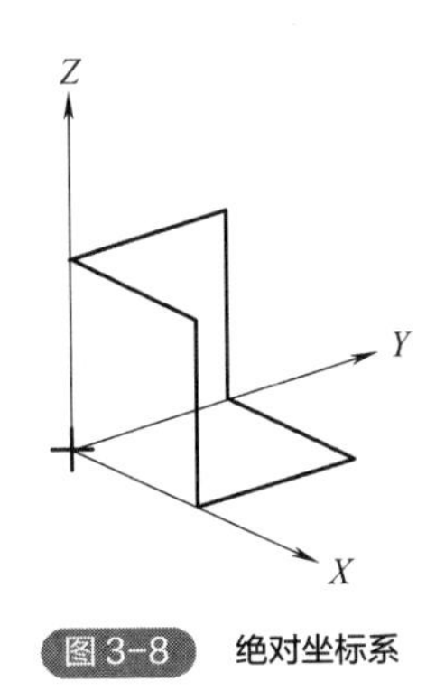

图3-8 绝对坐标系

绝对坐标系ACS是在新建数字模型的时候就会在UG建模界面中看到的，建立完后无法再看见，无法编辑，只有通过“菜单”→“分析”→“几何属性”才能查看数模上点的绝对坐标。绝对坐标系ACS如图3-8所示。

工件坐标系WCS是在建模后可以编辑的坐标系，可以通过“菜单”→“格式”→“WCS”→“动态”查看并调整坐标系的位置和方向。因为绝对坐标系是不可以移动的，如果要让WCS与ACS重合，只有通过“菜单”→“编辑”→“移动对象”（快捷键Ctrl+T)移动数模，将绝对坐标系ACS移动到WCS位置。WCS坐标系会和数模关联，数模移动后WCS也会移动，移动后WCS重新设定即可通过“菜单”→“格式”→“WCS”→“WCS设为绝对”，让WCS坐标系与ACS一致，如图3-9和图3-10所示。显示WCS可以通过“菜单”→“格式”→“WCS”→“显示”（快捷键W)”。实现建立工件坐标系就可以在此坐标系上进行建模、加工。WCS的原点一般设在数模上表面中心点或一侧的顶点。

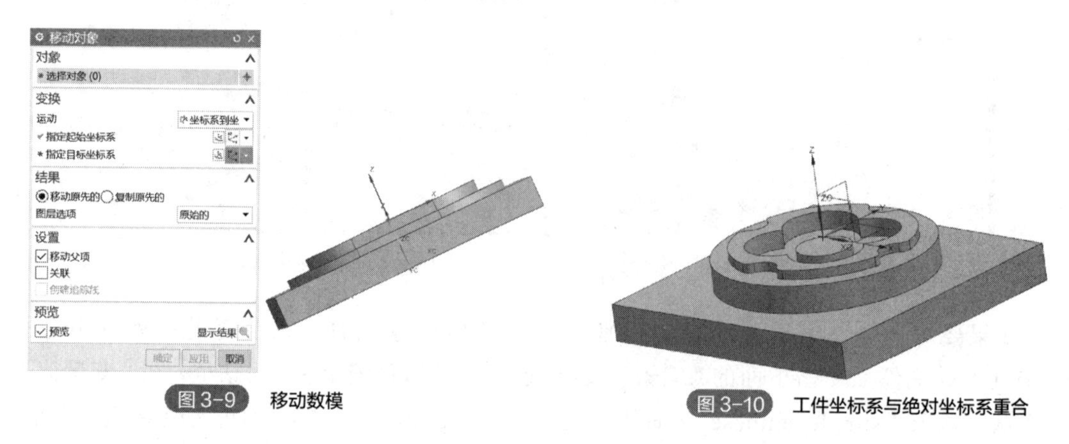

图3-9 移动数模

图3-10 工件坐标系与绝对坐标系重合

机床（加工）坐标系MCS是在加工模块中建立的，可以通过“菜单”→“插入”→“几何体”→“MCS”创建，也可以通过功能菜单创建以及查看。MCS一般与WCS重合，通过“坐标系”→“参考坐标系”→“WCS”调整坐标系的位置和方向与WCS重合，如图3-11所示。MCS的原点一般设在数模上表面中心点或一侧的顶点。建立机床（加工）坐标系就可以在此坐标系上进行建模、加工。

图3-11 调整MCS与WCS重合

机床（加工）坐标系MCS在加工模块中可以通过“MCS铣削”→“机床坐标系”→“细节”→“装夹偏置”进行第二坐标系的设置，以用于多个夹具的应用场景。MCS的安全平面是通过“参考坐标系”→“安全设置选项”→“平面”→“偏置”来设置。设置安全平面为后续的加工提供安全保障如图3-12所示。

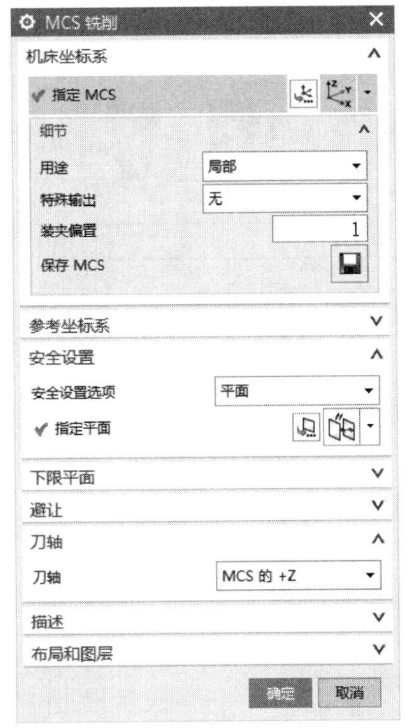

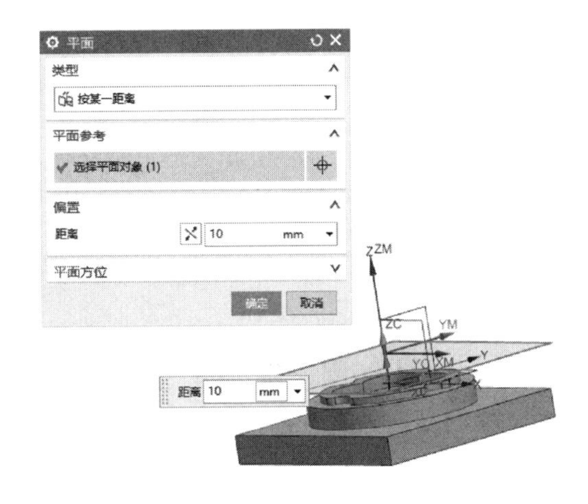

图3-12 MCS参数设置

方式一：使用WCS 工件坐标系（初学阶段推荐方式）。

在建模环境下将工件加工原点移至工件坐标系原点，并保证坐标轴与加工设定方向一致。使用“菜单”→“编辑”→“移动对向”(快捷键Ctrl+T)来将建模坐标系设为WCS坐标系。

方式二：创建MCS 机床坐标系(推荐进阶、多工位编程使用)。

在加工环境中通过“菜单”→“插入”→“几何体”插入几何体，或在工序导航器中右键单击插入几何体。然后选择MCS。

移动或旋转选定对象的坐标系。定轴型腔铣是多轴粗加工最常见的一种加工方法。在多轴加工中，通过刀轴矢量控制刀轴方向，让刀具分别垂直铣削毛坯型腔的表面是多轴加工中最为重要的加工策略。

注意：

① 绝对坐标系ACS不可以编辑、移动，通过几何属性可以检查数模上的任意点的绝对坐标值。

② 工件坐标系WCS可以编辑、移动，会随着工件位置变化而变化。

③ 机床（加工）坐标系MCS可以编辑、移动。其与WCS、ACS重合可方便进行产品尺寸的检查。

④ MCS的坐标以及安全平面设置参数是可以继承的。

3.2.2 创建刀具

在加工环境工序导航器下机床视图模式中插入刀具。在此项参数设置选项卡中需要设置刀具类型以及具体参数，如图 3-13 所示。

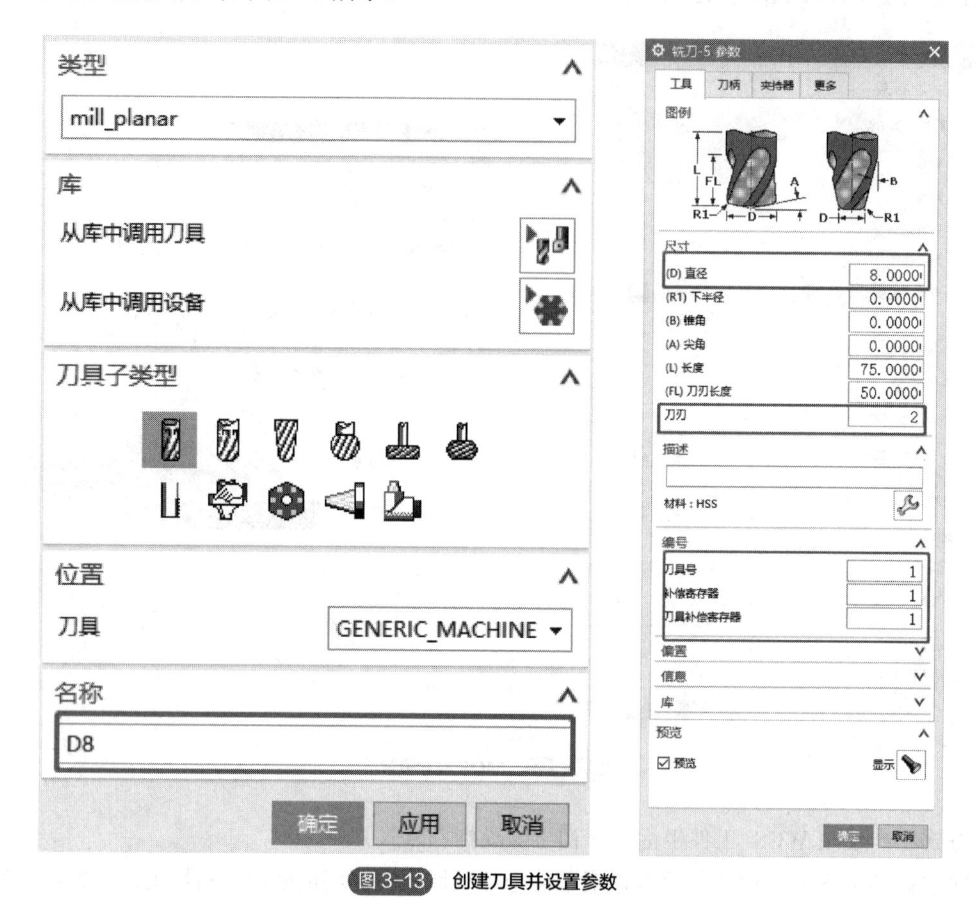

图 3-13 创建刀具并设置参数

铣削加工中最常见的刀具有以下几种。

① 平底刀。平底刀是数控加工用得最多的一种铣刀。平底刀的圆柱表面和端面上都有切削刃，它们可同时进行切削，也可单独进行切削，可用于粗铣去除大量毛坯，或精铣水平平面或者轮廓，以及凹槽铣削、台阶面铣削等，如图 3-14 所示。

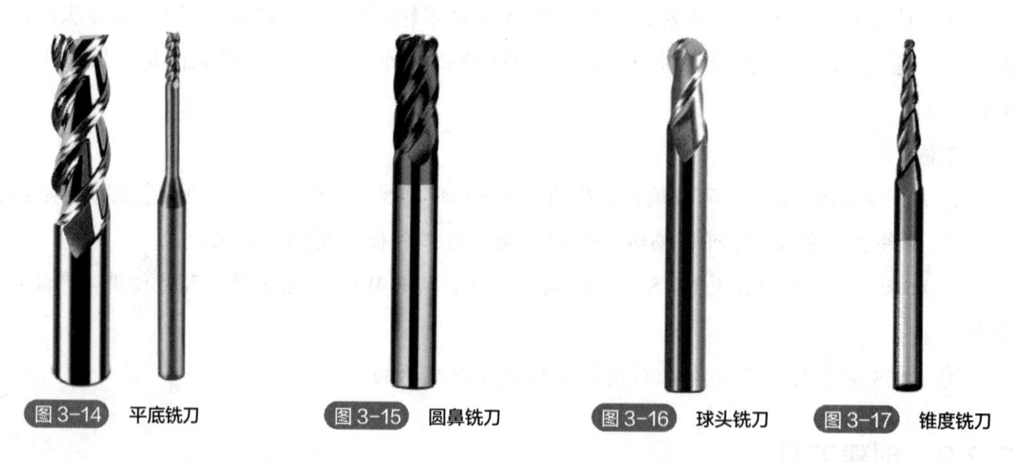

图 3-14 平底铣刀　图 3-15 圆鼻铣刀　图 3-16 球头铣刀　图 3-17 锥度铣刀

一般情况下，粗加工时尽量选较大直径的刀具，以提高效率，装夹应尽可能短，以保证足够的刚性。

② 圆鼻铣刀。圆鼻铣刀也叫牛鼻刀、R 角刀，可用于粗加工、平面精加工和曲面外形加工等，如图 3-15 所示。

③ 球头铣刀。球头铣刀主要用于曲面的加工，由于刀尖位置线速度为零，应尽量避免刀尖参与切削，如图 3-16 所示。

④ 锥度铣刀。锥度铣刀底刃为球面，侧刃带有锥度，主要用于叶轮加工，如图 3-17 所示。

刀具命名方式：平底铣刀（MILL）为 D+直径值，如 D8；圆鼻铣刀（MILL）为 D+直径值+R+角度值，如 D10R1；球头铣刀（BALL）为 B+直径值，如 B8。刀具创建和具体参数设置如图 3-18、图 3-19 所示。

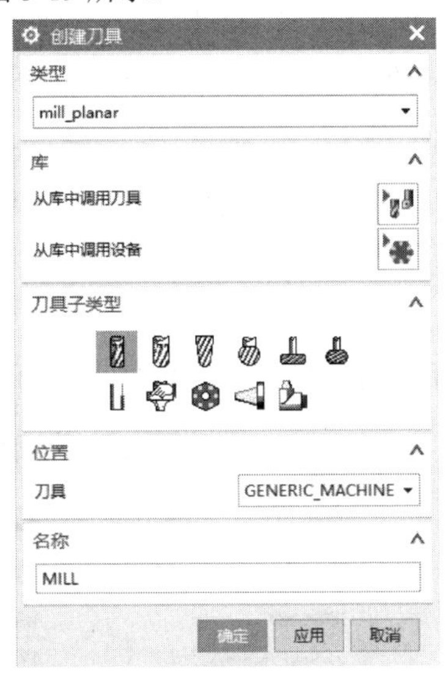

图 3-18 创建刀具

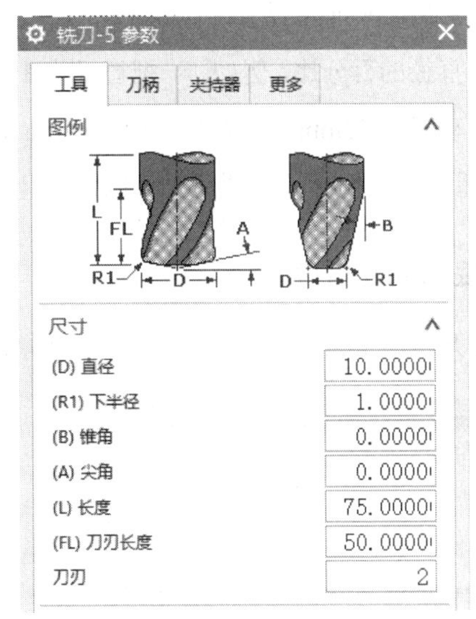

图 3-19 刀具参数

注意：

① 刀具号、补偿寄存器、刀具补偿寄存器一定要输入，而且一定要与实际刀具号一致。如果不输入，加工中刀具的刀补不会产生作用，会出现撞刀危险。

② 刀具夹持器刀柄参数可以根据实际刀柄参数测量后确定。

3.2.3 创建工序

基础加工条件的选择（以底壁铣为例）：

① 选择加工体（指定部件）。

② 选择加工区域（平面、型腔、曲面）。

③ 选择加工刀具。

④ 生成刀轨。

3.2.4 赋予切削参数

（1）刀具步距 A_e

步距是指两个切削路径之间的水平间隔距离，而在环形切削方式中指的是两个环之间的距离，有以下 4 种选项，如图 3-20 所示。

① 恒定：选择该选项后，用户需要定义切削刀路间的固定距离。如果指定的刀路间距不能平均分割所在区域，系统将减小这一刀路间距以保持恒定步距。

② 残余高度：选择该选项后，用户需要定义两个刀路间剩余材料的高度，从而在连续切削刀路间确定固定距离。残余高度指球头铣刀加工两步距之间的残余毛坯高度。

③ %刀具平直：选择该选项后，用户需要定义刀具直径的百分比，从而在连续切削刀路间建立起固定距离。平面直径百分比就是上面“步距”中设置的“%刀具平直”，即刀具横向移动距离与刀具直径的百分比。例如，一把直径为 100mm 的铣刀，设置“平面直径百分比”为 75，那么横向移动就是 75mm，为刀具直径 100mm 的 75%。

④ 多重变量：选择该选项后，可以设定几个不同步距大小的刀路以提高加工效率。

（2）底面毛坯厚度

如果是开粗，那么底面需留置余量，具体余量根据实际加工情况设置，如图 3-21 所示。

图 3-20 刀具的步距

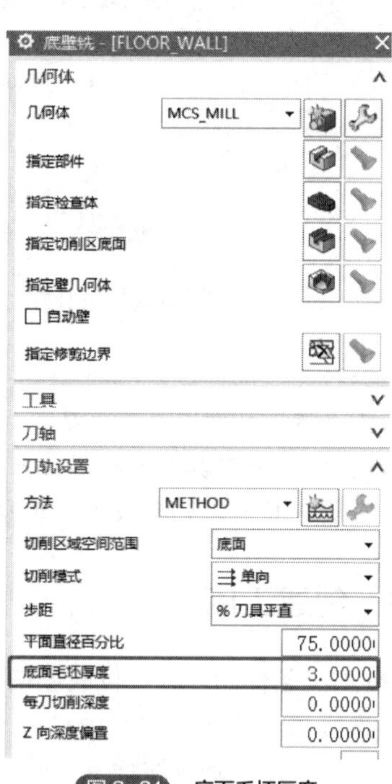

图 3-21 底面毛坯厚度

（3）切削深度

切削深度即每刀切削深度。以底壁铣为例，在“底壁铣”→“每刀切削深度”中设置，如图 3-22 所示。每切削一层后，进入下一层的深度，俗称下刀量。有些加工方法（如平面铣）也在切削层参数中来设置切削深度。

(4)主轴转速

主轴转速在“进给率和速度”→“主轴速度”中设置，如图3-23所示。

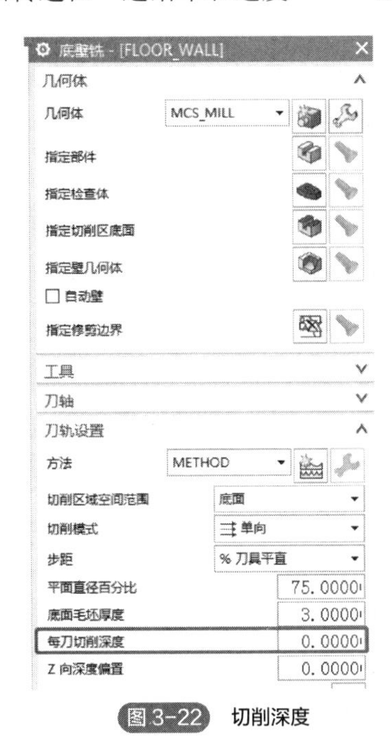

图3-22 切削深度

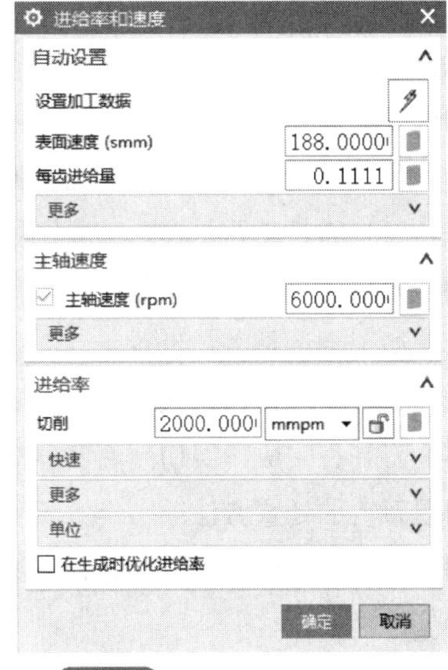

图3-23 “进给率和速度”对话框

(5)给速度

给速度在“进给率和速度”→“进给率”中设置。

(6)加工余量

它包括侧壁余量、底面余量、整体余量，在“切削参数”→“余量”中设置，如图3-24所示。

图3-24 切削参数

3.2.5 验证刀轨

① 为什么要进行刀轨验证？

•同样的加工方法，不同的材料，切削参数是不完全一致的，需要检查确认加工参数是否合理。

•几何体（数模）设计并不是理想的完整体，局部可能存在设计参数牵拉，导致刀轨计算异常。

•根据程序输出点位判断编程坐标是否正确。

② 刀轨验证需要验证哪些内容？

•步距，是否全覆盖（以圆鼻刀为例）。

•切深，刀具刃长是否足够、刀具刚性是否满足。

•过切，刀轨是否存在异常过切点。

•余量，加工余量是否与设置一致、是否理想。

•跳刀，刀具退出及再切入是否存在异常状态。

•转移，刀具在完成一层切削后转移时是否与工件或工装存在干涉。

③ 问题刀轨的处置方法：

•合理赋予切削参数，包括步距、切深、转速、进给。

•精细化计算公差。

•优化非切削移动参数，调整进退刀形式及快速转移形式。

注意：程序首次上机运行时，操作人员须慢进执行，直至正确吃刀，同时须全程保持安全监控防护状态，不得离岗、脱岗，切忌盲目自信。

3.3 平面铣加工

3.3.1 平面铣介绍

平面铣用于平面区域或者平面岛的粗加工和精加工，也可以平行于零件底面进行多层铣削。平面铣是一种2.5轴加工方式，它在加工过程中首先进行水平方向的*X*、*Y*两轴联动，完成一层加工后再进行*Z*轴下切进入下一层，逐层完成零件加工。平面铣可以加工以零件的直壁、平面岛顶面和腔槽底面为平面的零件，根据二维图形定义切削区域，不必做出完整的零件形状；也可以通过边界指定不同的材料侧方向，定义任意区域为加工对象，方便地控制刀具与边界的位置关系。平面铣用于切削具有竖直壁的部件以及垂直于刀具轴的平面岛和底面。平面铣操作创建了可去除平面层中材料的刀轨，这种操作类型最常用于粗加工材料，为精加工操作做准备。平面铣主要加工零件的侧面与底面，可以有岛屿和腔槽，但岛屿和腔槽必须是平面。平面铣的刀具轨迹是在平行于*XY*坐标平面的切削层上产生的，在切削过程中刀具始终与工件垂直。

单击“主页”→“插入”→“工序”按钮，打开“创建工序”对话框，在“加工环境”选项卡中，系统默认“camgeneral”，改为“mill_planar”即为平面铣类型。在“工序子类型”中列出了平面铣的所有加工方法，一共有15种子类型，如图3-25所示。其中，前6种为主要平面铣加工方法，应用比较广泛，一般的零件基本上都能满足加工要求。其他的加工方式又由前 6 种演变产生，适用于一些具有特殊形状的零件的加工。平面铣的各工序子类型介绍如下。

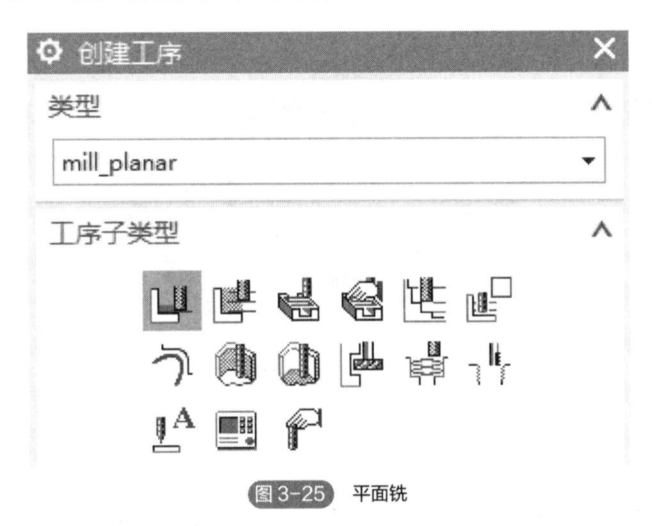

图 3-25 平面铣

（FLOOR_WALL）底壁铣：切削底面或壁几何体。

（FLOOR_WALL_IPW）带 IPW 的底壁铣：使用 IPW“创建工序”对话框切削底面和壁。

（FACE_MILLING）带边界面铣：基本的面切削操作，用于切削实体上的平面。

（FACE_MILLING_MANUAL）手工面铣：它使用户能够把刀具正好放在所需要的位置，选择部件上的面来定义切削区域。

（PLANAR_MILL）平面铣：用平面边界定义切削区域，切削刀根据底面来定义切削深度。

3.3.2 底壁铣

选择任意的工序子类型，然后单击“确定”按钮，都会打开相应的工序操作对话框。如选择底壁铣后将会打开“底壁铣”对话框。该对话框中包含“几何体”“工具”“刀轴”“刀轨设置”等选项组，依次对这些选项组进行设置，即可看作平面铣的加工过程。具体有以下几个环节。

① 创建父节点组：包括程序、刀具、几何体、加工方法 4 个父节点组。

② 创建操作：包括选择加工几何体、选择切削方法、选择步距、选择控制点、选择进刀/退刀方法及其参数、选择切削参数、确定分层加工方法及其参数、常用选项—避让选项、进给率。

③ 刀具路径显示。

④ 刀具路径的产生和模拟。

3.3.3 底壁铣加工实例

（1）进入加工环境

① 打开相应素材文件，如图 3-26 所示。

② 单击“应用模块”→“加工”按钮，或者按快捷键 Ctrl+Alt+M，打开“加工环境”对话

框，然后在“CAM 会话配置”选项组中选择“cam_general”选项，在“要创建的 CAM 组装”选项组中选择“mill_planar”选项，单击“确定”按钮，进入加工环境。

图 3-26 底壁铣案例

（2）设置加工坐标系和安全平面

加工坐标系是 NX 软件输出数控程序数据的关键坐标系，后处理的数据都是以加工坐标系为基准生成的数据。因此，机床加工坐标系上的零件 *X*、*Y*、*Z* 等相关数据（G54、G55 等），必须跟 NX 软件中加工坐标系上的 *XM*、*YM*、*ZM* 完全重合，否则将产生严重加工事故，如撞刀、撞工件、撞机床，甚至工件飞出机床造成人身伤害。安全平面是指加工过程中抬刀到一个安全的高度，再移动刀具，防止撞刀。

① 设置加工坐标系。进入加工环境后系统默认的视图是程序顺序视图，所以需切换至几何视图进行机床坐标系的创建。在工序导航器的空白处右击，在弹出的快捷菜单中选择“几何视图”命令。

② 切换至几何视图后双击节点进入坐标系。

③ 进入坐标系。双击后可以打开“MCS 铣削”对话框，在该对话框中单击“机床坐标系”选项组里的“坐标系对话框”按钮，打开“坐标系”对话框，然后在“参考”下拉列表中选择“WCS”选项。提示：选择 WCS，意思就是跟 WCS 重合。选择 WCS 的前提是 WCS 已经设置在工件顶面和工件中心。

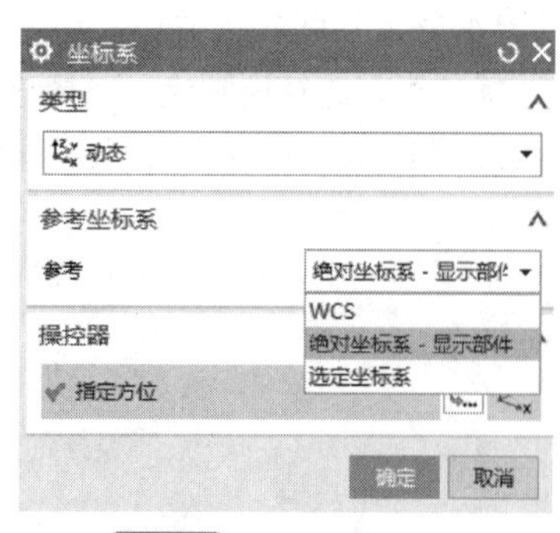

图 3-27 设置参考坐标系

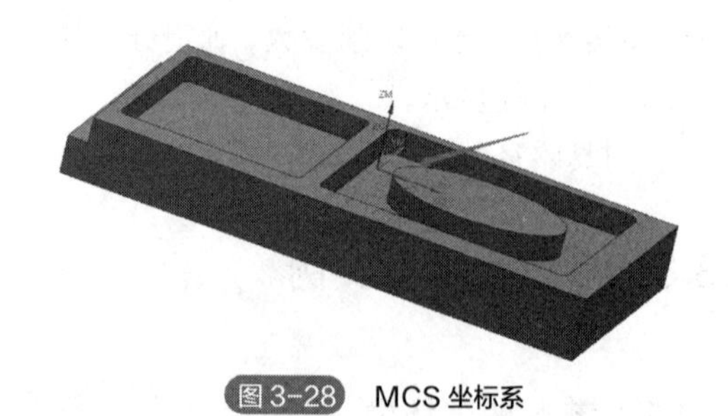

图 3-28 MCS 坐标系

④ 此时创建的机床坐标系如图 3-27 所示。激活的加工坐标 *XM*、*YM*、*ZM*，可以根据实际需要旋转调整方向和位置，本案例是四面分中，*ZM* 设置在工件顶面。图 3-28 所示为设置完的

加工坐标系。

⑤ 设置安全平面。在“安全设置选项”下拉列表中选择“平面”选项，然后选择工件顶面，并设置安全距离，如图 3-29 所示。

提示：默认选项是“自动平面”，在实操中存在风险，因此最好是手动指定安全平面，以防万一。

（3）指定部件和指定毛坯

它们是 NX 软件生成程序和模拟刀路所必需的设置。部件是加工时受保护的对象，当刀具切入部件里面，就会发出过切警告。正常情况下，刀路都会避开部件，不会产生过切情况。毛坯也是模拟刀路的必要设置，可以用来模拟真实的加工毛坯。

① 指定部件。单击节点，然后双击其下的“选择或编辑几何体”按钮，打开“工件”对话框。在“工件”对话框中单击“指定部件”按钮，打开“部件几何体”对话框，然后选择整个模型文件为部件，指定完成后，单击“确定”按钮，返回“工件”对话框。

② 指定毛坯。在“工件”对话框中单击“指定毛坯”按钮，打开“毛坯几何体”对话框，在“类型”中选择“包容块”，下方的限制参数均设置为 0，这样创建出来的毛坯刚好是部件的最大外形，如图 3-30 所示。

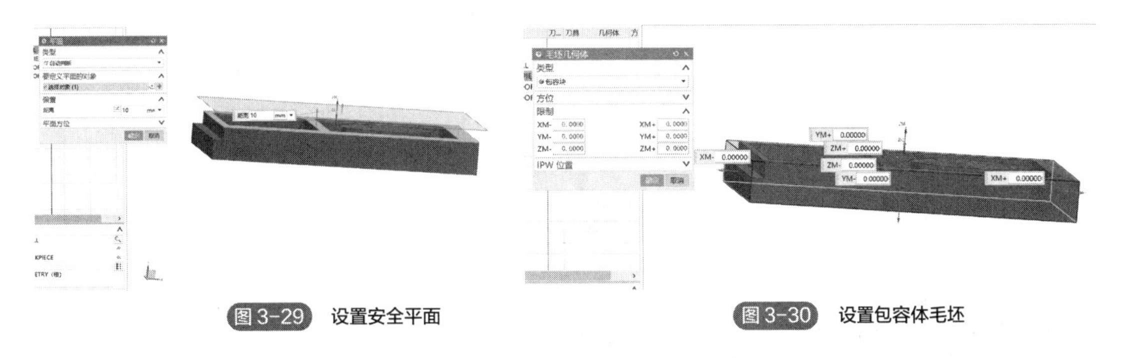

图 3-29 设置安全平面　　　图 3-30 设置包容体毛坯

（4）创建工序

① 在“主页”选项卡中单击“创建工序”按钮，打开“创建工序”对话框，在“工序子类型”选项组中单击“底壁铣”按钮，在“程序”下拉列表中选择“PROGRAM”选项，在“刀具”列表中选择“NONE”选项，在“几何体”列表中选择“WORKPIECE”选项，在“方法”列表中选择“METHOD”选项，名称保持默认，单击“确定”按钮。

提示：从“程序”下拉列表中选择“PROGRAM”选项，即表示所建工序放入“PROGRAM”程序组里；从“刀具”列表中选择“NONE”，即表示没有刀具，因为此时尚未创建刀具，需在后面的步骤中进行添加，如果已经有创建好的刀具，那么可以直接在该下拉列表中选取；从“几何体”列表中选择“WORKPIECE”，则表示继承所指定的 WORKPIECE 几何体；“方法”列表中的选项表示粗加工、半精加工、精加工等，有预设的余量和公差数值，可视当前的加工工序来进行选择，各选项含义如下。

- METHOD：系统给定的根节点，不能改变，为加工方法的最高节点。
- MILL_ROUGH：系统提供的粗铣加工方法节点，可以进行编辑、切削、复制、删除等操作。
- MILL_SEMI_FINISH：系统提供的半精铣加工方法节点，可以进行编辑、切削、复制、删除等操作。

•MILL_FINISH：系统提供的精铣加工方法节点，可以进行编辑、切削、复制、删除等操作。

•DRILL_METHOD：系统提供的钻孔加工方法节点，可以进行编辑、切削、复制、删除等操作。

② 切换至“程序顺序视图”，查看已经创建好的工序。除了在工序导航器的空白处右击，在弹出的快捷菜单中选择视图外，还可以直接单击上边框条中的“程序顺序视图”按钮来进行切换。将所创建的工序放入程序组里面，可以新建、复制、更名。

创建完工序后会自动打开“底壁铣”对话框，如图 3-31 所示。将该对话框的各选项组从上往下依次进行设置，就是正常的工序创建过程。

图 3-31 创建工序“底壁铣”

提示：在操作导航器的程序节点和操作前面，通常会根据不同的情况出现以下三种标记，表明程序节点和操作的状态，可以根据标记判断程序节点和操作的状态。

PLANAR_MILL：需要重新生成刀轨。如果在程序节点前，表示在其下面包含空操作或者过期操作；如果在操作前，表示此操作为空操作或过期操作。

FLOOR_WALL_1：需要重新后处理。如果在程序节点前，表示节点下面所有的操作都是完成的操作，并且输出过程序；如果在操作前，表示此操作为已完成的操作，并被输出过。

FLOOR_WALL_1：如果在程序节点前，表示节点下面所有的操作都是完成的操作，但未输出过程序；如果在操作前，表示此操作为已完成的操作，但未输出过。

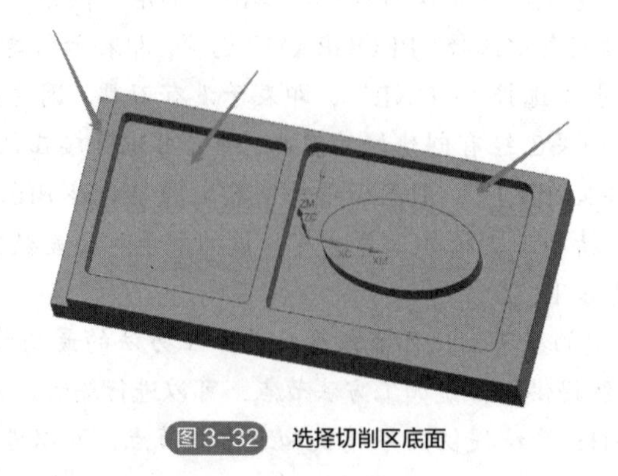

图 3-32 选择切削区底面

③ 指定部件几何体。在“几何体”选项组中单击“指定部件”按钮，打开“部件几何体”对话框，在图形区选取整个模型零件实体作为部件几何体，如果在“WORKPIECE”下，不用重复选择。单击“确定”按钮，返回“底壁铣”对话框。

④ 指定切削区底面。选择三个不同的区域生成不同的三个程序，如图3-32所示。

⑤ 指定壁几何体。选择“自动壁”会自动指定模型的侧壁，如图3-33所示。单击“确定”按钮，返回“底壁铣”。

图3-33 指定壁几何体

(5)创建刀具

① 展开“底壁铣”对话框中的“工具”选项组，单击“创建刀具”按钮，打开“新建刀具”对话框，在对话框的“刀具子类型”选项组中单击“MILL”按钮，然后在“名称”处输入刀具名称“D8”，表示所用刀具的直径为8mm，如图3-34所示。

图3-34 刀具选择

② 单击“确定”按钮，打开“铣刀 5-参数”对话框，在刀具直径处输入“8”，其他参数保持默认，刀具号、刀补号全部设为 1，如图 3-35 所示。单击“确定”按钮，返回“底壁铣”对话框。

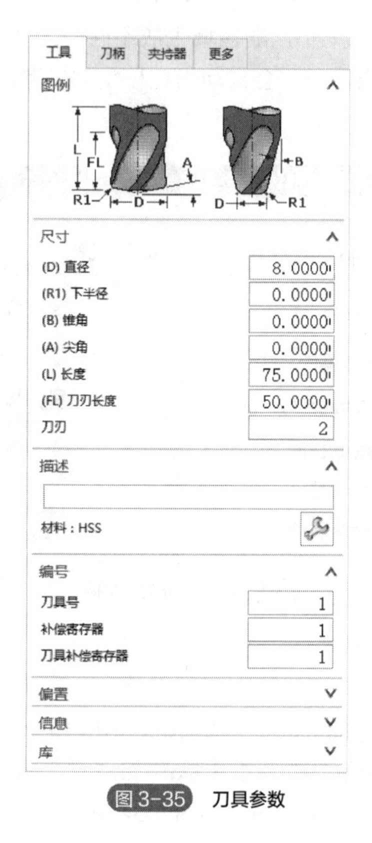

图 3-35 刀具参数

（6）进行刀轴设置

“刀轴”选项组可以用来设定刀轴方向，默认为“+ZM 轴”，适用于定轴加工；也可以指定一个方向，针对多轴加工。一般加工不需要进行设置，保持默认选项即可。

（7）进行刀轨设置

① 设置一般参数。在“刀轨设置”对话框中，在“切削空间范围”中选择“底面”，在“切削模式”下拉列表框中选择“跟随周边”选项，在“步距”下拉列表中选择“%刀具平直”选项，在“平面直径百分比”文本框中输入 50，在“底面毛坯厚度”文本框中输入 10，在“每刀切削深度”文本框中输入 1，在“最终底面余量”文本框中输入 0。

② 设置切削参数。在“底壁铣”对话框中单击“切削参数”按钮，打开“切削参数”对话框，然后按图 3-36 进行设置。设置完成后，单击“确定”按钮，返回“底壁铣”对话框。

注意： 跟随周边切削模式在“切削参数”的“策略”中勾选“岛清根”选项，切削壁会进行清根加工。

③ 设置非切削移动参数。本例的非切削移动参数可以保持默认，无须设置。

（8）生成刀路轨迹并模拟

在“面铣”对话框的“操作”选项组中单击“生成”按钮，可以在模型空间中生成刀路轨迹，如图3-37所示。

图3-36 切削参数

图3-37 刀路轨迹模拟

底壁铣是底面精加工最主要的加工方法，使用时需要注意以下事项：

① 当有多个面需要加工时，需要在底面选项中用添加子集方式来选择。

② 当有狭窄区域无法切削到位时，需要在切削参数中选择刀路延展来对狭窄区域进行加工。

③ 只有加工策略选“跟随周边”，在切削参数中才有“岛清根”选项，可对侧壁加工到位。

④ 在切削参数中，可以添加精加工刀路来对侧壁进行清根。

本章小结

本章主要介绍UG NX软件的基本框架以及编制流程，并给出平面铣的具体加工案例。UG NX软件代表了一种数字化加工技术。该技术通过数字化控制精密机床，实现对模型的零件加工。它涵盖了补偿、机床路径生成、刀具路径等功能，可以对复杂曲面和模型进行精确的加工控制。在使用UG加工技术进行零件加工时，一般包括以下步骤：创建几何体以及毛坯，设置所要加工的几何体和对应的加工毛坯；创建刀具，选择合适的刀具并进行相应参数的设定；创建操作并仿真，设定操作参数，生成刀具轨迹并进行仿真；最后进行后置处理，将刀具位置和机床控制指令转化为特定机床控制系统能够接收的程序。

思考题

1. UG软件的导入文件类型都有哪些？

2. UG软件工序导航器中的程序、机床、几何和加工方法四个模块分别起什么作用？他们之间有什么样的关系？

3. UG当中的绝对坐标系（ACS）、工件坐标系（WCS）和加工坐标系（MCS）之间有什么样的关系？

4. UG如何将三个坐标系进行统一？

5. UG当中常用的刀具有哪些？

6. 请思考UG程序生成的基本流程。

7. mill-planar平面铣主要加工对象有哪些？

8. mill-planar平面铣的加工子类型都有哪些？

9. 平面铣-底壁铣主要加工对象有哪些？

10. 请思考平面铣-底壁铣程序生成的基本流程。

习题

1. 请将题图3-1所示零件利用平面铣-底壁铣方法实现粗、精加工。

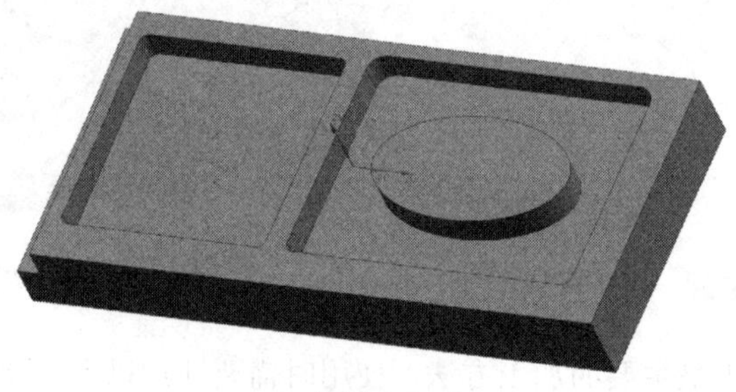

题图3-1

2. 请将题图3-2所示零件利用平面铣加工方法实现粗、精加工。

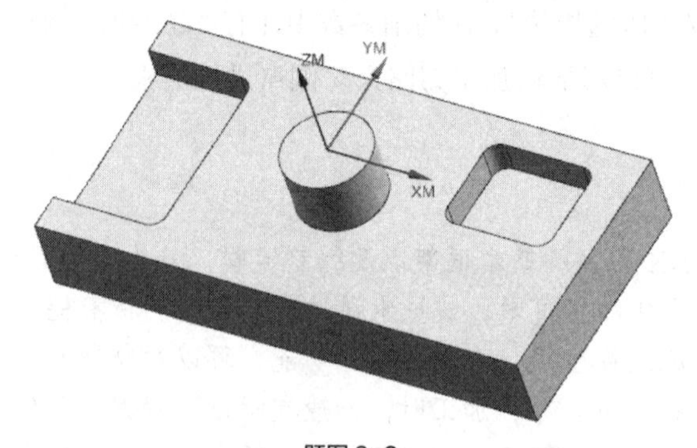

题图3-2

第4章

三轴零件 UG 编程及仿真加工

扫码获取本书资源

本章思维导图

本章主要介绍三轴零件加工的相关知识，加工中心三轴零件的粗加工、半精加工、精加工的基本方法。用到的三轴零件加工方法包括开粗需要的型腔铣、半精和精加工需要的固定轮廓铣-区域铣削和固定轮廓铣-引导曲线铣削等加工方法。通过对案例零件加工方法的认识和学习，除了可以掌握对三轴零件加工的基本加工技能，还可以通过案例练习复习已经掌握的三轴加工

流程，学习更多三轴加工参数的设置方法，使三轴加工的整体能力有所提升，为多轴加工打下坚实基础，适应未来智能制造的需要。本章学习目标如下：

① 可根据加工中心三轴零件的图纸进行基本的工艺分析。

② 可利用零件图工艺分析，选择合理的加工方法。

③ 重点掌握三轴零件开粗的基本方法、三轴曲面区域精加工的方法。通过两个案例掌握三轴零件加工程序的编制规则，为学习多轴零件加工打下良好基础。

4.1 轮廓铣介绍

UG 软件在三轴加工时有两种加工类型的指令，分别是第 3 章介绍的平面铣（mill_ planar）和本章将要介绍的轮廓铣（mill_contour）。两种指令的区别在于平面铣只能加工平面，而轮廓铣既可以加工平面，又可以加工曲面。

轮廓铣中有三个指令十分重要，其他指令都是从这三个指令衍生出来的，所以只要掌握这三个指令就可以加工任何复杂的三轴零件。

CAVITY_MILL（型腔铣）：该指令适用于开粗和二粗，主要用于去除大范围的余量，实现开粗的效果。

ZLEVEL_PROFILE（深度轮廓铣）：该指令适用于零件侧壁的半精加工或精加工。

FIXED_CONTOUR（固定轮廓铣）：该指令适用于零件曲面的半精加工和精加工。

其他子类型介绍如下。

PLUNGE_MILLING（插铣）：特殊的铣削加工操作，主要用于需要长刀具的较深区域。插铣对难以到达的深壁使用长细刀具进行精铣非常有利。

CORNER_ROUGH（拐角粗加工）：切削拐角中的剩余材料，这些材料因前一刀具的直径和拐角半径关系而无法去除。

REST_MILLING（剩余铣）：清除粗加工后剩余加工余量较大的角落，如倒角位置等，以保证后续工序有均匀的加工余量，一般可以用于倒角加工。

ZLEVEL_CORNER（深度加工拐角）：精加工前一刀具因直径和拐角半径关系而无法到达的拐角区域。

CONTOUR_AREA（区域轮廓铣）：区域铣削驱动，用于以各种切削模式切削选定的面或切削区域，常用于半精加工和精加工。

CONTOUR_SURFACE_AREA（曲面区域轮廓铣）：默认为曲面区域驱动方式的固定轴铣。

STREAMLINE（流线）：用于流线铣削面或切削区域。

CONTOUR_AREA_NON_STEEP（非陡峭区域轮廓铣）：与 CONTOUR_AREA 相同，但只切削非陡峭区域。经常与 ZLEVEL_PROFILE_STEEP（陡峭区域深度轮廓铣）一起使用，以便在精加工切削区域时控制残余波峰。

CONTOUR_AREA_DIR_STEEP（陡峭区域轮廓铣）：区域铣削驱动，用于以切削方向为基础，只切削陡峭区域。与 CONTOUR_ZIGZAG（轮廓铣-往复）或 CONTOUR_AREA 一起使用，以便通过十字交叉前一往复切削来降低残余波峰。

FLOWCUT_SINGLE（单刀路清根）：自动清根驱动方法，清根驱动方法中选单路径，用于精加工或减小角和谷。

FLOWCUT_MULTIPLE（多刀路清根）：自动清根驱动方法，清根驱动方法中选单路径，用于精加工或减小角和谷。

FLOWCUT_REF_TOOL（清根参考刀具）：自动清根驱动方法，清根驱动方法中选参考刀路，以前一参考刀具直径为基础的多刀路，用于铣削剩下的角和谷。

SOLID_PROFILE_3D（实体轮廓3D）：特殊的三维轮廓铣切削类型，其深度取决于边界中的边或曲线，常用于修边。

PROFILE_3D（轮廓3D）：特殊的三维轮廓铣切削类型，其深度取决于边界中的边或曲线，常用于修边。

CONTOUR_TEXT（轮廓文本）：用于文字的三维雕刻。

MILL_USER（用户定义的铣削）：此刀轨由用户定制的NX Open程序生成。

4.2 梅花凸台加工工艺

毛坯为外形尺寸为ϕ100mm×50mm的圆棒料，夹具采用三爪卡盘。加工原则如下：

① 基准先行：先加工上基准面。

② 先粗后精：先粗加工，留余量，再进行底面和侧壁精加工。

机械加工工艺如表4-1所示。

4.3 型腔铣粗加工编程（梅花形凸台）

型腔铣用于粗加工，可以切除大部分毛坯材料，几乎适用于任意形状的几何体，可以应用于大部分粗加工和直壁或者是斜度不大的侧壁的精加工，也经常用于清根操作。

型腔铣主要用于零件的开粗以及二粗。它与平面铣不同的是：平面铣只能加工零件的直壁位置，对于非直壁区域无法进行有效加工；而型腔铣可以对工件的斜壁、斜面、圆弧面及其他不规律曲面的材料余量进行大量去除，适用性十分广泛。本节以梅花凸台为例讲解UG型腔铣开粗的参数设置方法。

4.3.1 模型文件处理

① 打开模型文件。

② 进入加工环境。在功能选项卡单击按钮，进入“加工环境”对话框，选择“mill_contour”选项，如图4-1所示。

4.3.2 创建几何体

（1）创建基础坐标系和安全平面

① 在下拉菜单中插入命令“几何体”，系统弹出“创建几何体”对话框，如图4-2所示。

表 4-1 机械加工工艺过程卡片（示例）

机械加工工艺过程卡片	产品型号		零件图号		总 1 页	第 1 页
	产品名称		零件名称	梅花凸台	共 1 页	第 1 页

材料牌号	尼龙	毛坯种类		毛坯外形尺寸	ϕ100mm×50mm	每毛坯可制件数	4	每台件数		备注	

工序号	工序名称	工序内容	车间	工段	设备	工艺装备	工时 准终	工时 单件
		铣上表面基准面			gs500-5x	三爪卡盘，ϕ8mm 立铣刀具、卡盘扳手、寻边器、卡尺、Z 轴设定器等		
		型腔铣粗铣型腔和外壁（底面和内、外壁各留 0.5mm 余量）			gs500-5x	三爪卡盘，ϕ8mm 立铣刀具、卡盘扳手、寻边器、卡尺、Z 轴设定器等		
		底壁铣精铣底面（内、外壁留 0.2mm 余量）			gs500-5x	三爪卡盘，ϕ8mm 立铣刀具、卡盘扳手、寻边器、卡尺、Z 轴设定器等		
		深度轮廓铣精铣内、外壁			gs500-5x	三爪卡盘，ϕ8mm 立铣刀具、卡盘扳手、寻边器、卡尺、Z 轴设定器等		

描图

描校

底图号

装订号

标记	处数	更改文件号	签字	日期	标记	处数	更改文件号	签字	日期	设计（日期）	审核（日期）	标准化（日期）	会签（日期）

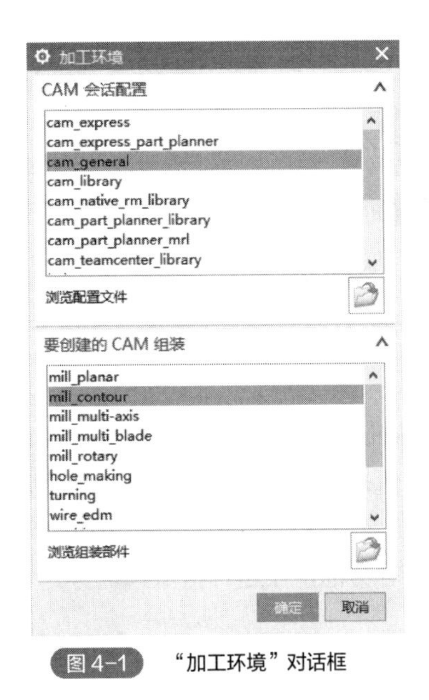

图 4-1　“加工环境”对话框

图 4-2　“创建几何体”对话框

② 在“类型”下拉列表中选择“mill_contour”选项，在“几何体”子类型区域中选择“MCS”，在“几何体”下拉列表中选择“GEOMETRY”选项。

③ 在“MCS”对话框中找到“机床坐标系”区域，在“坐标系”对话框“类型”下拉列表中选择“动态”选项卡，如图 4-3 所示。

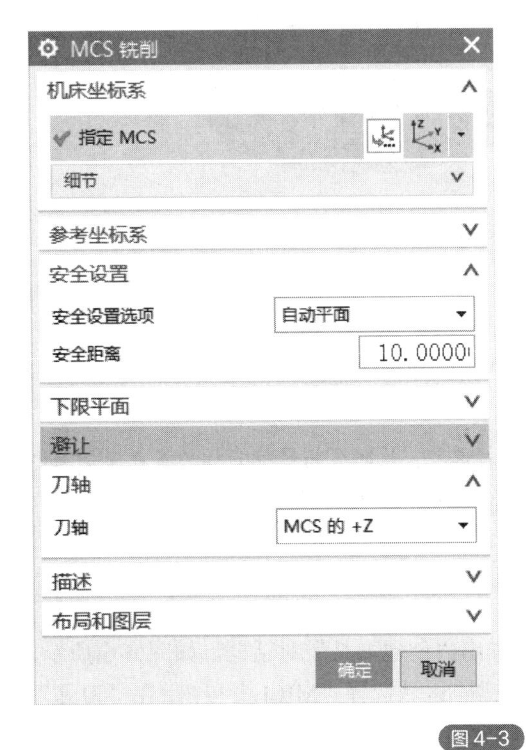

图 4-3　“MCS”对话框

④ 设置零点。在“操纵器”区域将零点设在工件上表面，如图 4-4 所示。

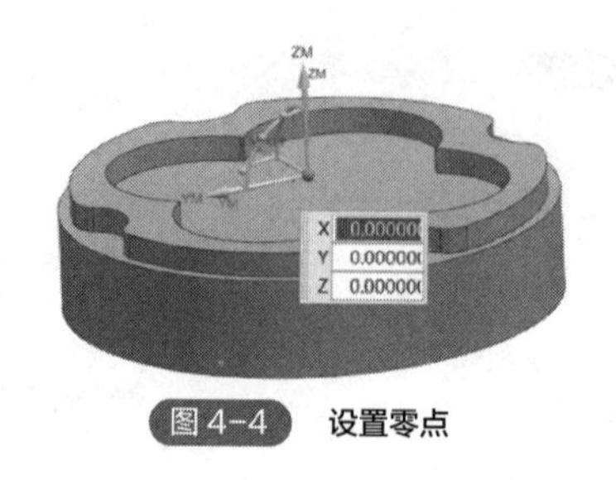

图 4-4 设置零点

（2）创建部件几何体

① 选择下拉菜单插入“几何体”，系统弹出“创建几何体”对话框。

② 在“几何体子类型”区域选择“WORKPIECE”按钮，系统弹出“工件”对话框，如图 4-5 所示。

③ 单击“指定部件”按钮，系统弹出“部件几何体”对话框，在图形区域选取整个零件实体为部件几何体。

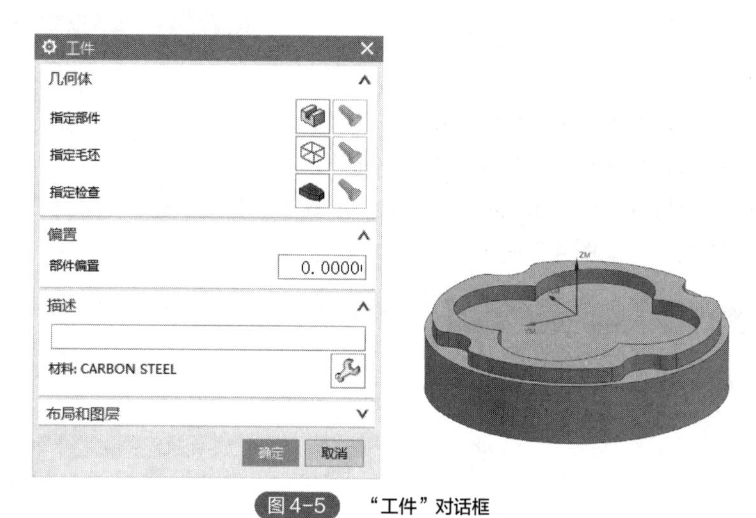

图 4-5 “工件”对话框

（3）创建毛坯几何体

① 在“工件”对话框中单击“指定毛坯”按钮，系统弹出“毛坯几何体”。

② 选择“包容圆柱体”选项，创建毛坯。

注意：本例的加工部件和毛坯基本重叠在一起，不好选取，此时可将鼠标光标放置在模型上停留一会儿，待光标变为“…”状态时单击，即可打开“快速选取”对话框，来进行直接选择。

4.3.3 创建刀具

① 选择下拉菜单“插入”“刀具”命令，系统弹出“创建刀具”对话框，如图 4-6 所示。

② 确定刀具类型为 D10 平底铣刀。在“刀具子类型”区域选择“MILL”按钮，在“刀具”下拉菜单中选择“GENERIC_MACHINE”选项。

③ 确定刀具参数。在“铣刀-5 参数”对话框依次输入刀具信息：直径“10”，长度“75”，刀刃长度“50”，刀刃“2”。“编号”对话框中刀具号、补偿寄存器、刀具补偿寄存器都设为“1”。

图 4-6　刀具参数设置

提示：在设置平面直径百分比时，要注意根据刀具输入合适的数值。

4.3.4　创建型腔铣参数设置

① 指定修剪边界。该刀路十分整洁，缺点是在轮廓外部有向外倾斜的面时有漏加工的情况。需要注意，本例中，该参数不用设置。

注意：修剪边界不同于 2D 中的边界，该边界不受高度影响，选择底面也可实现修改效果。使用该命令修剪边界时必须给负余量，否则侧壁会有残留。展开“定制边界数据”选项组，然后勾选“余量”复选框，输入余量值为-2，如图 4-7 所示。

② 指定检查。通过选择检查体的方式来强制约束刀路从指定位置进刀，缺点是刀具要进行长时间的切削才会抬刀进行下一层的切削。本案例不需要设置。

③ 指定切削区域。该方式也可以进行零件开粗加工，但对选择的加工面要求较高，否则会漏加工，不推荐使用。

④ 设置刀轴。默认设置为 Z 轴，三轴加工不需要设置其他选项。

⑤ 设置刀轨参数的切削模式。切削模式分为“跟随部件”和“跟随周边”。“跟随部件”刀路十分安全，缺点是跳刀多，且刀路十分凌乱；“跟随周边”刀路相对整洁，但在加工形状复杂的工件时刀路没有“跟随部件”生成的刀路可靠。

⑥ 设置刀轨参数的切削层。单击“切削层”按钮，打开“切削层”对话框，设置切削层控制的加工范围，如图 4-8 所示。输入每刀切削深度，选择加工范围顶部位置，选择加工范围底

部位置。其他刀轨参数，包括步距、公共每刀切削深度、最大距离参数设置与前面平面铣一样。本例最大距离、每刀切削深度设为 4.5mm，深度根据材料而定，如果材料为钢件要适当调至 1~2mm。进给率和进给速度按照加工工艺卡来进行设置。指定完毕后单击“确定”按钮，返回“型腔铣”对话框。切削参数、非切削移动参数、进给率和速度后面详细讲解。

图 4-7　定制边界数据

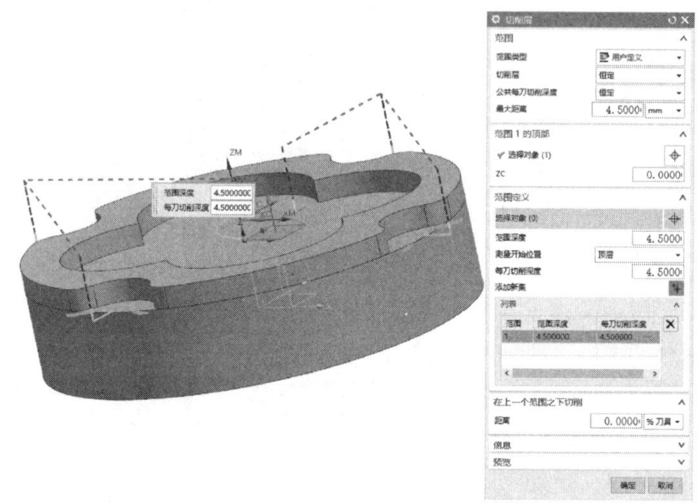

图 4-8　切削层参数

⑦ 生成刀路。单击最下方的“生成”按钮，生成刀路如图 4-9 所示。可以明显看到，“跟随部件”虽然所有加工位置都覆盖有刀路，但是跳刀十分多，看着十分凌乱。所以，本例根据刀路模拟还是优先选择“跟随周边”，如图 4-10 所示。

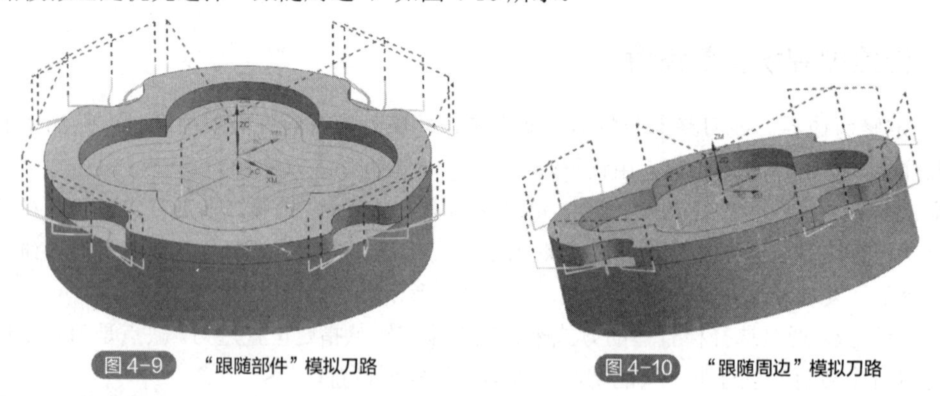

图 4-9　“跟随部件”模拟刀路

图 4-10　“跟随周边”模拟刀路

4.3.5　型腔铣切削参数详细设置

“切削参数”对话框中包含 6 个选项卡，分别介绍如下。

(1)“策略”选项卡

①“切削方向”选项。一般默认都选顺铣，本例不用设置。

②“刀路方向”选项。“切削”选项组该选项卡的参数会随着切削模式的不同而略有不同。

例如，当切削模式为“跟随周边”时，在“策略”选项卡中会多出一个“刀路方向”选项，可以进行“向外”“向内”“自动”三个刀路方向的设置，如图 4-11 所示。本例设置中内腔加工设为“向外”，外壁加工设置为“向内”。

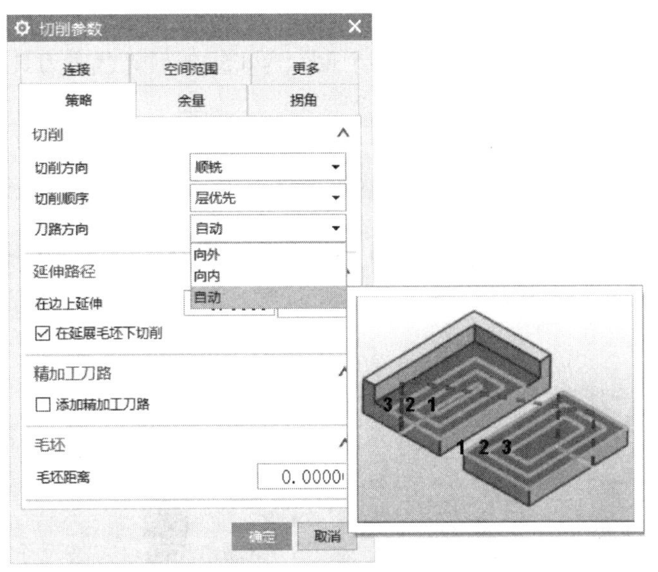

图 4-11 “刀路方向”设置

③ 层优先/深度优先。当有多个型腔部位需要加工时，可以设置层和深度的优先效果，如图 4-12、图 4-13 所示。本例不用设置。

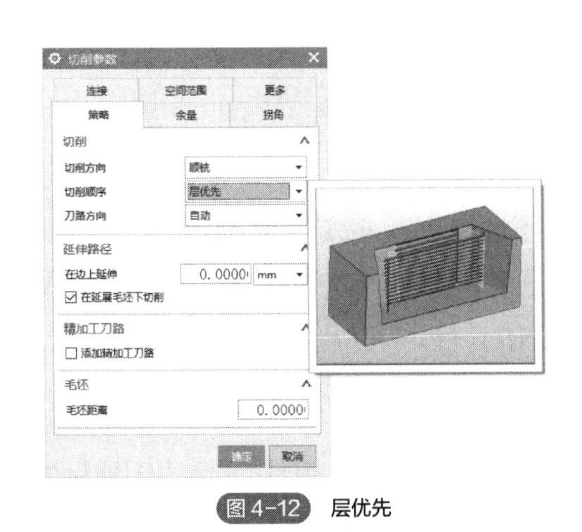

图 4-12 层优先

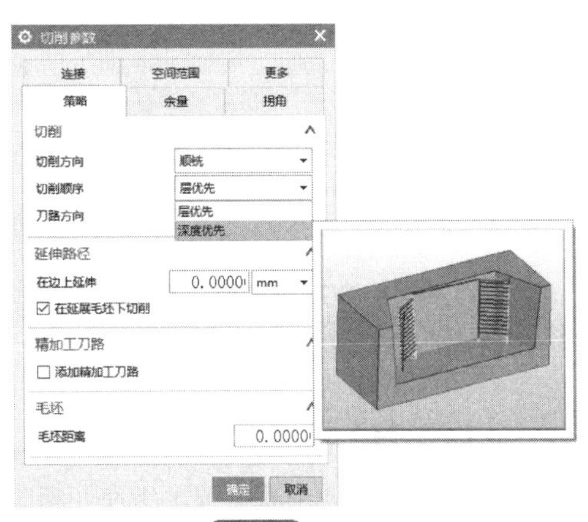

图 4-13 深度优先

④“在边上延伸”是在指定切削区域，或者在使用“修剪边界”修剪外部刀路加工工件中一部分轮廓时使用，用指定修剪边界中的负余量也可以达到同样效果。本例不用设置。延伸的数值可以是以 mm 为单位也可以是刀具直径的百分比。此功能在零件粗加工中经常使用。

⑤“精加工刀路”选项组将“添加精加工刀路”复选框勾选上以后，在“刀路数”一栏中输入 3，就会在开粗完成以后自动添加 3 组精加工刀路。精加工刀路和精加工步距效果提示：这里的“精加工步距”是指定刀具的百分比，也可以直接指定距离。本例不用设置。

（2）“余量”选项卡

“余量”选项卡用于确定完成当前操作后部件上剩余的材料量和加工的容差参数。在该选项卡中可以设置部件侧面余量、部件底面余量、毛坯余量、检查余量、修剪余量和内/外公差等，如图 4-14 所示。

① 部件侧面余量：当设置“部件侧面余量”为 0.5mm 时，代表刀具在加工侧面时会留 0.5mm 余量。

② 部件底面余量：当设置“部件底面余量”为 0.5mm 时，代表刀具在加工底面时会留 0.5mm 余量。本例中将使用“使底面余量与侧面余量一致”并将“部件侧面余量”设为 0.5mm。

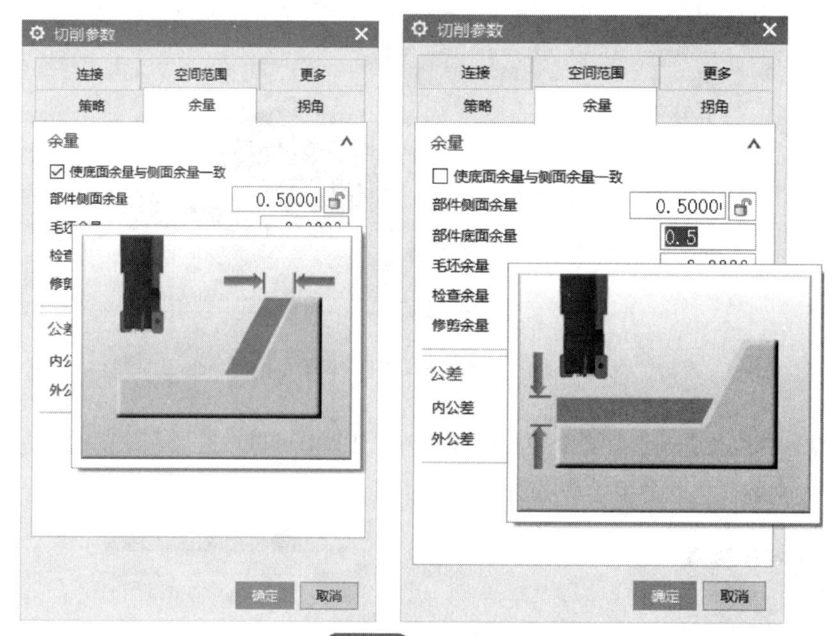

图 4-14　余量参数

③ 毛坯余量以及修剪余量在型腔铣开粗时一般都不进行设置，取默认值 0 即可。

④ 内公差、外公差：内、外公差在开粗时一般取默认值 0.03，在二粗时则设置为 0.01，本例默认设置。

（3）“拐角”选项卡

“拐角处的刀轨形状”选项组在开粗时，如果刀具半径大于部件的圆角半径，且刀路在拐角处是 90° 直角变化的，则当刀具加工至拐角处时声音会很尖锐，而且会严重缩短刀具寿命。刀具半径大于部件的圆角半径时，可以在“拐角”选项卡中输入 2mm 的光顺半径。这样刀路就会在拐角处添加一个半径 2mm 的圆角。其他参数用处不大，本例不用设置。

（4）“连接”选项卡

该选项卡可以控制切削区域的加工顺序，适用于一些具有多个型腔腔域的零件。当使用型腔铣对具有多个型腔腔域的零件进行开粗加工时，可以发现，如果选择“标准”，则会产生跳刀，且刀路比较凌乱；而选择“优化”时，刀具跳刀是最短距离跳刀。所以，该参数在加工时推荐选择“优化”，可以优化跳刀，节省加工时间。本例不用设置。

(5)“空间范围”选项卡

本选项卡参数设定主要是进行“过程工件”设置，如图 4-15 所示，设置“使用 3D”可以在工件二粗时保障刀路安全和进行刀路优化。本例不用设置。

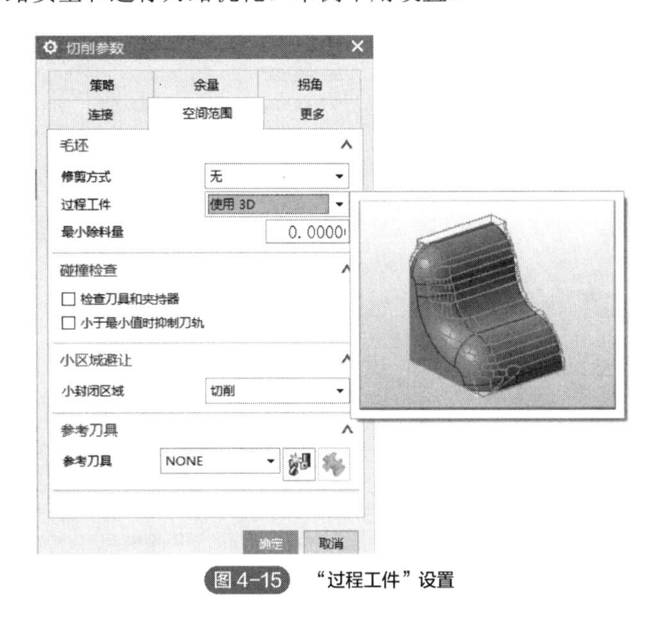

图 4-15　“过程工件”设置

(6)“更多”选项卡

该选项卡主要是设定刀具及夹持器距离工件的安全距离。此处不做讲解，本例不用设置。

4.3.6　型腔铣非切削移动参数详细设置

在加工程序对话框中单击“非切削移动”按钮，即可打开“非切削移动”对话框，其中包含 7 个选项卡，如图 4-16 所示。

非切削参数讲解主要包括以下选项卡。

(1)“进刀”选项卡

“进刀”选项卡中包含“封闭区域”“开放区域”“初始封闭区域”“初始开放区域”4 个选项组。封闭区域和开放区域的区别在于加工区域位置，比如在加工如图 4-17 所示梅花凸台工件内腔时，因为加工区域在工件中间，四周都是工件侧壁，因此刀具无法从外部进刀，所以该刀路为封闭区域刀路；在加工如图 4-18 所示的区域时，工件四周没有侧壁阻挡，刀具可以直接从区域外部下刀进行切削，所以该刀路为开放区域刀路。

封闭区域中选择进刀类型为“螺旋”时，刀具在加工工件封闭区域时，会以螺旋下刀的方式进行下刀，螺旋线的直径由封闭区域的“直径”控制，层之间的角度由“斜坡角度”控制，开始下刀位置由封闭区域的“高度”和“高度起点”控制。开放区域的进刀类型比较简单，一般为“线性”和“圆弧”两种。这里不过多解释，本例设为默认。

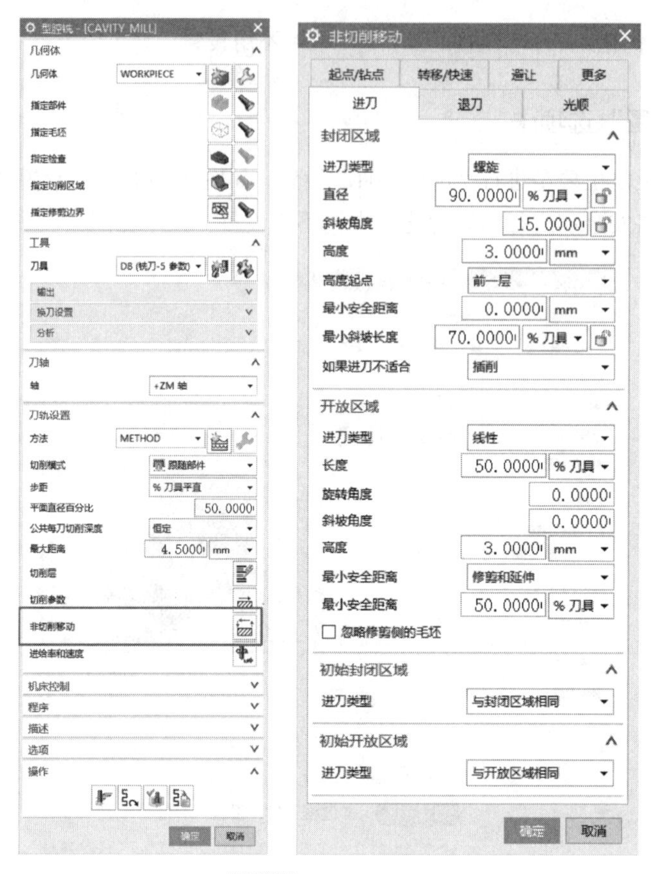

图 4-16 “进刀”选项卡

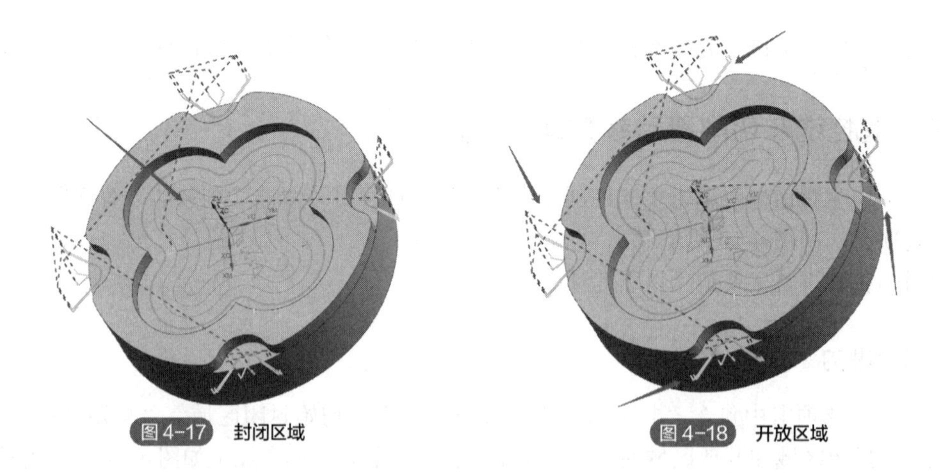

图 4-17 封闭区域

图 4-18 开放区域

(2)“退刀”选项卡

“退刀”选项卡一般与“进刀”选项卡设置相同。

(3)“起点/钻点”选项卡

“重叠距离”是指进刀点和退刀点如果在一点，需要一个重叠距离，以防止漏切，如图4-19 所示。本例不用设置。

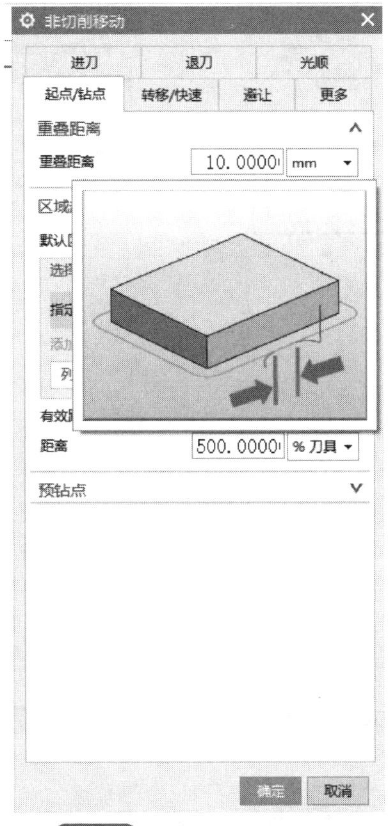

图 4-19 “起点/钻点”选项卡

（4）“转移/快速”选项卡

①“使用继承的”是代表加工开始时几何体 MCS 设置的安全平面。

② 区域之间选择“安全距离-刀轴”，则刀具在加工完一个区域跳转至下一个区域时，会先抬刀至设定的安全平面。

③“前一平面”的意思是指前一加工层的平面。

④“安全距离”为 4mm，表示刀具在加工完一层会抬高到距离工件坐标系原点平面 4mm 位置处进行转移。

（5）“避让”选项卡

在型腔铣开粗时一般不会进行设定，本例不用设置。

（6）“更多”选项卡

“更多”选项卡中的“刀具补偿位置”启用后程序中会产生刀补，如图 4-20 所示。这个选项在开粗时一般不进行设定，可以在精加工中设置刀补。本例中不用设置。

（7）“光顺”选项卡

“光顺”选项卡如图 4-21 所示，在开粗时同样保持默认即可，不用进行参数设置。

图 4-20 刀具补偿位置

图 4-21 光顺拐角

4.4 底壁铣、深度轮廓铣精加工编程（梅花形凸台）

4.4.1 平面铣对梅花凸台底壁精加工

底壁铣是平面铣工序中常用的方式之一，选用平面铣中的底壁铣可以直接选择加工区域。一般选择平底刀进行面的粗加工或精加工。底壁铣加工步骤如下。

（1）创建刀具

① 打开模型文件。打开“梅花凸台零件”的数模文件，系统自动进入加工环境。

② 设置刀具。单击“主页”→“创建刀具”按钮，打开“创建刀具”对话框，在对话框的“刀具子类型”选项组中单击“MILL”按钮，然后在“名称”处输入刀具名称“D8”，最后单击“确定”按钮，打开“铣刀-5 参数”对话框，在刀具直径处输入 8，其他参数保持默认，然后单击“确定”按钮完成刀具设置，如图 4-22 所示。

（2）创建底壁铣工序

① 创建工序。单击“主页”→“创建工序”按钮，打开“创建工序”对话框，在“工序子类型”选项组中单击“底壁铣”按钮，在“程序”下拉列表中选择“PROGRAM”选项，在“刀具”列表中选择“D8（铣刀-5 参数）”选项，在“几何体”列表中选择“WORKPIECE”选项，在“方法”列表中选择“METHOD”默认选项（这里可以设置切削为粗加工、半精加工和精加工，默认就不区分），单击“确定”按钮，如图 4-23 所示。

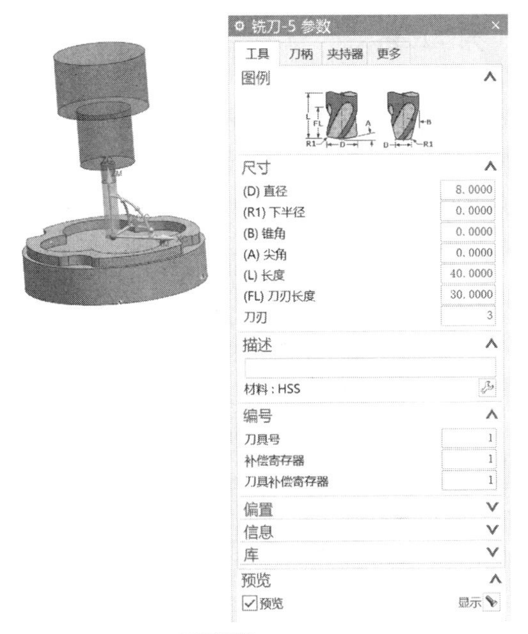

图 4-22　刀具设置

② 指定切削区域底面。打开“底壁铣”对话框，单击“几何体”选项组下的“指定切削区底面”按钮，打开“切削区域”对话框，在模型中选取零件底面，单击“确定”按钮，如图 4-24 所示。

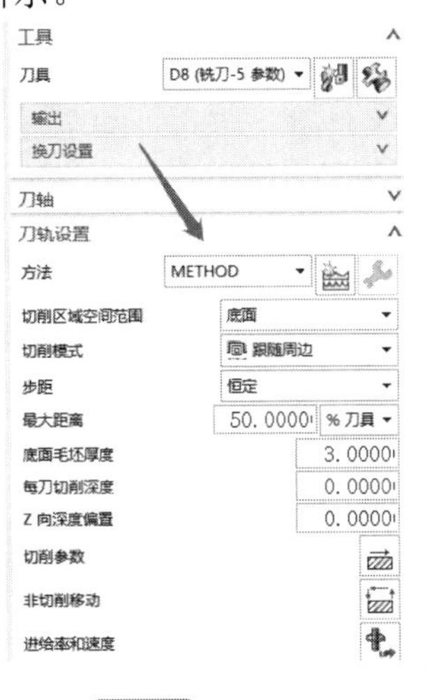

图 4-23　方法设置

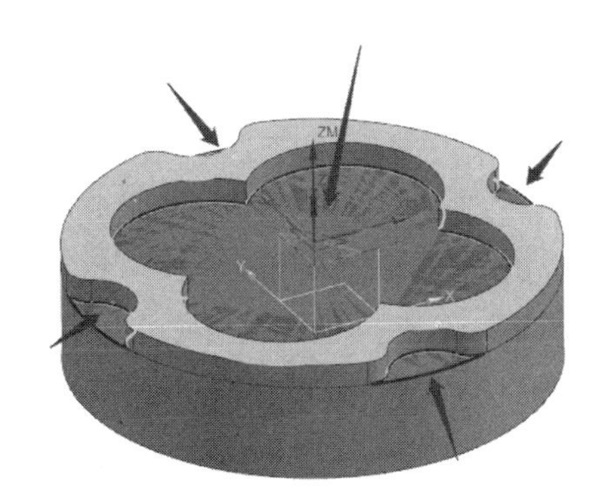

图 4-24　切削区域底面

③ 设置切削模式与步进方式。先返回“底壁铣”对话框，然后在“刀轨设置”选项组中的“切削模式”下拉列表中选择“跟随周边”，在“步距”下拉列表中选择“%刀具平直”，在“平面直径百分比”文本框中输入 50，在“底面毛坯厚度”文本框中输入 3，在“每刀切削深度”文本框中精加工默认为 0，如图 4-25 所示。

④ 设置切削参数。单击“切削参数”按钮，进入“切削参数”对话框，切换至“策略”选项卡，其中“切削方向”设为“顺铣”，“刀路方向”设为“向外”，勾选“岛清根”，部件余量设为 0，壁余量设为 0.2mm，如图 4-26 所示。

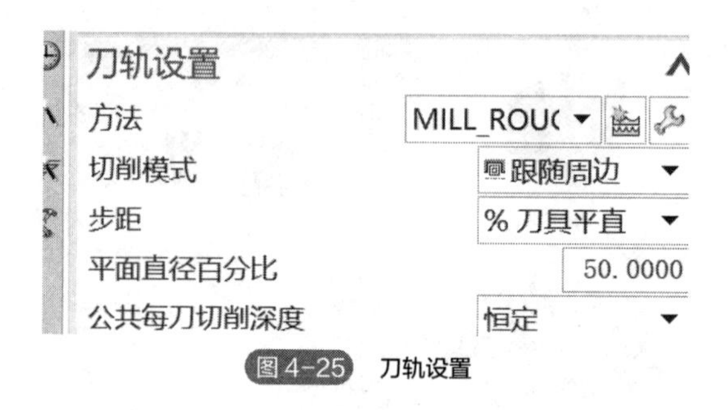

图 4-25 刀轨设置

注意：刀路方向根据加工零件类型选择，如型腔类零件一般要从内向外加工，选择"向外"。有孤岛的型腔直壁零件精加工一般选"岛清根"，可以直接精加工壁。

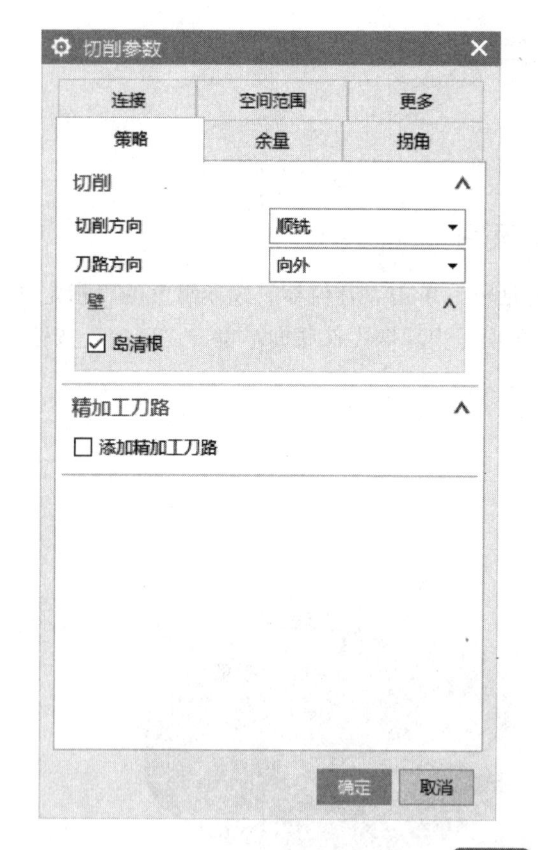

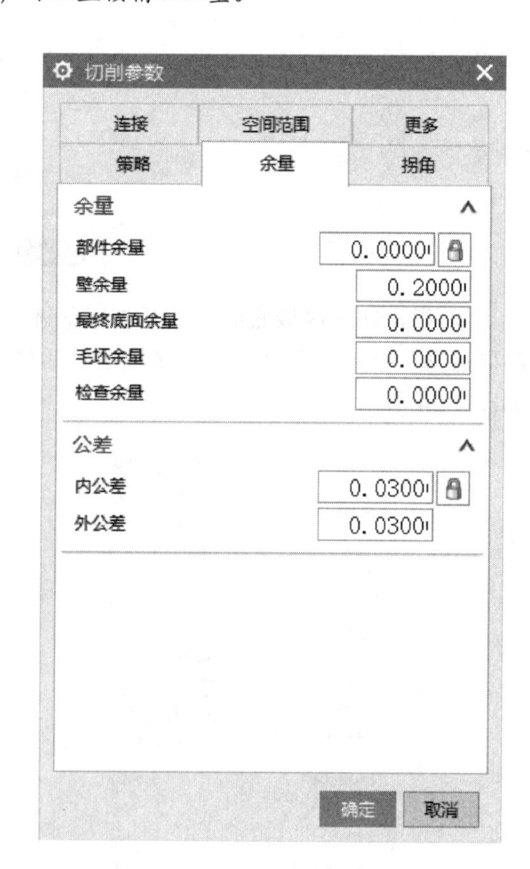

图 4-26 切削参数

⑤ 设置非切削移动参数。单击"非切削移动"按钮，进入"非切削移动"对话框，选择"进刀"选项卡，封闭区域的"进刀类型"改为"螺旋"或者默认"沿形状斜进刀"，如图 4-27 所示，其余选项卡参数保持默认，单击"确定"按钮，完成非切削移动参数的设置，返回"底壁铣"对话框。

⑥ 设置进给率和速度。单击"进给率和速度"按钮，在其中勾选"主轴速度"复选框，然后在其文本框中输入值 4000，在"进给率"选项组的"切削"文本框中输入值 1000，按回车键，再单击文本框右侧的按钮，单击"确定"按钮，其他参数保持默认，如图 4-28 所示。

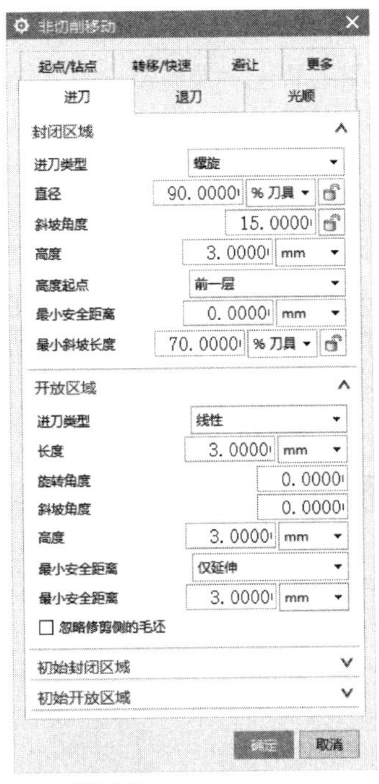

图 4-27　非切削移动

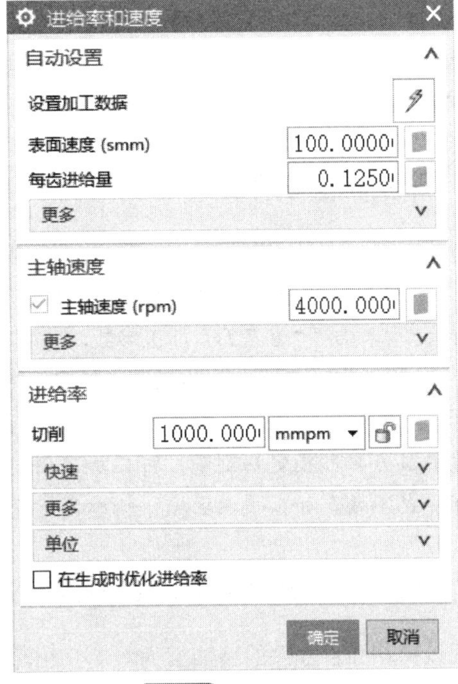

图 4-28　进给率和速度

（3）生成刀轨并仿真

① 生成刀轨。在“底壁铣”对话框的“操作”选项组中单击“生成”按钮，可在模型空间生成刀轨。

② 仿真刀轨。单击“操作”选项组中的“确定”按钮，打开“刀轨可视化”对话框，切换至“3D 动态”选项卡，然后调节播放速度，单击“播放”按钮，可进行 3D 动态仿真，效果如图 4-29 所示。

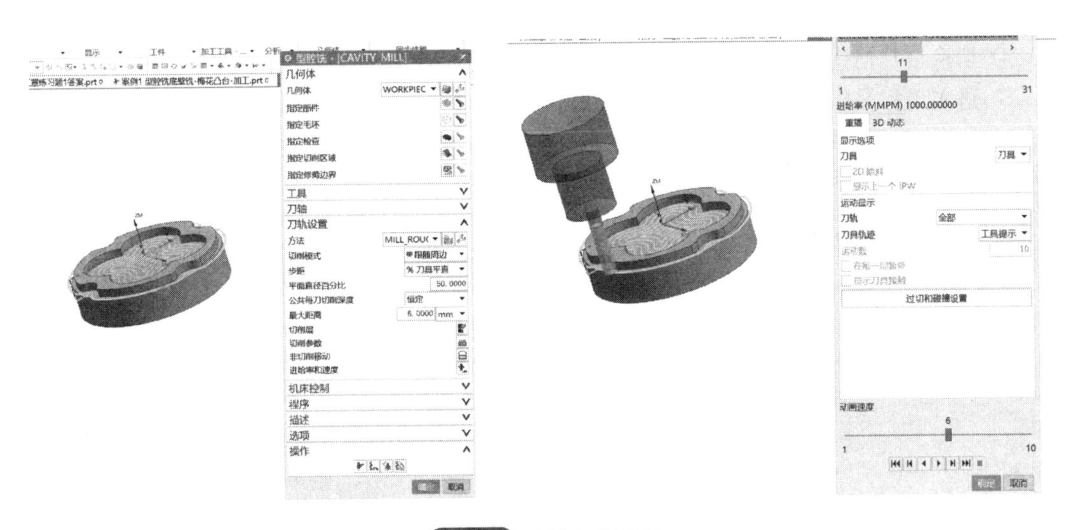

图 4-29　刀轨生成和重播

③ 进行过切检查。在“刀路工序”图标上右键单击，选择“刀轨”→“过切检查”，勾选“第一次过切时暂停”选项，在过切的地方就会报警，如果刀轨无干涉会在单击“信息”图标时出现“发现 0 个过切运动”显示，确认即可。

4.4.2 深度轮廓铣概述

深度轮廓铣是 NX 加工常用的加工工序，主要用来半精加工、精加工侧壁，侧壁又分为陡峭和非陡峭，深度轮廓铣适合加工陡峭侧壁，还可以通过角度来控制刀路。走刀方式是分层加工，跟型腔铣一样有“切削层”“参考刀”加工参数，“参考刀”可以用来清角。不需要指定毛坯，只要选择部件，指定加工区域，就可以生成刀路。如果不指定加工区域，整个零件的侧壁将生成刀路。

提示：深度轮廓铣的优点是可通过“角度”控制加工区域，通过“切削层”控制加工深度，不同高度的层可单独指定切削量，可以加工斜的壁，也可以加工直的壁。缺点是不适合用来大范围开粗，也不适合加工平坦区域，轮廓不能设置多刀路加工。

4.4.3 深度轮廓铣对梅花凸台侧壁精加工

下面以梅花凸台零件的精加工为例，介绍深度轮廓铣的操作方法。

（1）设置加工坐标系和安全平面

① 扫描本书封底二维码，打开“模型文件”→“第 4 章”下的相应素材文件。

② 进入加工环境。单击“应用模块”→“加工”按钮，或者按快捷键 Ctrl+Alt+M，打开“加工环境”对话框，然后在“CAM 会话配置”选项组中选择“cam_general”选项，在“要创建的 CAM 组装”选项组中选择“mill_contour”选项。单击“确定”按钮，进入加工环境。

③ 设置加工坐标系。进入加工环境后系统默认的视图是程序顺序视图，所以需切换至几何视图进行机床坐标系的创建。在工序导航器的空白处右键单击，在弹出的快捷菜单中选择“几何视图”中的“MCS MILL”图标，如图 4-30 所示。

④ 切换至几何视图后双击节点。

⑤ 进入坐标系。双击后可以打开“MCS 铣削”对话框，在该对话框中单击“机床坐标系”选项组里的“坐标系对话框”按钮，打开“坐标系”对话框，如图 4-31 所示。然后在“参考”下拉列表中选择“绝对坐标系”选项，如图 4-32 所示。

图 4-30 坐标系设定

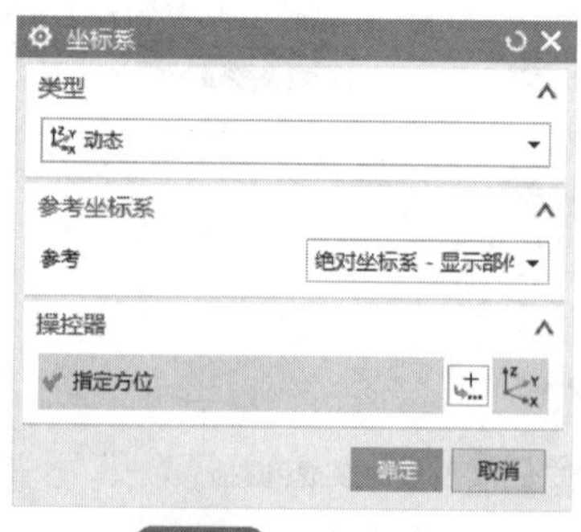

图 4-31 MCS 设定

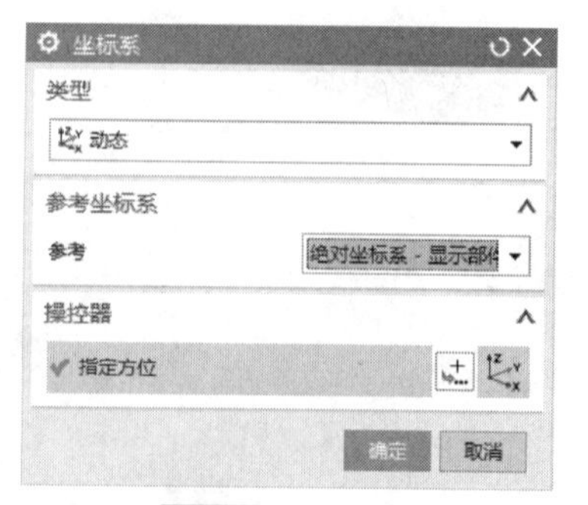

图 4-32 参考坐标系

（2）指定部件和毛坯

① 指定部件。单击节点，然后双击其下的“WORKPIECE”图标，打开“工件”对话框，如图 4-33 所示。在“工件”对话框中单击“指定部件”按钮，打开“部件几何体”对话框，然后选择整个模型文件为部件。指定完成后单击“确定”按钮，返回“工件”对话框。

② 指定毛坯。在“工件”对话框中单击“指定毛坯”按钮，打开“毛坯几何体”对话框，在“类型”中选择“包容圆柱体”，下方的限制参数均设置为 0，这样创建出来的毛坯刚好是部件的最大外形，如图 4-34 所示。

以上设置方法与型腔铣基本一致。注意要求保证绝对坐标系（ACS）、工具坐标系（WCS）、加工坐标系（MCS）重合一致。

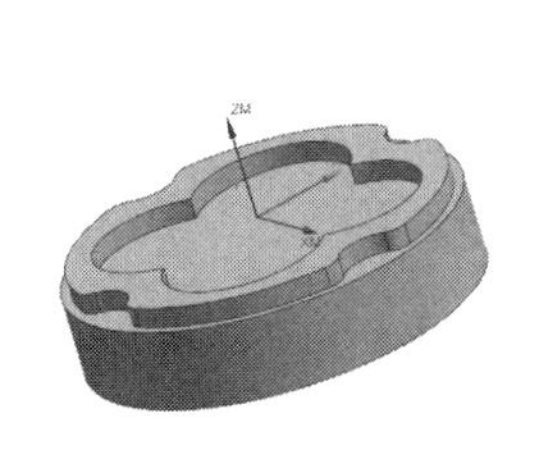

图 4-33 “工件”对话框

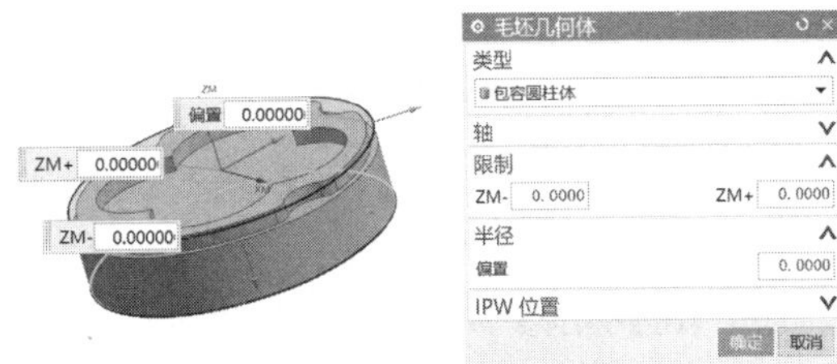

图 4-34 “包容圆柱体”设置

（3）创建加工工序

在“主页”选项卡中单击“创建工序”按钮，打开“创建工序”对话框，在“工序子类型”选项组中单击“深度轮廓铣”按钮，在“程序”下拉列表中选择“PROGRAM”选项，在“刀具”下拉列表中选择“NONE”选项，在“几何体”下拉列表中选择“WORKPIECE”选项，在“方法”下拉列表中选择“METHOD”选项，名称保持默认，单击“确定”按钮，打开“深度轮廓铣”对话框。

（4）创建刀具

展开“深度轮廓铣”对话框中的“工具”选项组，单击“创建刀具”按钮，打开“创建刀具”对话框，在对话框的“刀具子类型”选项组中单击“MILL”按钮，然后在“名称”处输入刀具名称“D8”，表示所用刀具为直径 8mm 的立铣刀。如图 4-35 所示创建刀具，单击“确定”按钮，返回“深度轮廓铣”对话框。

（5）进行刀轨设置

① 设置一般参数。展开“深度轮廓铣”对话框中的“刀轨设置”选项组，因为本例不限制角度，所以在“陡峭空间范围”下拉列表中选择“无”，“合并距离”输入 3，“最小切削长度”输入 1，在“公共每刀切削深度”下拉列表中选择“恒定”，“最大距离”输入 6，如图 4-36 所示。

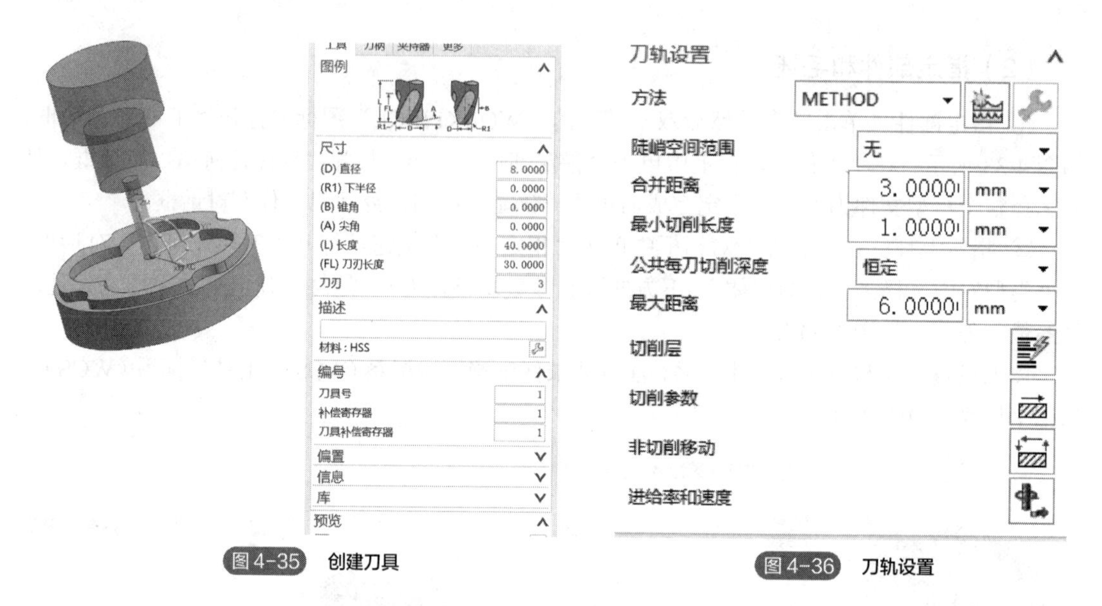

图 4-35 创建刀具

图 4-36 刀轨设置

② 设置切削层。单击“切削层”按钮，打开“切削层”对话框，在“范围类型”下拉列表中选择“用户定义”，然后输入“范围深度”。

③ 设置切削参数。在“深度轮廓铣”对话框中单击“切削参数”按钮，打开“切削参数”对话框，在“策略”选项卡中设置“切削方向”为“顺铣”，“切削顺序”为“深度优先”，如图 4-37 所示；切换至“连接”选项卡，选择“层到层”下拉选项为“使用转移方法”。其余选项卡保持默认。

④ 设置非切削移动参数。单击“非切削移动”按钮，打开“非切削移动”对话框，切换至“进刀”选项卡，然后在“斜坡角度”文本框中输入 15，“最小斜坡长度”文本框中输入 70，如图 4-38 所示。其余选项卡保持默认，单击“确定”按钮，完成非切削移动的参数设置。

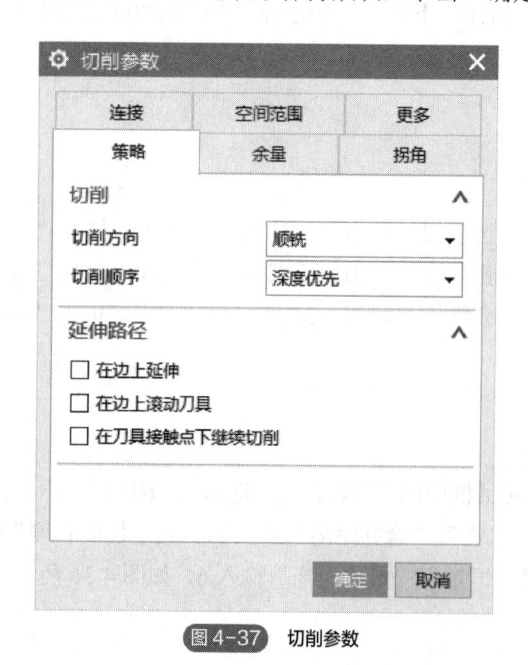

图 4-37 切削参数

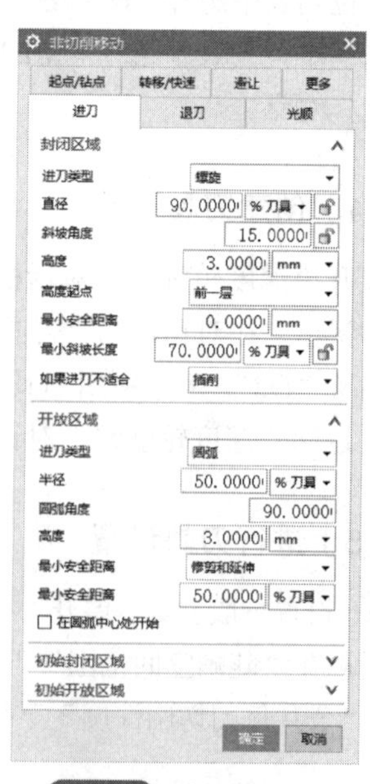

图 4-38 非切削移动

⑤ 设置进给率和转速。在“深度轮廓铣”对话框中单击“进给率和速度”按钮，打开“进

给率和速度”对话框，在“进给率”选项组的“切削”文本框中输入 250，如图 4-39 所示。

（6）生成刀路轨迹

在“深度轮廓铣”对话框的“操作”选项组中单击“生成”按钮，可以在模型空间中生成刀轨，如图 4-40 所示。

（7）进行过切检查

在“刀路工序”图标上右键单击，选择“刀轨”—“过切检查”，勾选“第一次过切时暂停”选项，在过切的地方就会报警，如果刀轨无干涉会在单击“信息”图标时出现“发现 0 个过切运动”显示，确认即可。

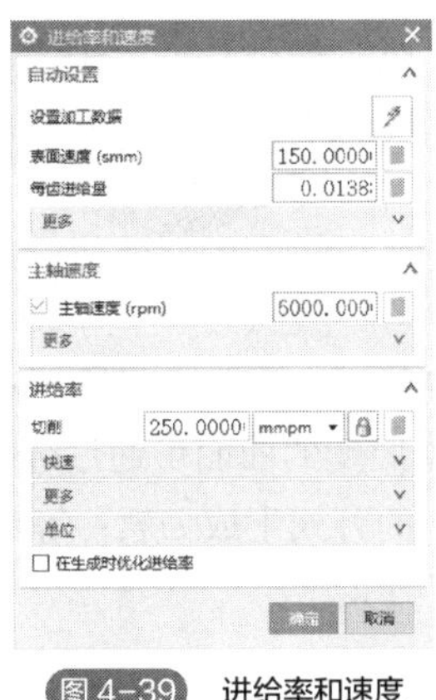

图 4-39　进给率和速度

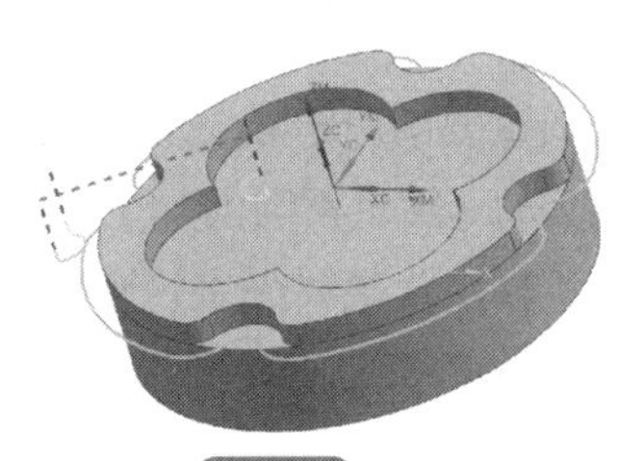

图 4-40　刀轨生成

4.5　曲面型腔类零件编程

UG 软件在三轴以及五轴加工时有两种基本加工类型的指令，分别是平面铣（mill_planar）和轮廓铣（mill_contour）。两种指令的区别在于平面铣只能加工平面，而轮廓铣既可以加工平面，又可以加工曲面。轮廓铣主要包括型腔铣子类型、深度轮廓铣子类型、固定轮廓铣子类型等加工策略。其中，型腔铣主要用来进行型腔粗加工，深度轮廓铣主要用来进行侧壁精加工，固定轮廓铣主要用来进行底面、侧壁精加工。

4.5.1　固定轮廓铣加工分类及加工对象

固定轮廓铣是曲面半精加工与精加工的主要方式。它可在复杂曲面上产生精密的刀轨，其刀轨是经由导向点投影到零件表面产生。其中，导向点是由曲线、边界、表面、曲面等驱动几何图形产生。主要驱动方法有“区域铣削”“引导曲线”“曲线/点”“螺旋”“边界”“曲面区域”“流线”“刀轨”“径向切削”“清根”和“文本”，如图 4-41 所示。

固定轮廓铣是三轴曲面型腔铣，在轮廓铣削对话框中，选择要铣削的轮廓。在“固定轴”选项中，选择一个合适的轴线作为铣削的固定轴。根据需要设置其他参数，如切削深度、切削速度等。参数设好后单击“确定”按钮开始进行固定轮廓铣削。

图 4-41　固定轮廓铣驱动方法

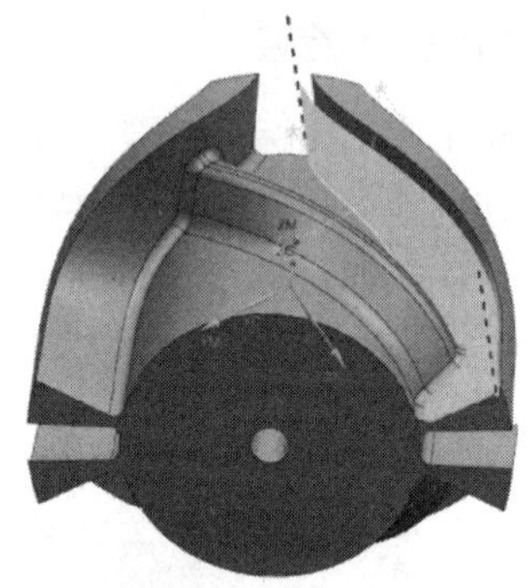
图 4-42　“引导曲线”刀路

固定轮廓铣最重要的设定就是其驱动方法，如图 4-42 所示。通过选择不同的驱动方法，就可以获得不同的刀轨，满足不同的加工需求。例如，工件型腔壁的曲面可通过选择“引导曲线”方式生成刀轨；工件上如果要刻字，则可选择“曲线/点”的方式生成刀轨；等等。接下来本书将通过案例重点讲解“固定轴引导曲线”类型的曲面加工方式。

4.5.2　固定轮廓铣：引导曲线

（1）“引导曲线”介绍

“引导曲线”是 NX 12.0 版本新增的指令。在控制系统中选择引导曲线作为加工路径，数控铣床将根据引导曲线的导引，自动控制刀具的运动轨迹，进行轮廓铣削。其刀路易控制，选择一条或两条引导线，就能做出很好的刀路。引导曲线有三种驱动模式，分别适用于不同的零件。

固定轮廓铣“引导曲线”介绍：固定轮廓铣“引导曲线”属于轮廓铣中的固定轮廓铣大类，其功能十分强大，可以对不规则的曲面实现高效的螺旋铣削。其中的变形小类非常适合不规则曲面型腔零件加工。固定轮廓铣“引导曲线”的驱动模式分为三类：恒定偏置、变形和以引导线为中心的跑道，如图 4-43 所示。

（2）引导曲线为恒定偏置

引导曲线为恒定偏置时，适用于曲面外形比较规律的零件的曲面切削。它是通过固定偏置曲线的方式产生刀路，所以对于零件的外形要求比较严格。

按前面介绍的方法进入加工环境并创建工序，打开“固定轮廓铣”对话框，单击“指定部件”按钮，选择整个模型为指定部件；再单击“指定切削区域”按钮，选择整个上表面为切削区域，选择驱动方法为“引导曲线”，打开“引导曲线驱动方法”对话框；然后将“模式类型”

改为“恒定偏置”，“切削侧面”选择“两侧”，选择曲线时选择零件最外围轮廓线，“切削模式”选择“螺旋”，“切削方向”选择“沿引导线”，“切削顺序”选择“从左到右”，“精加工刀路”选择“两者皆是”。设置完成后单击“确定”按钮，返回“固定轮廓铣”对话框，然后指定加工刀具并生成刀路，如图 4-44 所示。此种加工模式应用不多。

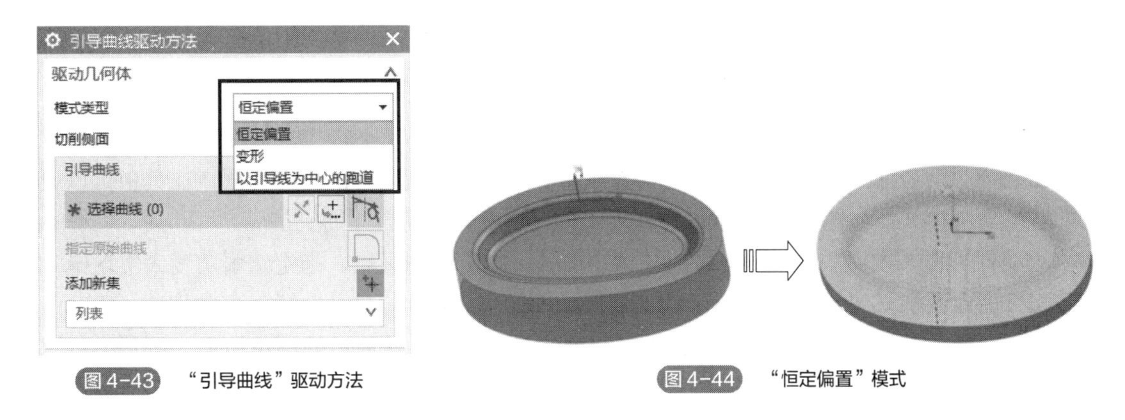

图 4-43 “引导曲线”驱动方法

图 4-44 “恒定偏置”模式

注意：引导曲线这个加工方法只能用球头铣刀进行加工。

（3）引导曲线为变形

引导曲线可以对不规则的曲面实现高效的铣削。其中的变形小类非常适合不规则曲面型腔零件加工，应用较为广泛。引导曲线为变形时，适用于曲面外形不规律的零件的曲面切削，它是通过选择加工区域的两组线条产生刀路，所以对于线条的选择比较重要，一般选取最外侧的轮廓。

采用固定轮廓（子类型为引导线）工序，在加工区域创建工序时需要指定两条引导线来形成驱动。加工时刀具沿着两引导线对所包含曲面进行加工。其中，引导线确定单个行走路径，可以对具有陡峭和非陡峭的特征的区域生成均匀刀路，而在没有该方法前，需要将该区域分为陡峭和非陡峭区域分别进行“绕”和“爬”。

（4）引导曲线为以引导线为中心的跑道

引导曲线为以引导线为中心的跑道时，适用于曲面外形比较规律的凸台曲面切削，刀路偏离单条引导曲线，使用恒定步距，并围绕曲线的端点。所以要先做出中间的引导线，另外对于零件的外形要求也比较严格，应用不多。图 4-45 所示为生成刀路效果。

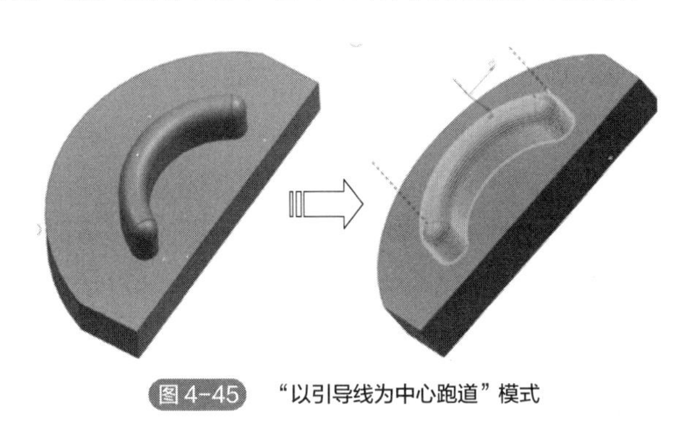

图 4-45 “以引导线为中心跑道”模式

4.5.3 固定轮廓铣：区域铣削

(1)固定轮廓铣—区域铣削介绍

“区域铣削”用于以各种切削模式切削选定的面或切削区域，常用于半精加工和精加工。

(2)固定轮廓铣—区域铣削特点

当选择驱动方法为“区域铣削”后，会打开“区域铣削驱动方法”对话框，在其中可以设置非陡峭切削模式，如图 4-46 所示，需要对不同区域分别加工。

驱动方法为“往复”加工时，可通过指定部件、指定切削区域、指定切削角度来实现绝大部分工件的曲面加工，如图 4-47 所示的工件底部曲面可以使用“往复”进行高效切削。驱动方法为“跟随周边”时可通过指定部件、指定修剪边界来实现工件周边的倒角加工。

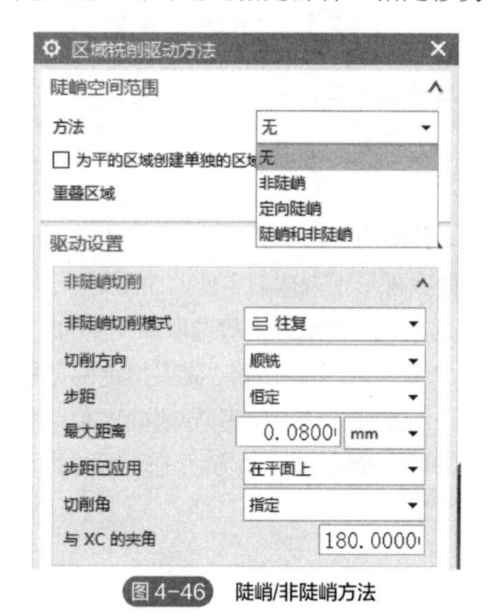

图 4-46 陡峭/非陡峭方法

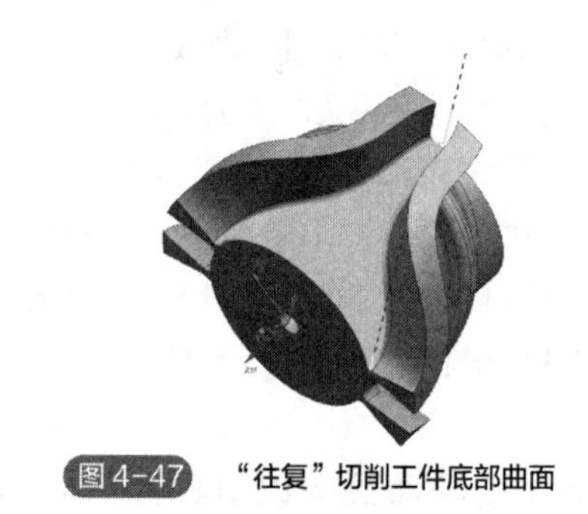

图 4-47 “往复”切削工件底部曲面

4.5.4 曲面型腔加工案例：爬面轮

爬面轮毛坯材料为 6061，外形尺寸为 ϕ80mm×50 mm，其中心有通孔，用于装夹。一般原则如下：

① 先粗后精；

② 先简单后复杂；

③ 先一般后特殊。

进行工艺指定和刀具选择：

工序一：定轴开粗（D10R0 立铣刀）；

工序二：定轴开粗（D6R0 立铣刀）；

工序三：清角，半精铣型腔曲面（R3 球头铣刀）；

工序四：清角，精铣侧壁、底面（R2 球头铣刀）。

工艺如表 4-2 所示。

表 4-2 爬面轮工艺卡片

零件名称	爬面轮
数控系统	华中 8 型系统
五轴结构	AC 双转台 其中，A 轴为 0°~100° C 轴为 0°~360°旋转轴可任意递增
工件材料	AL6063
毛坯尺寸	ϕ80mm×50mm （如图）
坐标系	G54
零点位置	圆柱上表面中心
刀具长度	H01 H02 H03 H04
	T1 刀长： 伸出 60mm T2 刀长： 伸出 32mm T3 刀长： 伸出 35mm T4 刀长： 伸出 33mm

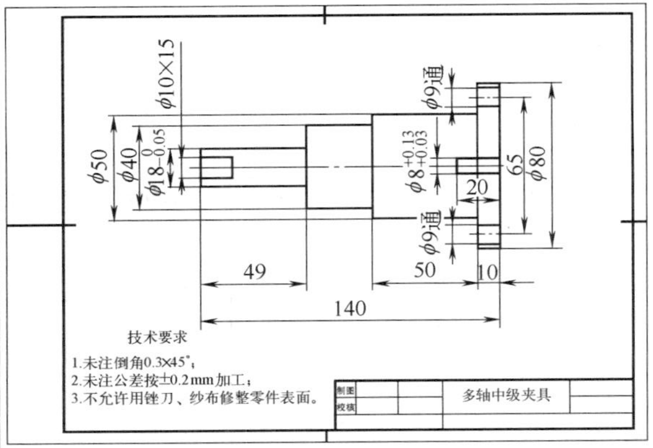

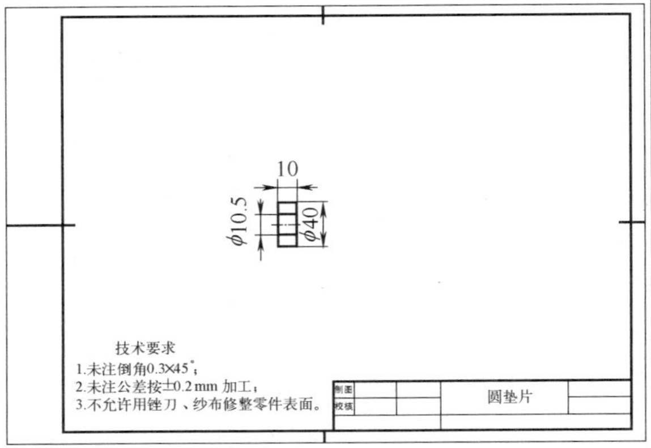

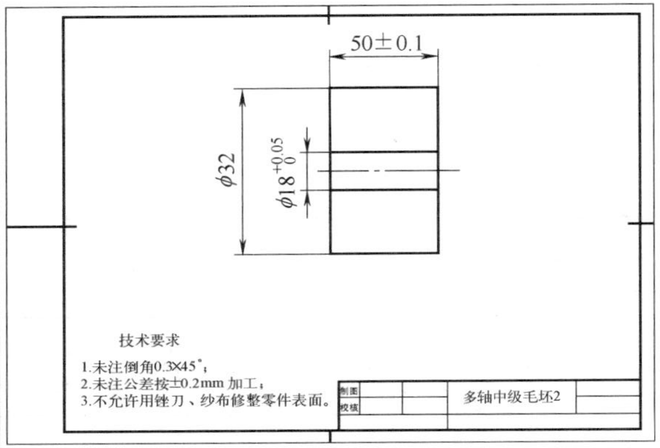

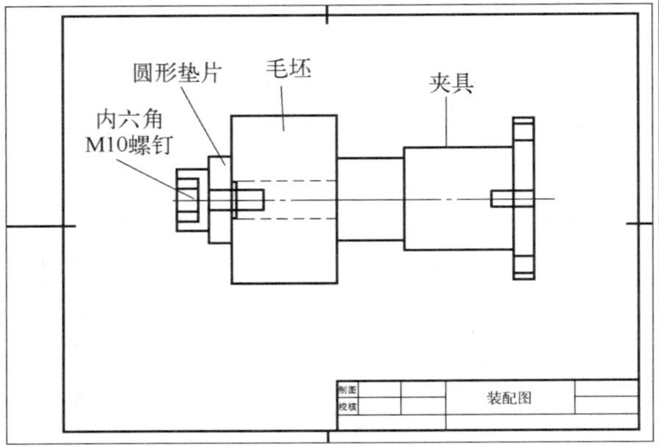

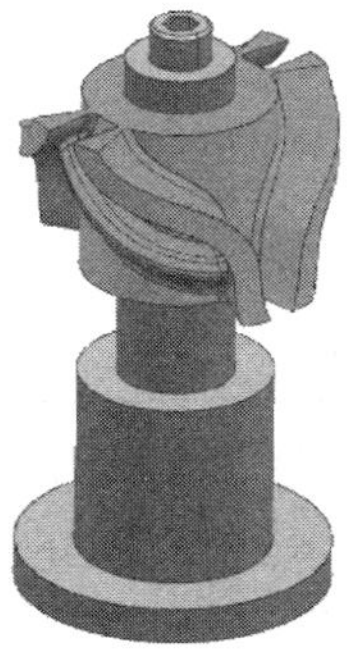

多轴中级夹具

ϕ10×15　ϕ50　ϕ40　$\phi 18^{0}_{-0.05}$　$\phi 8^{+0.13}_{+0.03}$　ϕ9通　65　ϕ80　20　49　50　10　140

技术要求
1.未注倒角0.3×45°；
2.未注公差按±0.2mm 加工；
3.不允许用锉刀、纱布修整零件表面。

圆垫片

10　ϕ10.5　ϕ40

技术要求
1.未注倒角0.3×45°；
2.未注公差按±0.2mm 加工；
3.不允许用锉刀、纱布修整零件表面。

多轴中级毛坯2

50±0.1　ϕ32　$\phi 18^{+0.05}_{0}$

技术要求
1.未注倒角0.3×45°；
2.未注公差按±0.2mm 加工；
3.不允许用锉刀、纱布修整零件表面。

装配图

圆形垫片　毛坯　夹具　内六角 M10螺钉

续表

序号	加工方式	程序名	刀具（刃数）	刀柄直径	主轴转速	进给速度	Z 到位深度/刀具悬长	备注
1	定轴开粗 1	O4001	D10 平底铣刀	≤42mm	10000r/min	F3000	-20mm /大于等于 30mm	型腔铣，余量 0.35mm
2	定轴开粗 2	O4002	D6 平底铣刀	≤32mm	12000r/min	F2000	-20mm /大于等于 30mm	型腔铣，余量 0.35mm
3	定轴二次粗加工	O4003	R3 球头铣刀	≤32mm	12000r/min	F1500	-20mm /大于等于 30mm	固定轮廓铣，一粗余量 0.35mm,二粗余量 0.15mm
4	四面定轴精加工	O4004	R2 球头铣刀	≤32mm	12000r/min	F1500	-20 mm /大于等于 30mm	一区域：开粗余量 0.15 mm，固定轮廓铣底面，固定轴引导线两侧壁； 二区域：型腔铣，开粗余量 0.15mm；固定轮廓铣，半精，余量 0.15mm；固定轮廓铣，精铣底面；引导线，两侧壁。

注：此工艺卡程序为 AC 五轴双转台结构（A 角度为 0°~100°）所用。在使用时，根据机床实际情况建议修改或调整主轴转速及匹配进给 F 速度。

4.5.5　固定轮廓铣（区域铣削）精铣底面

本工序为（爬面区域）半精加工工序，固定轮廓铣（区域铣削）需先定义设置坐标系、几何体、刀具参数。

（1）创建工序

在“类型”下拉列表中选择“mill_contour”，在子类型区域中选择“固定轴轮廓”按钮，在“程序”下拉列表中选择“program”选项，在“刀具”下拉列表中选择“T4-R2”立铣刀，下拉菜单“插入”工序型腔铣。

（2）指定切削区域

将要加工的区域进行指定，如图 4-48 所示。

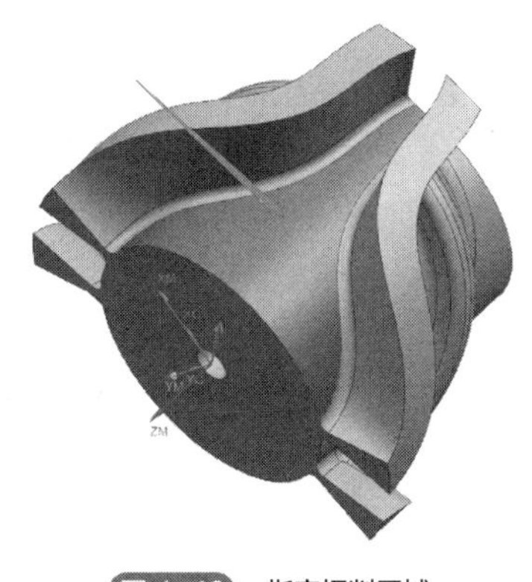

图 4-48　指定切削区域

（3）刀轴设置

刀轴选择“指定矢量”，如图 4-49 所示。在“矢量”对话框选择“面/平面法向”选项，选择要加工的底面，刀轴矢量会自动生成，如图 4-50 所示。

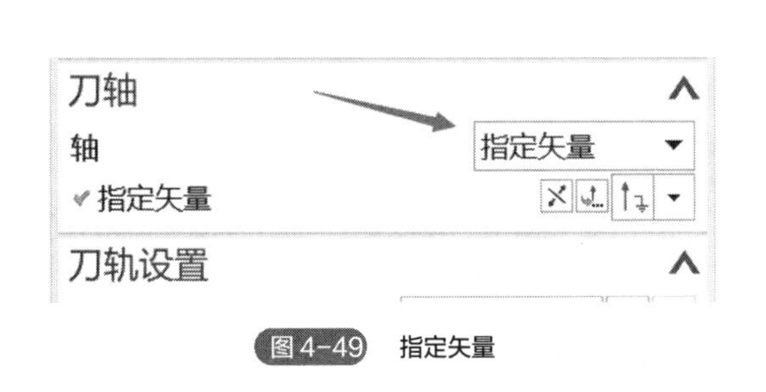

图 4-49　指定矢量

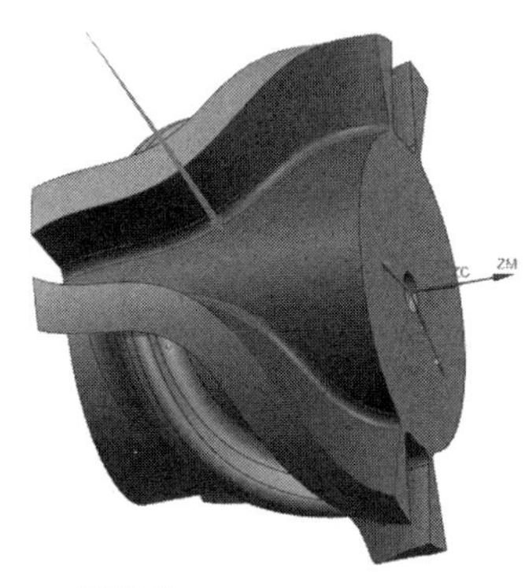

图 4-50　“面/平面法向” 设置

(4)设置固定轮廓铣切削参数

固定轮廓铣驱动方法选“区域铣削”，如图 4-51 所示。区域铣削驱动参数“非陡峭切削模式”选“往复”，如图 4-52 所示。

图 4-51 固定轮廓铣参数

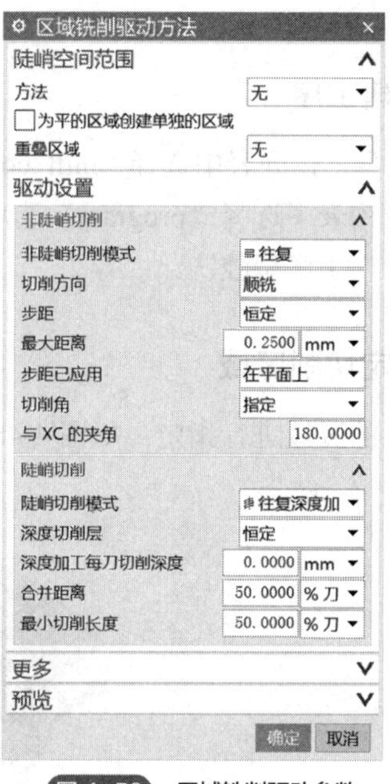

图 4-52 区域铣削驱动参数

(5)生成刀路并模拟

用固定轮廓铣对底面进行精加工，如图 4-53 所示。

(6)安全检查

对刀轨是否过切进行检查，如图 4-54 所示。

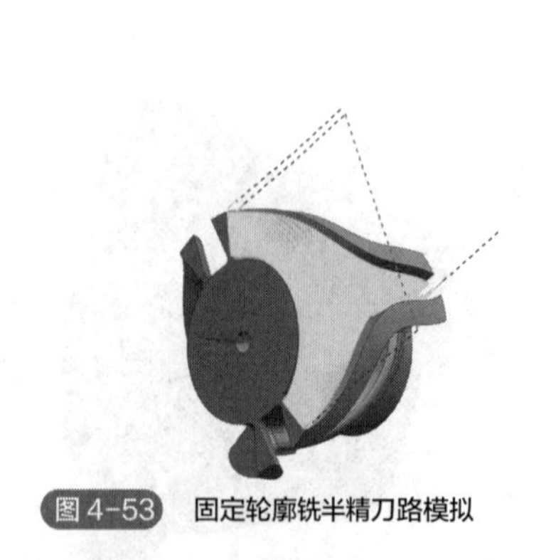

图 4-53 固定轮廓铣半精刀路模拟

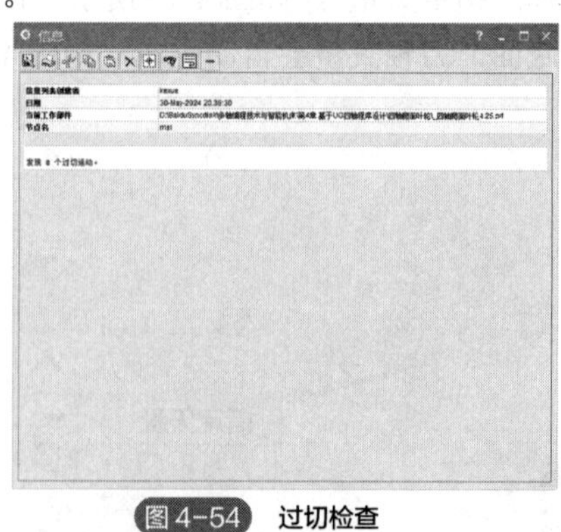

图 4-54 过切检查

4.5.6 固定轮廓铣：引导曲线精加工爬面轮侧壁

该爬面轮侧壁经过型腔铣一粗和二粗加工留 0.15mm 余量。

① 设置切削区域，如图 4-55 所示。

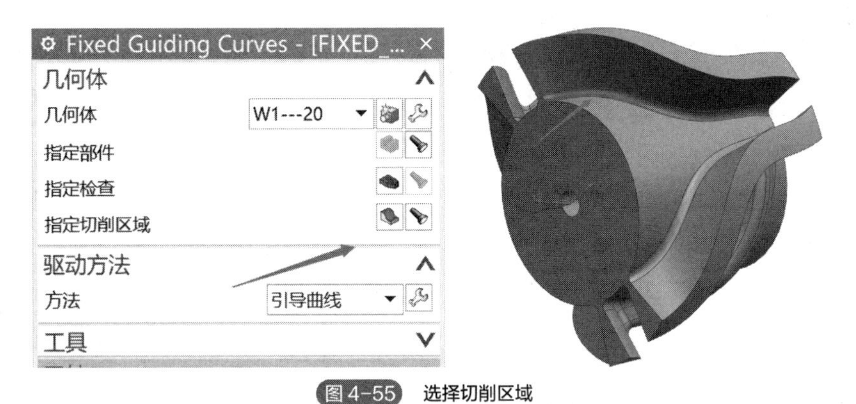

图 4-55 选择切削区域

② 设置驱动方法为“引导曲线”；打开“引导曲线驱动方法”对话框将模式类型改为“变形”；选择型腔曲面上下两条棱边作为引导线 1 和引导线 2；切削模式选择“往复”，如图 4-56 所示。

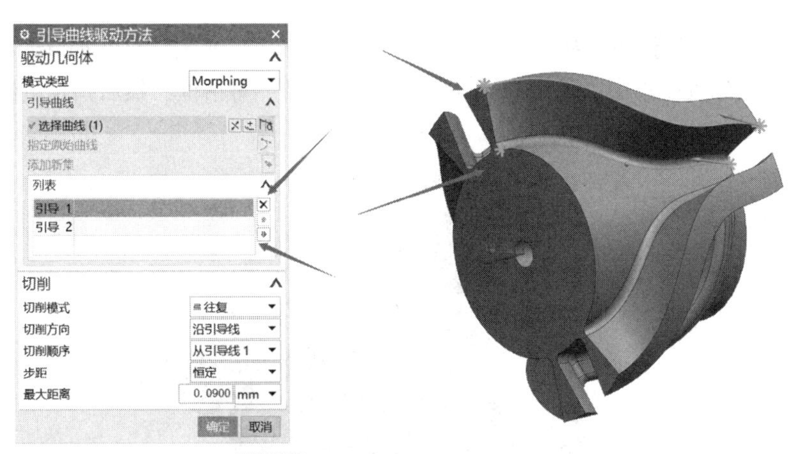

图 4-56 驱动方法设置为“引导曲线”

③ 设置刀具：创建 R2 球头铣刀，如图 4-57 所示。

④ 设置刀轴：刀轴方向设置如 4-58 所示，矢量方向选固定。

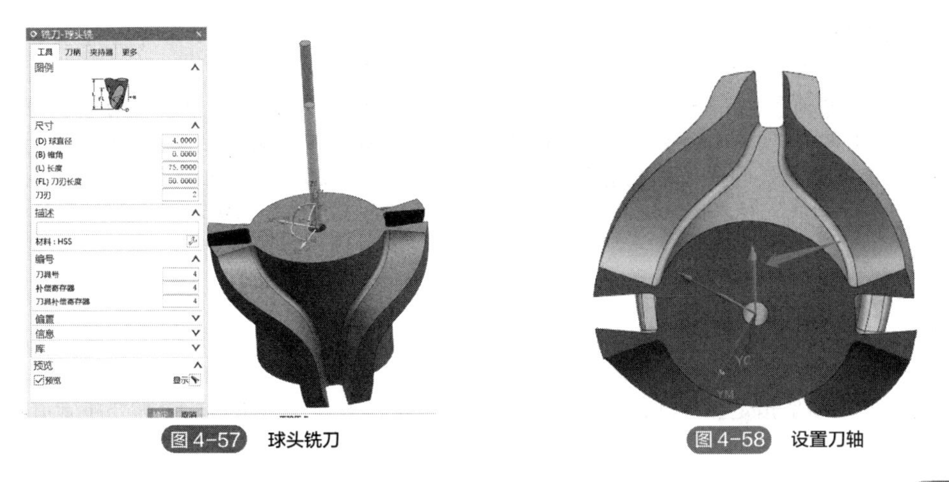

图 4-57 球头铣刀

图 4-58 设置刀轴

⑤ 设置切削参数：余量设为 0，其他默认如图 4-59 所示。

⑥ 设置非切削移动参数，默认如图 4-60 所示。

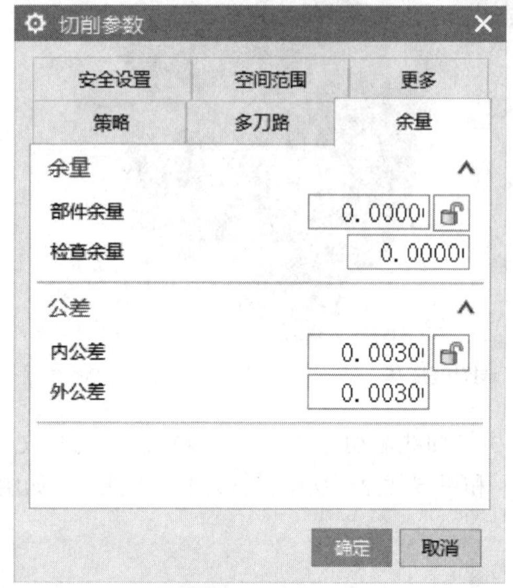

图 4-59 切削参数

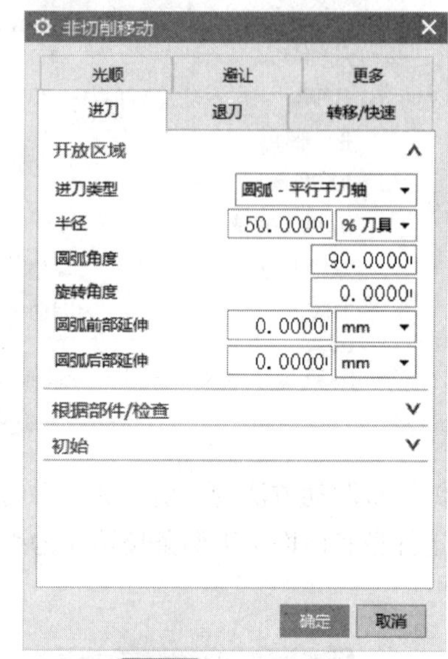

图 4-60 非切削移动

⑦ 生成刀路轨迹：单击“确定”，返回“固定轮廓铣”对话框，然后指定进给率和进给速度，最后在“操作”选项组中生成刀轨，如图 4-61 所示。

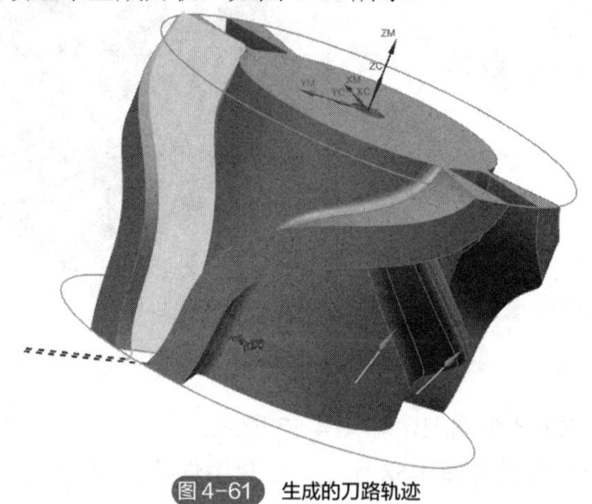

图 4-61 生成的刀路轨迹

注意事项：

① 曲面加工一般采用固定轮廓铣的“引导曲线”和“区域铣削”。

② 对于定轴零件曲面加工，一般有两条边界包裹的区域可以选用“引导曲线”的驱动方法。

③ 对于零件定轴曲面加工，无两条明显边界线的区域可以选用“区域铣削”。

④“引导曲线”和“区域铣削”驱动方法只能用球头铣刀进行加工。

⑤“引导曲线”和“区域铣削”驱动方法适用于精加工，精加工中切削参数余量需要设为 0。

4.6 孔类零件编程

孔加工不需要指定任何部件几何体、毛坯几何体和检查几何体等，只需要指定孔的加工位置、加工表面和底面，指定“点到点”加工的几何体。钻孔加工的数控程序比较简单，通常可以直接在机床上输入程序。如果使用 UG 进行孔加工编程，就可以直接生成完整的数控程序，然后传输到机床中进行加工，特别是在零件所需要加工的孔数比较多时，可以节省大量人工输入所占的时间，同时也可以大幅度降低人工输入产生的错误率，提高机床的工作效率。

4.6.1　孔加工的基本步骤

孔加工的基本步骤：①创建几何体；②设置加工参数，如加工类型、进给率、进刀/退刀运动等；③指定几何体或者点或孔；④生成刀路和仿真加工。

4.6.2　定心孔加工

定心钻在孔加工中进行点孔工序，定心钻如图 4-62 所示。下面说明创建定心孔加工操作的基本步骤。

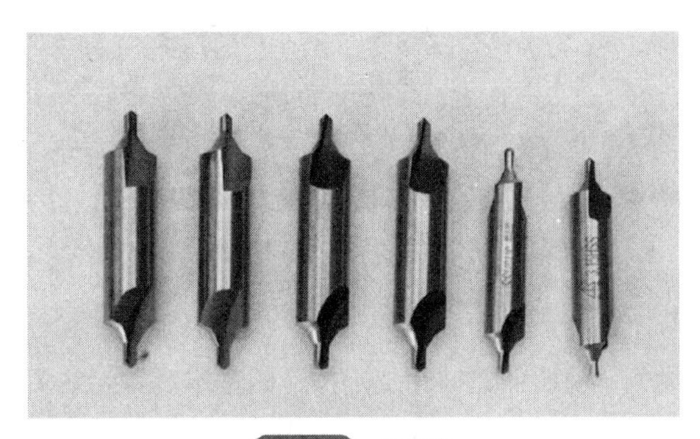

图 4-62　定心钻

【例 4-1】定心孔加工。

① 打开相应素材文件。

图 4-63　选择直径为 4 的定心钻

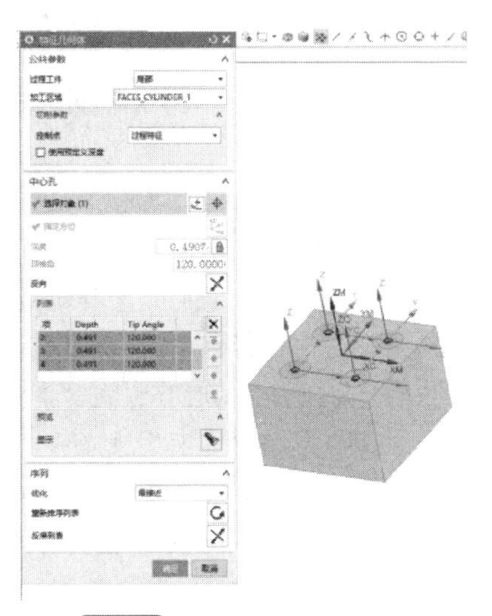

图 4-64　选择 4 个孔作为加工特征

② 在“创建工序”对话框中的“类型”下拉列表里可以找到“hole_making”这一选项，从字面意义上看也是孔加工的程序，在“类型”下拉列表中要选择“定心钻”这一选项。

③ 进入加工环境，在“主页”选项卡中单击“创建刀具”按钮，打开“创建刀具”对话框，在“类型”中下拉找到“drill”选项，在“刀具子类型”区域中选择“CENTERDRILL”（定心钻），输入名称为“D4”（代表 D4 的定心钻），单击“确定”按钮打开“钻刀”对话框。

④ 设置刀具参数。在“钻刀”对话框中输入直径为“4”，刀具号为“1”（对应机床 1 号刀），其他参数采用系统默认值，如图 4-63 所示。单击“确定”按钮，即可完成刀具创建。

⑤ 设置加工参数，并仿真，如图 4-64～图 4-67 所示。

图 4-65 切削参数

图 4-66 非切削移动

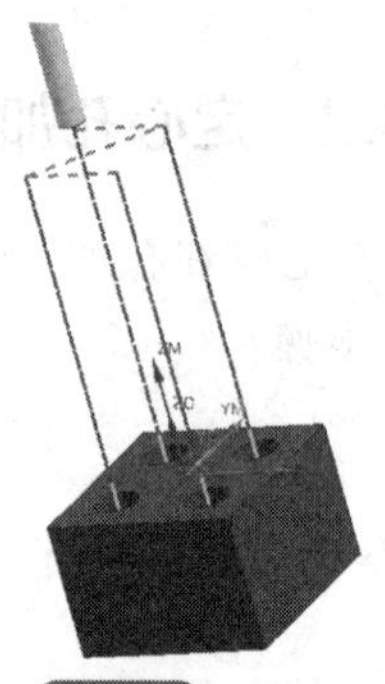

图 4-67 刀轨模拟

4.6.3 钻孔加工

下面仍以案例模型为例，说明创建钻孔加工操作的基本步骤，钻头如图 4-68 所示。在现实加工中，一般都是打完定心钻后就安排钻孔加工，因此可沿用上面案例进行操作。

图 4-68 钻头

【例 4-2】钻孔加工。

① 打开相应素材文件，也可以直接延续例 4-1 进行操作。

② 在“创建工序”对话框中的“类型”下拉列表里，可以找到“hole_making”这一选项，从字面意义上看也是孔加工的程序，在“类型”下拉列表中要选择“钻”这一选项。

③ 进入加工环境，在“主页”选项卡中单击“创建刀具”按钮打开“创建刀具”对话框，在“类型”中下拉找到“drill”选项在“刀具子类型”区域中选择“STD-DRILL”（钻刀），输入名称为“D6.8”（代表直径 6.8mm 的钻头），单击“确定”按钮打开“钻刀”对话框。

④ 设置刀具参数。在“钻刀”对话框中输入直径为“6.8”，刀具号为“2”（对应机床 2 号刀），其他参数采用系统默认值，如图 4-69 所示。单击“确定”按钮，即可完成刀具创建。

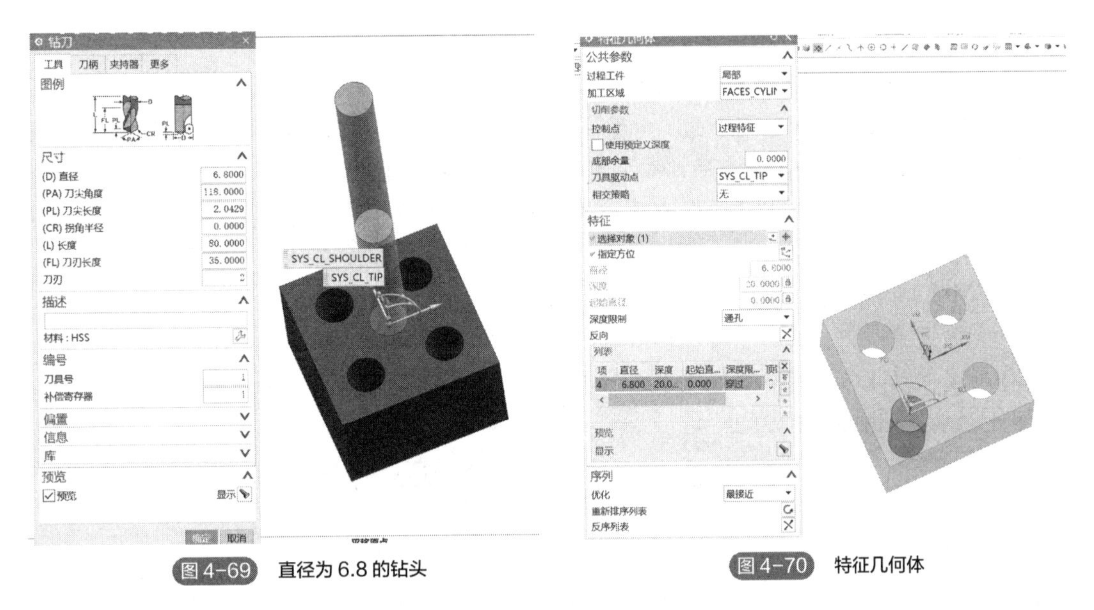

图 4-69　直径为 6.8 的钻头

图 4-70　特征几何体

⑤ 设置进给率和速度参数，并仿真，如图 4-70～图 4-72 所示。

图 4-71　选择循环类型

图 4-72　刀轨模拟

4.6.4　攻螺纹加工

在实际加工中，加工完零件上的通孔后，即可安排攻螺纹，加工出螺纹孔，因此仍可沿用上面案例进行操作。丝锥如图 4-73 所示。

图 4-73　丝锥

【例 4-3】攻螺纹加工。

① 打开相应素材文件，也可以直接延续例 4-2 进行操作。

② 在“创建工序”对话框中的“类型”下拉列表里，可以找到“hole_making”这一选项，从字面意义上看也是孔加工的程序，在“类型”下拉列表中要选择“攻丝”这一选项。

③ 进入加工环境，在“主页”选项卡中单击“创建刀具”按钮打开“创建刀具”对话框，在“类型”中下拉找到“drill”选项在“刀具子类型”区域中选择“TAP”（攻螺纹刀具），输入名称为“M8”（代表 M8 的丝锥），单击“确定”按钮打开“钻刀”对话框。

④ 设置刀具参数。在“钻刀”对话框中输入直径为“8”，刀具号为“3”（对应机床 3 号刀），其他参数采用系统默认值，如图 4-74 所示。单击“确定”按钮，即可完成刀具创建。

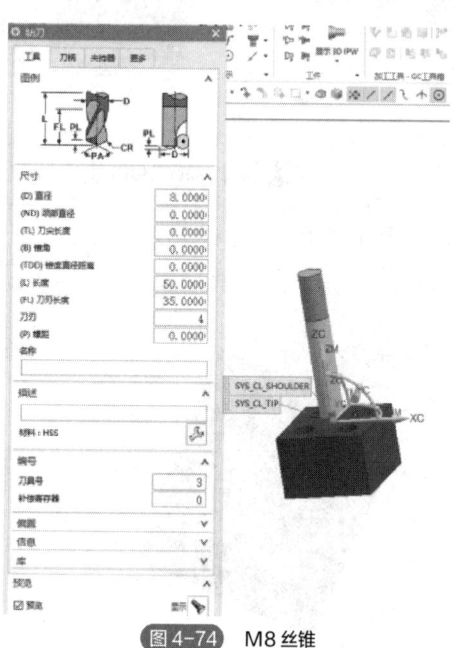

图 4-74 M8 丝锥

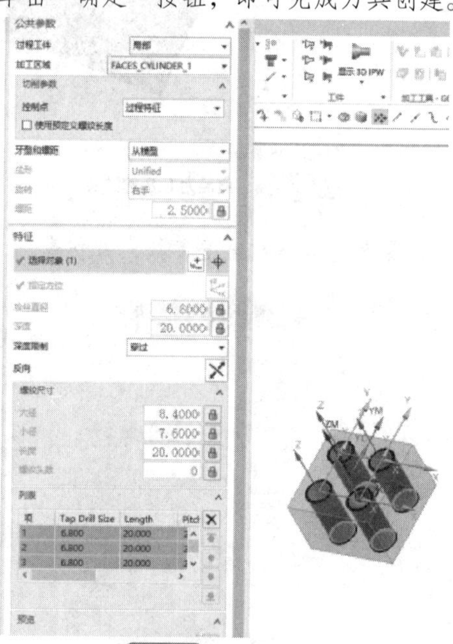

图 4-75 特征几何体

⑤ 设置加工参数，并仿真，如图 4-75 ~ 图 4-77 所示。

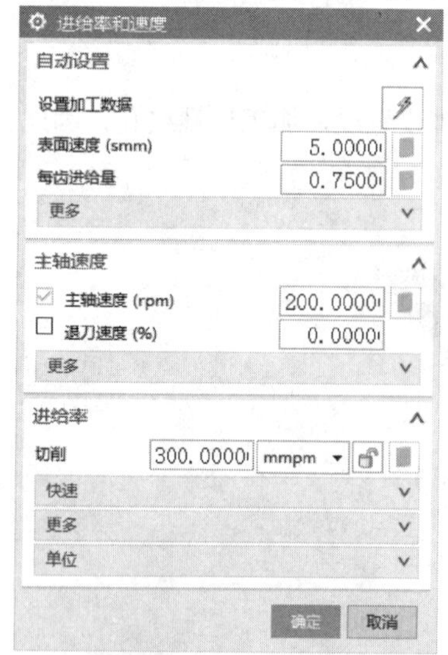

图 4-76 进给率和速度

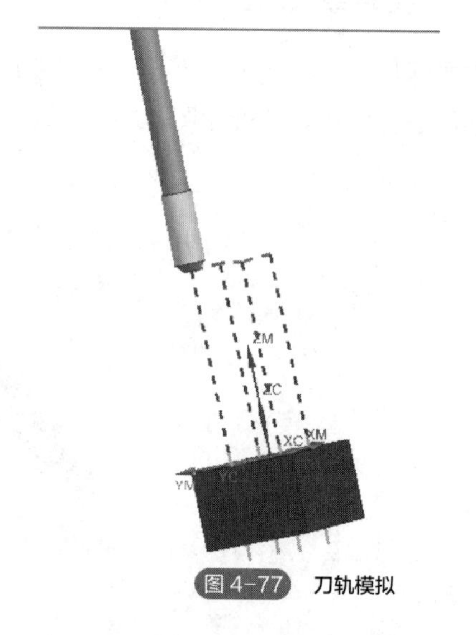

图 4-77 刀轨模拟

本章小结

本章主要介绍了三轴零件编程中最重要的方法——轮廓铣。通过轮廓铣-型腔铣进行开粗，并通过梅花凸台零件案例将加工步骤和参数设置进行详细讲解。通过轮廓铣-深度轮廓铣进行精加工侧壁，并通过梅花凸台零件案例进行参数设置的讲解。通过轮廓铣-固定轮廓铣-引导曲线进行侧壁曲面的精加工，并利用爬面轮零件案例进行详细参数及操作讲解。通过定心孔案例、钻孔案例、攻螺纹案例进行详细参数及操作讲解。

思考题

1. 利用UG软件在三轴零件加工中工序的三种类型分别是什么？
2. mill_contour轮廓铣和mill_planar平面铣在加工对象上有何不同？
3. UG软件中的mill_contour轮廓铣工序有哪些主要子类型？
4. 型腔铣的加工对象及UG软件操作流程是什么？
5. 型腔铣中的“切削参数”和“非切削移动”的主要参数如何设置？
6. 深度轮廓铣的加工对象及操作流程是什么？
7. 固定轮廓铣-区域铣削的加工对象及操作流程是什么？
8. 固定轮廓铣-引导曲线的加工对象及操作流程是什么？
9. 孔类型零件主要有哪些加工对象？
10. M8螺纹孔加工工艺及UG软件操作流程是什么？

习题

1. 利用轮廓铣的型腔铣子类型、深度轮廓铣子类型和平面铣的底壁铣进行题图4-1所示零件的UG编程。

2. 利用轮廓铣的型腔铣子类型、深度轮廓铣子类型和平面铣的底壁铣进行题图4-2所示零件的UG编程。

3. 完成题图4-3所示梅花凸台零件的UG程序编制。

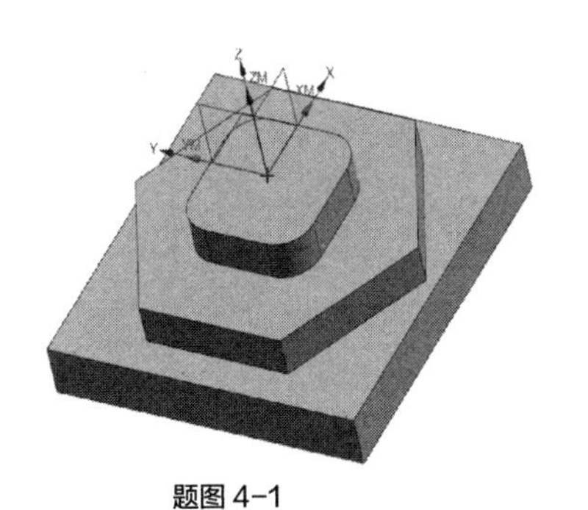

题图4-1

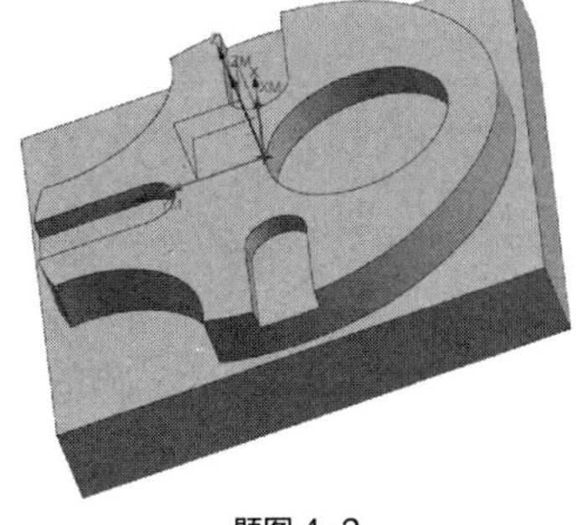

题图4-2

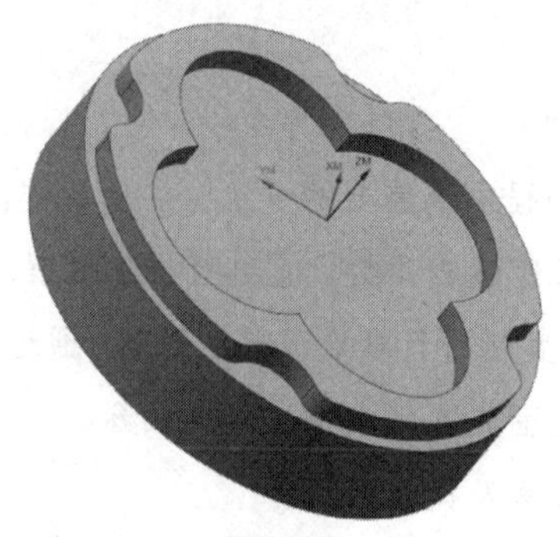

题图 4-3

拓展阅读

[1] 北京兆迪科技有限公司. UG NX 12.0 数控加工教程 [M]. 北京：机械工业出版社，2019.

[2] 杨小雨，冷羊. 数控编程集训 [M]. 北京：清华大学出版社，2019.

[3] 北京兆迪科技有限公司. UGNX12.0 快速入门教程 [M]. 北京：机械工业出版社，2019.

第5章

多轴零件 UG 编程及仿真加工

扫码获取本书资源

本章思维导图

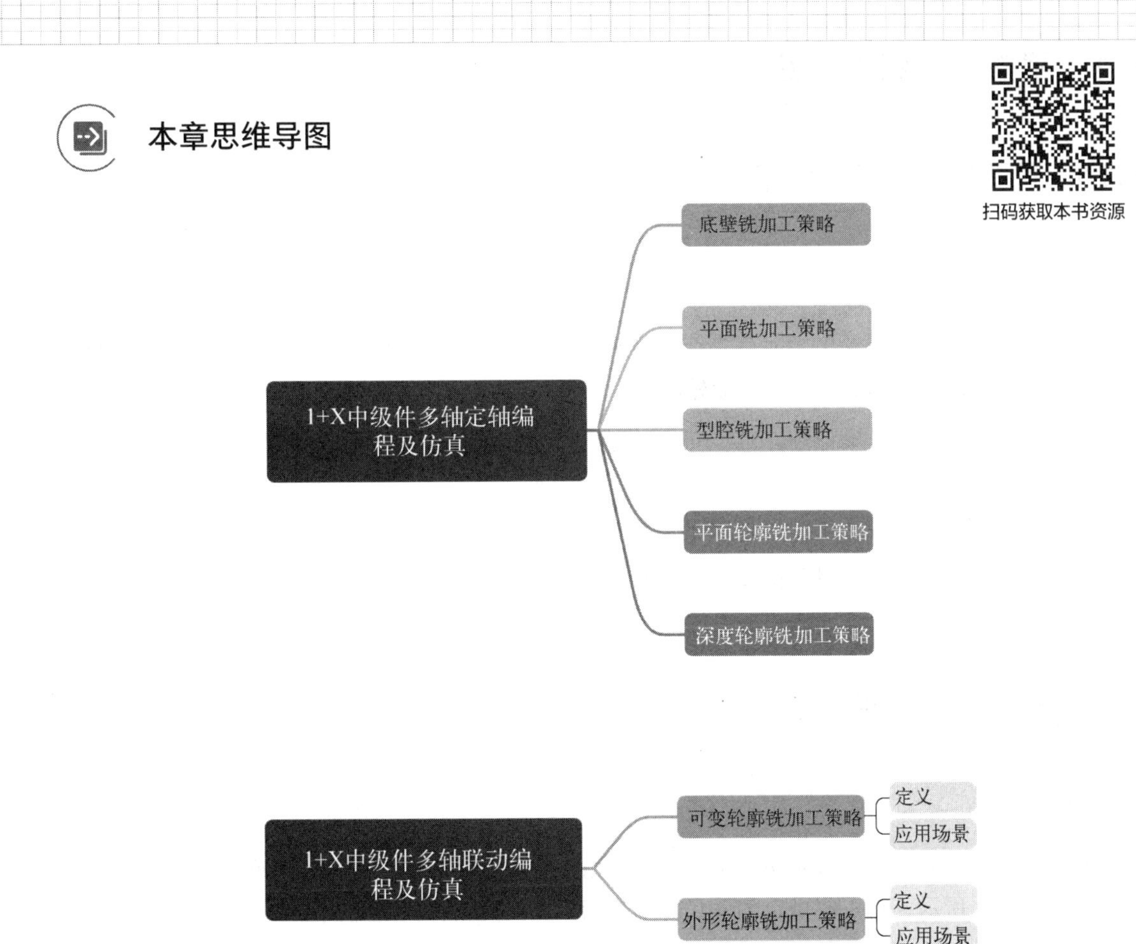

多轴零件编程是应用五轴加工中心进行零件加工的重要组成部分。借助 NX 软件可以进行仿真，验证机床实际切削的效果。本章主要介绍多轴零件加工的相关知识，以多轴典型零件 1+X 中级件、高跟鞋、机身结构等作为案例，使用华中 848D 智能高速五轴加工中心，对该零件进行

多轴定轴开粗、精加工，以及多轴联动开粗、精加工等作业。用到的多轴零件定轴加工策略包括开粗时使用的型腔铣、平面铣；精加工时使用的底壁铣、深度轮廓铣等。在多轴零件联动加工时，用到的加工策略包括可变轮廓铣、外形轮廓铣、深度五轴铣等。通过该案例零件的编程学习，除了可以进一步加深对相关三轴加工策略的应用理解，更希望通过此案例，使得学生能够熟悉一些常用的多轴加工策略的应用方法与技巧，掌握多轴加工策略切削参数的设置，对多轴零件的编程与加工整体能力有所提升，为多轴零件编程与加工打下坚实基础，以适应未来智能制造的需要。本章学习目标如下：

① 可根据多轴零件的图纸进行基本的工艺分析。

② 可利用零件图工艺分析，选择合理的加工方法。

③ 重点掌握多轴编程中的“定轴”及“联动”编程方式；通过两个案例掌握多轴零件的编程常用加工策略，为使用五轴加工中心上机实际加工打下良好的编程基础。

5.1 相关加工策略介绍

5.1.1 可变轮廓铣加工策略

(1) 定义

可变轮廓铣加工是主要用于对具有各种驱动方法、空间范围、切削模式和刀轴的部件或者切削区域进行轮廓铣的基础可变轴曲面轮廓铣，如图 5-1 所示。其需要指定部件几何体、指定驱动方法、指定合适的可变刀轴。

(2) 应用场景

可变轮廓铣加工主要应用于轮廓曲面的可变轴精加工。在 1+X 中级件中，可以应用在上下两个凹槽区域特征的多轴联动编程加工。

5.1.2 外形轮廓铣加工策略

(1) 定义

外形轮廓铣是选择合适的驱动方法，以刀具侧刃对斜壁进行轮廓加工的可变轴曲面轮廓铣工序，如图 5-2 所示。它需要指定部件几何体、指定底面几何体，若需要还可以编辑驱动方法以指定其他设置。

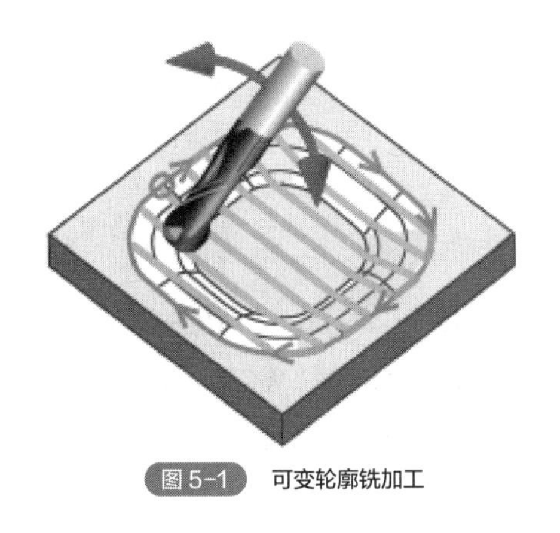

图 5-1　可变轮廓铣加工

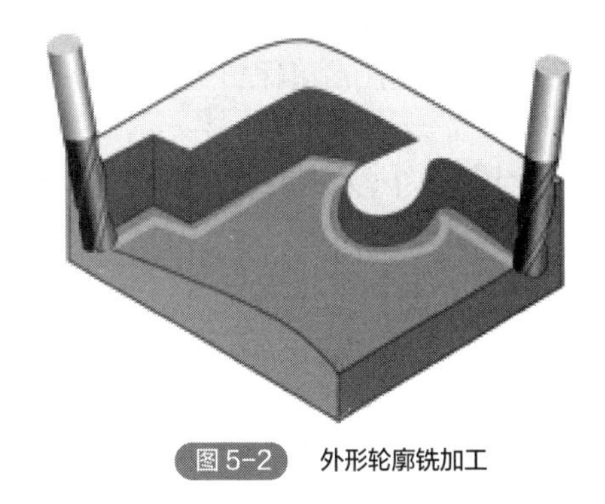

图 5-2　外形轮廓铣加工

（2）应用场景

该工序主要应用于精加工工序，例如飞机机身部件中斜壁的加工等。在 1+X 中级件中，可以应用在上下两个凹槽区域特征的多轴联动编程加工。

5.2　1+X 中级件工艺分析

毛坯为 ϕ80mm×50mm 圆棒料，圆柱中心有一个直径为 ϕ18mm 的中心孔，采用专用夹具装夹该毛坯。该零件模型（如图 5-3 所示）需要加工的特征，主要分布在圆柱的侧面圆周上，大致分为 3 个部分，分别为上部 S 形凹槽、中部特征区域以及下部曲面凹槽等。其中，中部特征区域又可以划分为 5 个小区域，为了方便编程，分别命名为第一个区域、第二个区域、第三个区域、第四个区域、第五个区域。通过分析各个部分区域特征，在 NX 软件中完成创建刀具、设置 MCS 坐标系、设置工件、创建程序文件夹等操作。

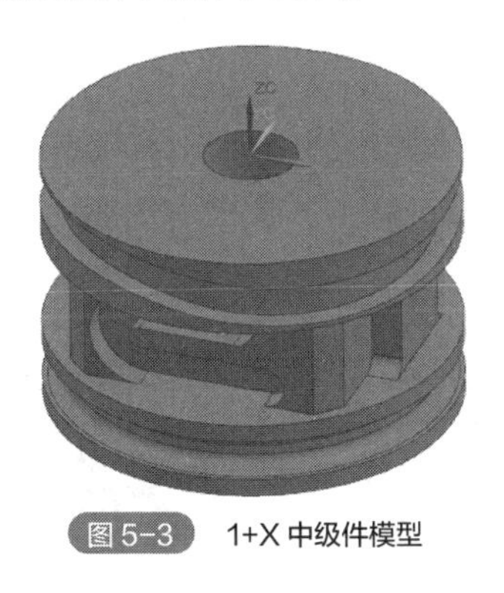

图 5-3　1+X 中级件模型

5.3　1+X 中级件定轴编程

通过上述工艺分析，1+X 中级件中间部分，需要将刀轴由原先的 *Z* 轴更改为垂直于加工面使用，否则无法产生刀具路径，即需要使用定轴编程，完成中间部分 5 个区域的粗加工和精加工编程。其使用的加工策略与三轴编程学习的相关加工策略一样，主要有型腔铣、底壁铣、平面铣、平面轮廓铣等加工策略，由于这几个加工策略在前面章节已经具体讲授，本章不再赘述，直接在定轴开粗精加工编程中应用。

5.3.1 设置 1+X 中级件 MCS 坐标系

将 MCS 坐标系设置为与 WCS 坐标系重合：进入“加工”模块，双击“MCS-MILL”，在弹出的窗口中，单击“坐标系”对话框按钮，将“参考坐标系”设置为“WCS”，如图 5-4 所示。

单击“确定”后，将“安全设置选项”设置为“包容圆柱体”，“安全距离”设置为“20”，“刀轴”选择“所有轴”，如图 5-5 所示。单击“确定”，完成 MCS 坐标系设置。

图 5-4 设置 MCS 坐标系

图 5-5 设置安全距离和刀轴

5.3.2 设置工件

双击“WORKPIECE”（工件），在弹出的“工件”窗口中，完成部件、毛坯、检查体的指定，如图 5-6 所示。这里的部件就是零件（模型），指定毛坯需要我们创建一个包容体，选择夹具体作为检查体。

图 5-6 设置工件几何参数

单击“部件”按钮，弹出“部件几何体”对话框，选择零件，单击“确定”，如图 5-7 所示。

单击毛坯，弹出“毛坯几何体”对话框，选择事先创建好的包容体作为毛坯，单击“确定”，如图 5-8 所示。

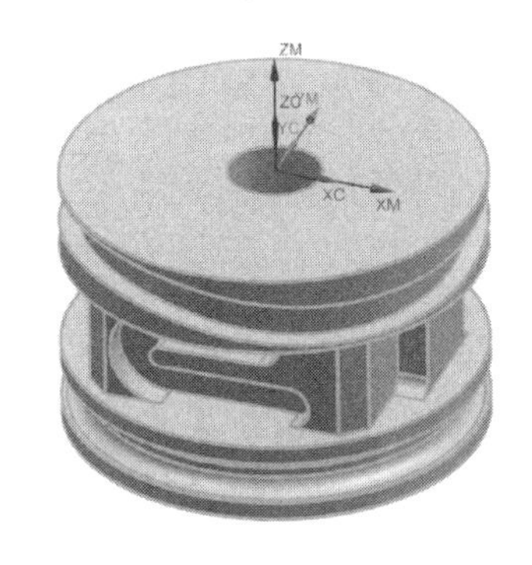

图 5-7　指定部件几何体

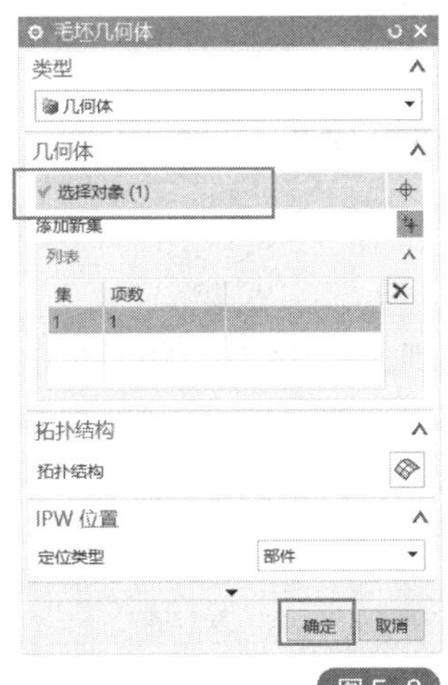

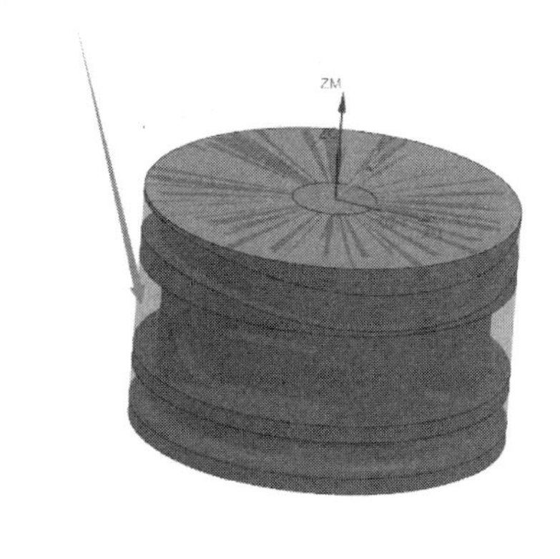

图 5-8　设置毛坯几何体

单击“检查”按钮，弹出“检查几何体”对话框，选择事先创建好的夹具体作为检查体，单击“确定”，如图 5-9 所示。

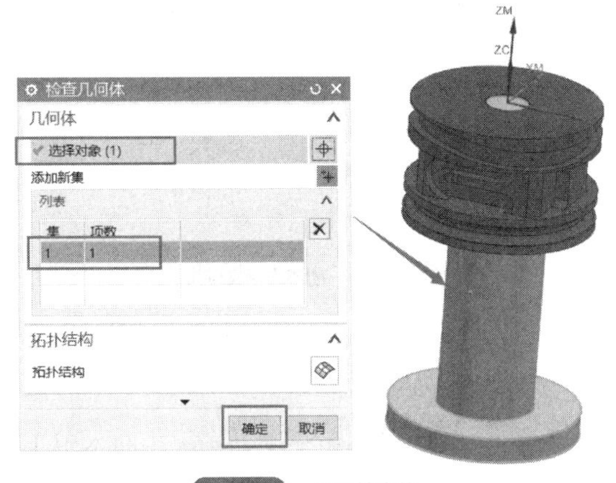

图 5-9　设置检查体

5.3.3 创建刀具

通过前期的工艺分析，创建了 D10、D8、D6、D4 立铣刀以及 B6、B4 球头铣刀各一把，如图 5-10 所示。

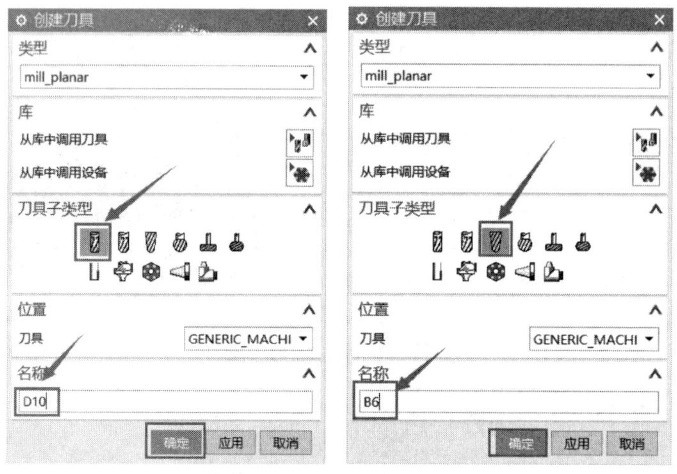

图 5-10 创建立铣刀和球头铣刀

5.3.4 创建程序文件夹

在程序顺序视图中，创建程序文件夹，方便编制各区域程序，如图 5-11 所示。

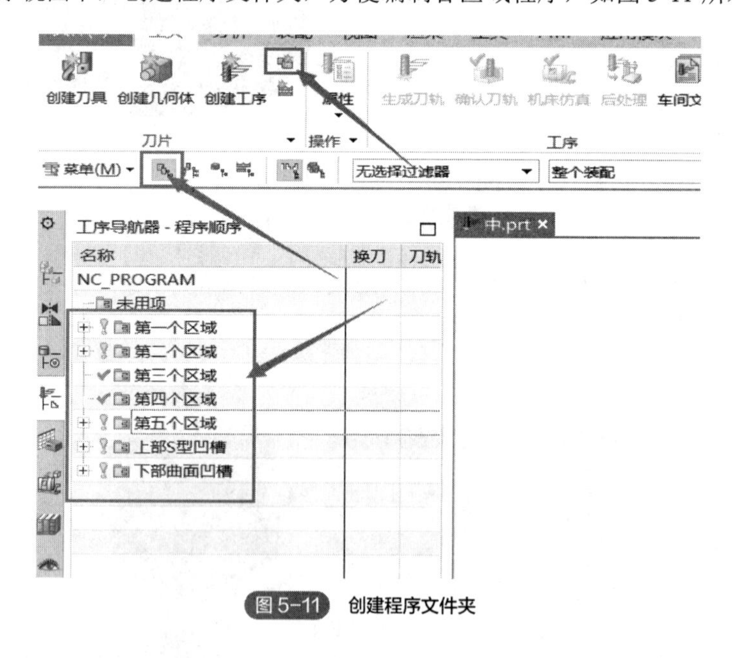

图 5-11 创建程序文件夹

5.3.5 创建工序

① 对第一个区域进行程序的编制，分为粗加工和精加工两个工步进行。粗加工采用型腔铣策略，精加工采用底壁铣策略。

单击“创建工序”，选择型腔铣策略，弹出窗口后，设置位置参数并命名，如图5-12所示。

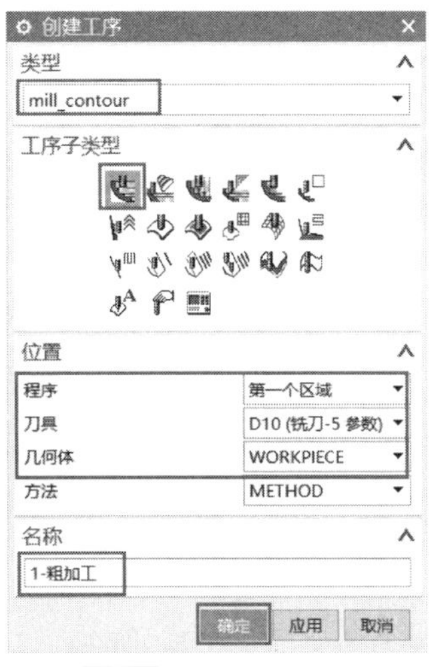

图5-12 创建型腔铣工序

单击“确定”后，弹出“型腔铣”对话框，设置切削区域、刀轴方向、切削模式等相关参数后，单击“生成”，再单击“确定”按钮，完成粗加工程序的编制，如图5-13和图5-14所示。

图5-13 设置相关参数

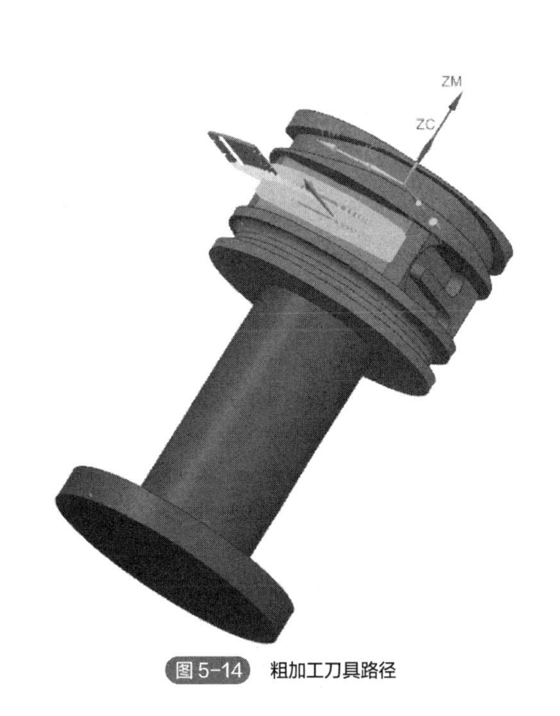

图5-14 粗加工刀具路径

注意：“刀轴”不再使用默认值“+ZM轴”，而是更改成“面/平面法向”，即刀轴矢量需要垂直于加工区域的面。

② 采用底壁铣策略，完成精加工刀具轨迹的编制，如图 5-15 和图 5-16 所示。

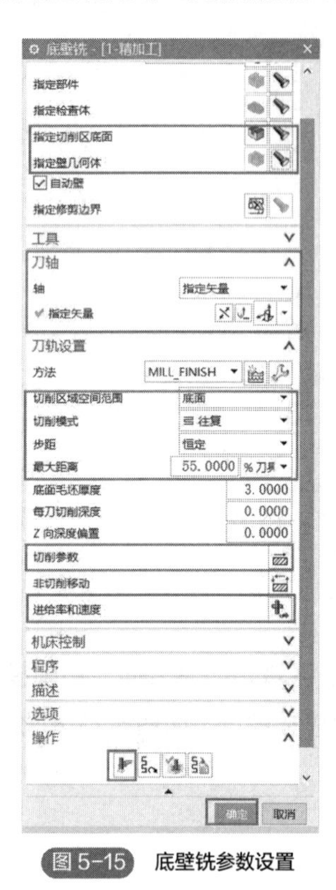

图 5-15 底壁铣参数设置

图 5-16 精加工刀具路径

③ 对第二个区域进行程序的编制，也分为粗加工和精加工两个工步进行。粗加工仍然采用型腔铣策略，精加工也采用底壁铣策略，如图 5-17 和图 5-18 所示。

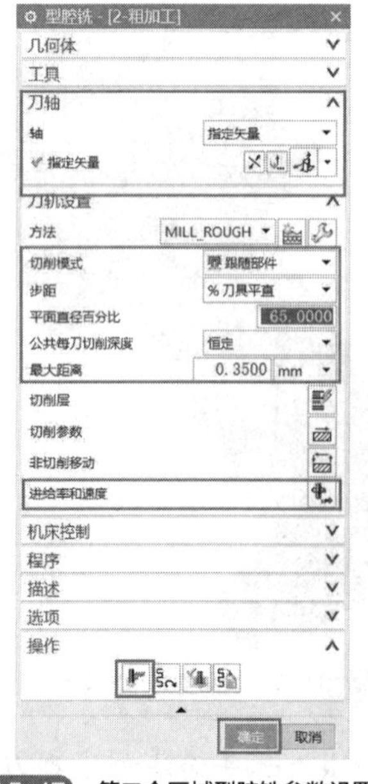

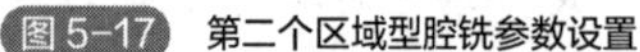

图 5-17 第二个区域型腔铣参数设置

图 5-18 第二个区域粗加工刀具路径

④ 采用底壁铣策略，完成精加工刀具轨迹的编制，如图 5-19 和图 5-20 所示。

图 5-19　第二个区域底壁铣参数设置

图 5-20　第二个区域精加工刀具路径

⑤ 第三个区域和第四个区域，操作方法及采用的工序策略与第一个区域和第二个区域类似，这里不再赘述，由读者独立完成。

⑥ 进行第五个区域的程序编制。第五个区域主要由 4 个倒角面组成，完成其中 1 个即可，其余操作方法类似，如图 5-21 和图 5-22 所示。

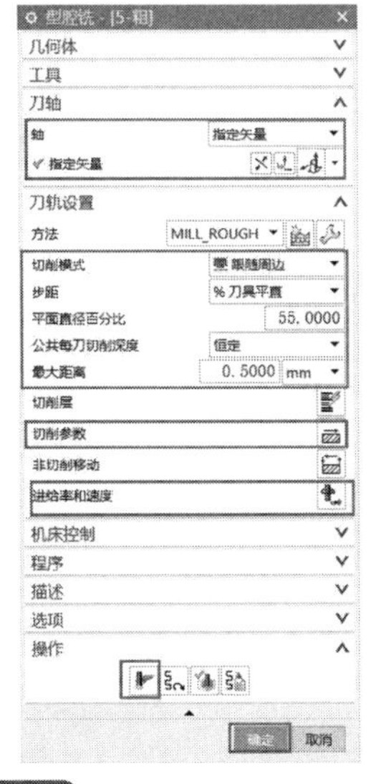

图 5-21　第 1 个倒角面型腔铣参数设置

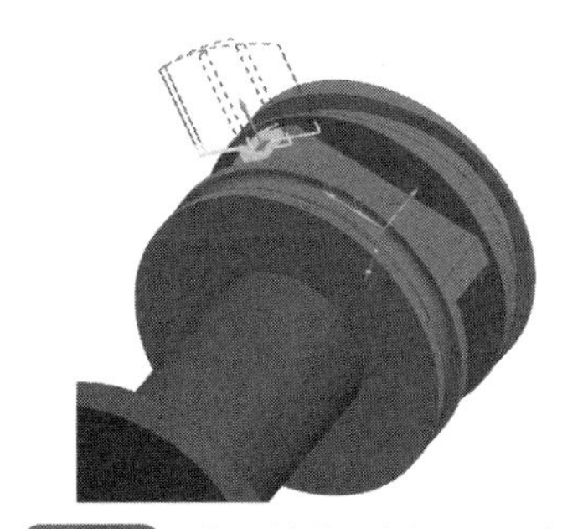

图 5-22　第 1 个倒角面粗加工刀具路径

5.4 1+X 中级件定轴仿真加工

完成中间部分全部区域的编程后，选中所有程序，对该区域进行仿真加工，查询编制的程序是否符合要求。仿真加工后的效果如图 5-23 所示。

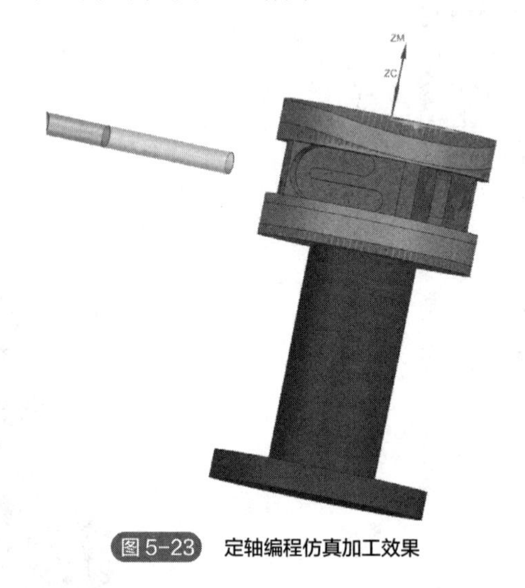

图 5-23 定轴编程仿真加工效果

5.5 1+X 中级件联动编程

5.5.1 上部 S 形凹槽联动编程

1+X 中级件联动编程，主要是针对其上部 S 形凹槽和下部曲面凹槽进行程序的编制。同样，这需要创建两个文件夹，分为粗加工和精加工两个工步进行。

首先，对上部 S 形凹槽进行粗加工编程，采用可变轮廓铣工序策略，如图 5-24 所示。

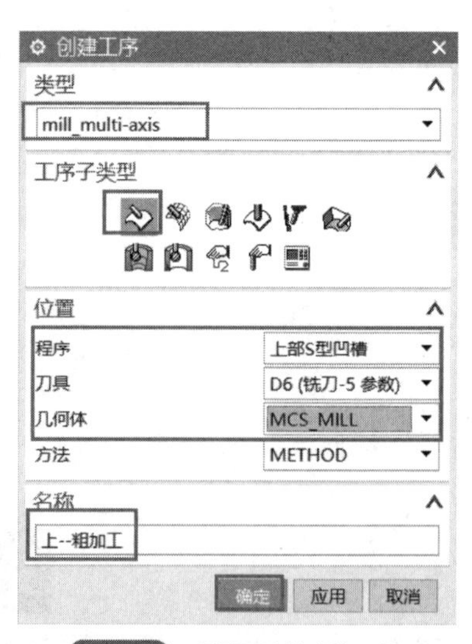

图 5-24 创建可变轮廓铣工序

在弹出的“可变轮廓铣”对话框中，设置相关参数，生成上部 S 形凹槽粗加工刀具路径，如图 5-25 和图 5-26 所示。

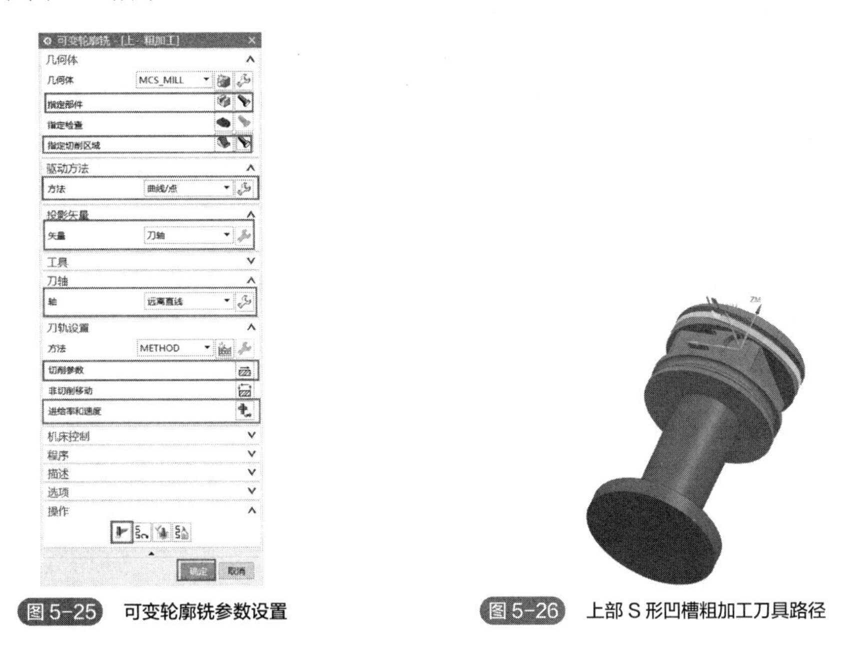

图 5-25 可变轮廓铣参数设置

图 5-26 上部 S 形凹槽粗加工刀具路径

其中，驱动方法选择“曲线/点”，在弹出的窗口中，选择驱动几何体，设置驱动参数，单击“预览”，完成驱动方法设置，如图 5-27 和图 5-28 所示。

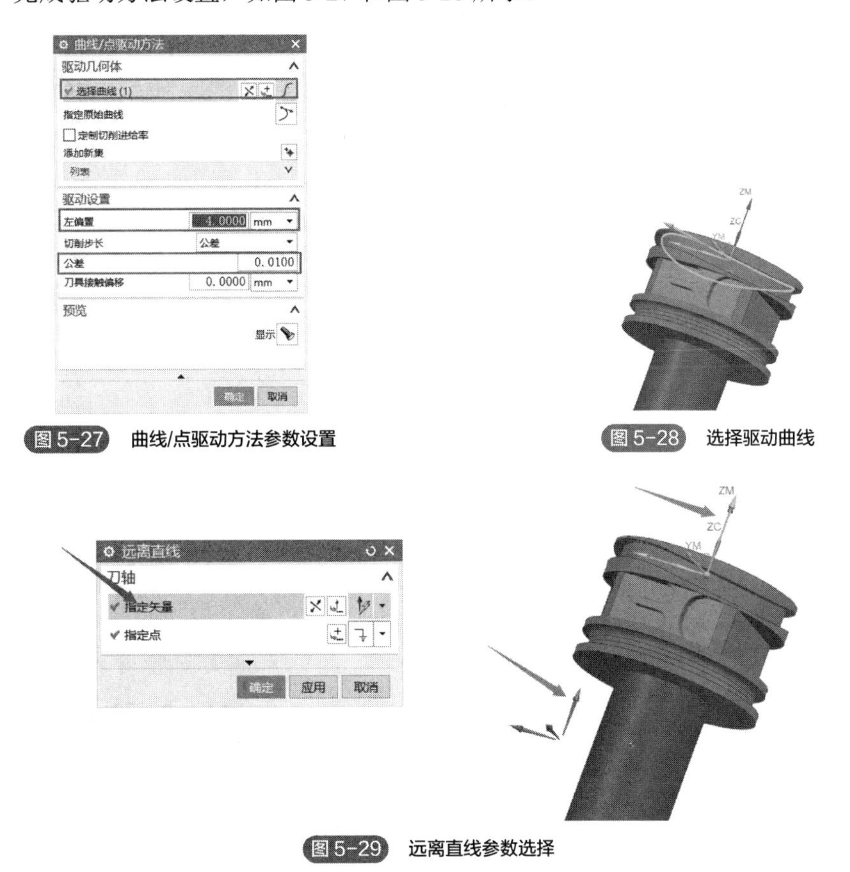

图 5-27 曲线/点驱动方法参数设置

图 5-28 选择驱动曲线

图 5-29 远离直线参数选择

刀轴选择“远离直线”，在弹出的窗口中，选择 *ZC* 轴，指定点选择圆心点，单击“确定”，完成刀轴方向设置，如图 5-29 所示。

切参数设置：单击“切削参数”，弹出对话框，选择“多刀路”，设置“多重深度”，单击“确定”，完成切削参数设置，如图 5-30 所示。

此时，完成上部 S 形凹槽的粗加工程序编制。接下来，进行精加工。对于上部 S 形凹槽，采用“外形轮廓铣”工序策略，编制其精加工程序，如图 5-31 所示。

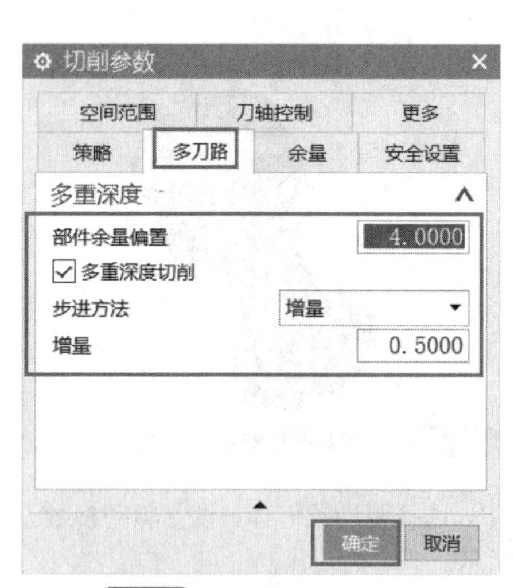

图 5-30 多刀路参数设置

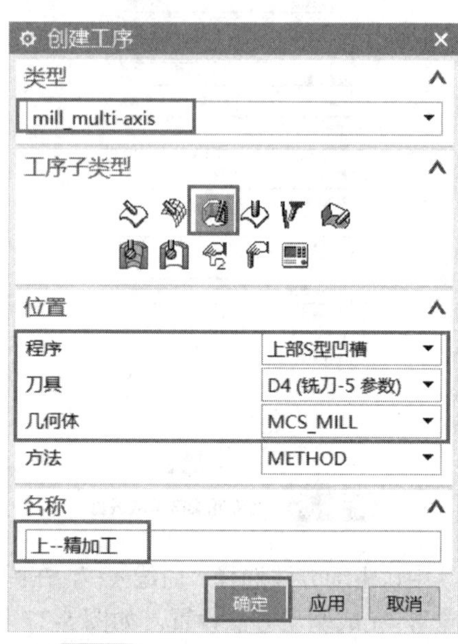

图 5-31 创建外形轮廓铣工序策略

单击“确定”后，弹出“外形轮廓铣”对话框，设置驱动方法、刀轴、切削参数等，生成精加工刀具路径，如图 5-32 和图 5-33 所示。

图 5-32 外形轮廓铣参数设置

图 5-33 上部 S 形凹槽精加工刀具路径

其中，外形轮廓铣驱动方法采用默认参数值即可，切削参数选择“多刀路”，设置“多重深度”，单击“确定”，完成设置，如图 5-34 和图 5-35 所示。

图 5-34　外形轮廓铣驱动方法参数设置

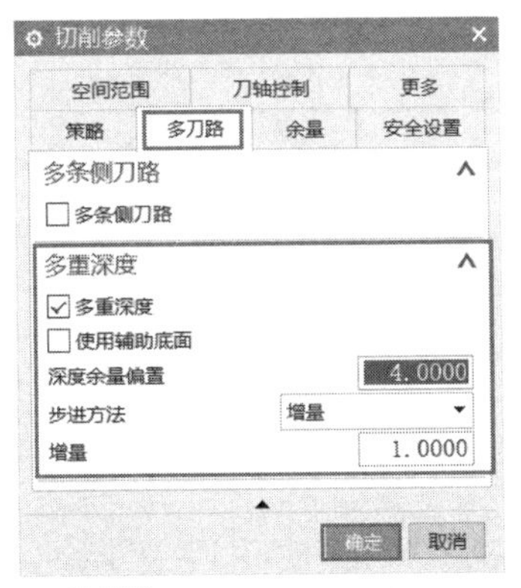

图 5-35　切削参数“多刀路”设置

5.5.2　下部曲面凹槽联动编程

下部曲面凹槽粗加工编程方法与上部 S 形凹槽类似。首先进行粗加工，仍然采用可变轮廓铣策略，设置驱动方法和刀轴，投影矢量采用默认值，单击“生成”，再单击“确定”按钮，完成粗加工程序编制，如图 5-36 和图 5-37 所示。

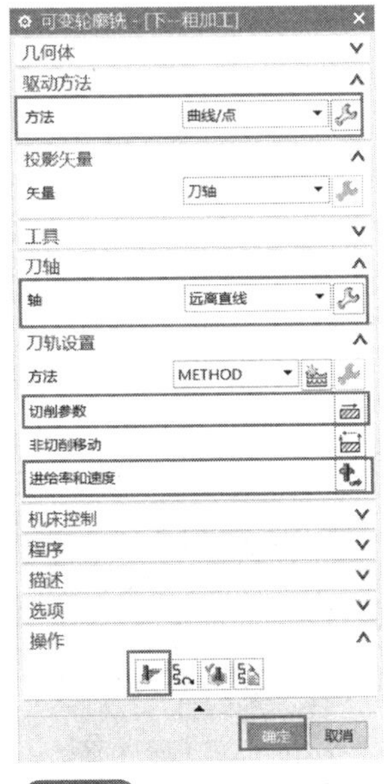

图 5-36　可变轮廓铣参数设置

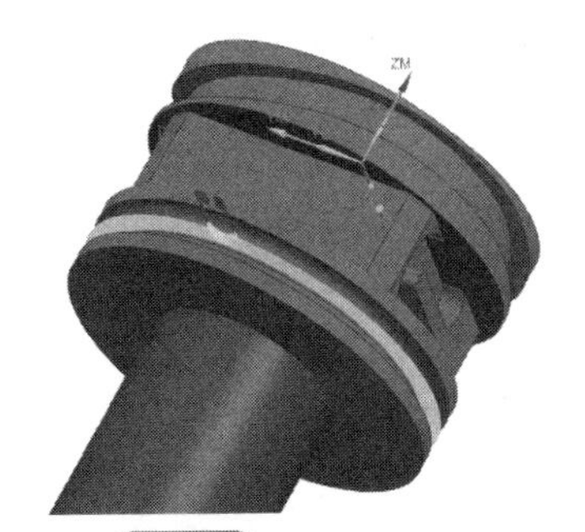

图 5-37　粗加工刀具路径

注意： 这里的驱动方法、刀轴方向设置与上部 S 形凹槽一致，这里不再赘述，请读者试着完成。

下部曲面凹槽精加工采用可变轮廓铣工序策略，刀具采用 B4 球头铣刀，设置驱动方法、刀轴方向等参数，生成精加工刀具路径，如图 5-38 和图 5-39 所示。

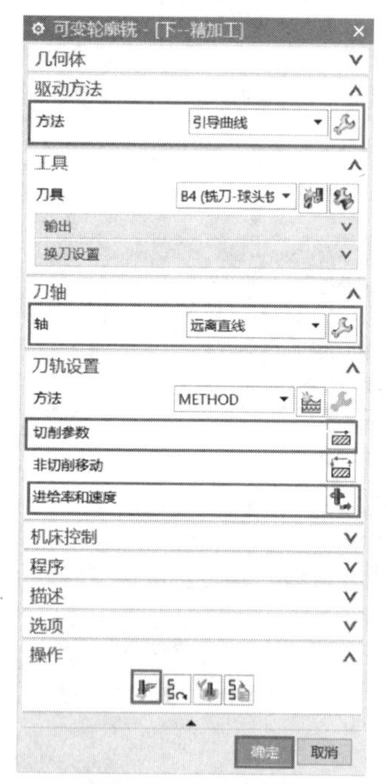

图 5-38 可变轮廓铣参数设置

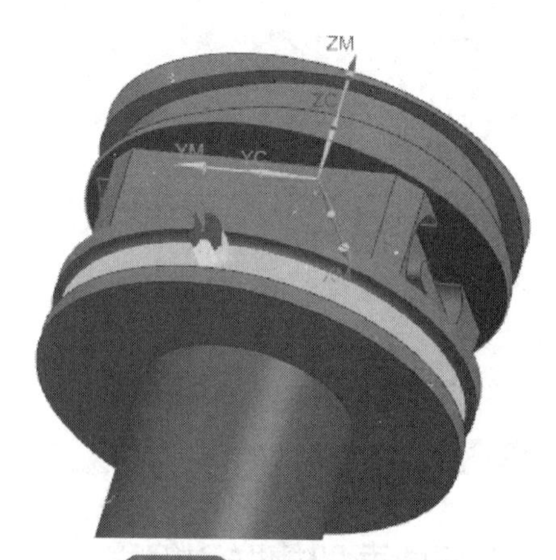

图 5-39 精加工刀具路径

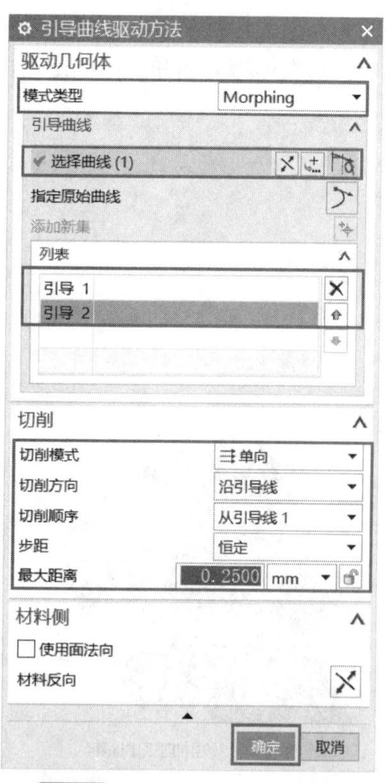

图 5-40 引导曲线驱动方法参数设置

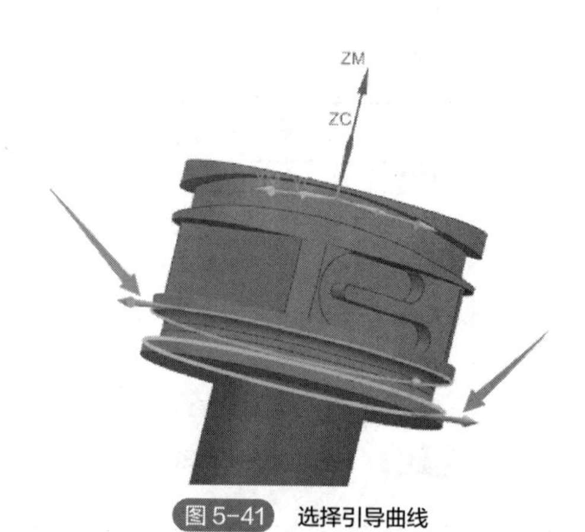

图 5-41 选择引导曲线

其中，驱动方法采用“引导曲线”，单击后面的小扳手，弹出对话框，设置参数，单击“确定”，完成引导曲线驱动方法设置，如图 5-40 和图 5-41 所示。

5.6　1+X 中级件仿真加工

此时，我们已完成整个 1+X 中级件的定轴和联动编程，选中所有程序，仿真加工，效果如图 5-42 所示。

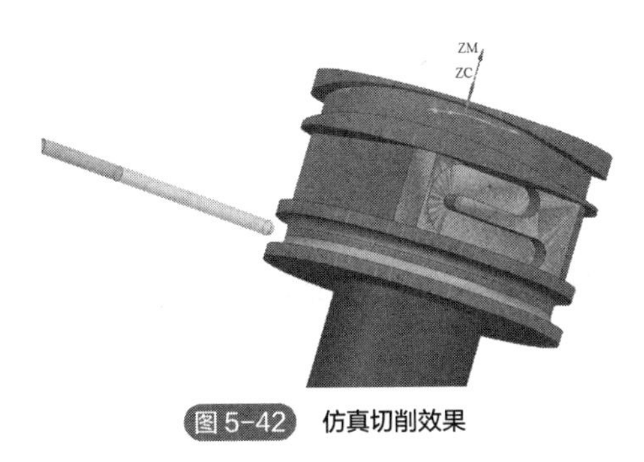

图 5-42　仿真切削效果

5.7　高跟鞋面的多轴编程与加工

5.7.1　刀轴控制之“远离点”和“朝向点”

（1）远离点

远离点允许定义点任意位置的“可变刀轴”，可以使用“点子功能”来指定点。“刀轴矢量”从定义的焦点离开并指向刀具夹持器，简单来说，就是刀的刀柄远离这个点，如图 5-43 所示。

注意：远离点的高低、远近都会影响刀轴姿态。

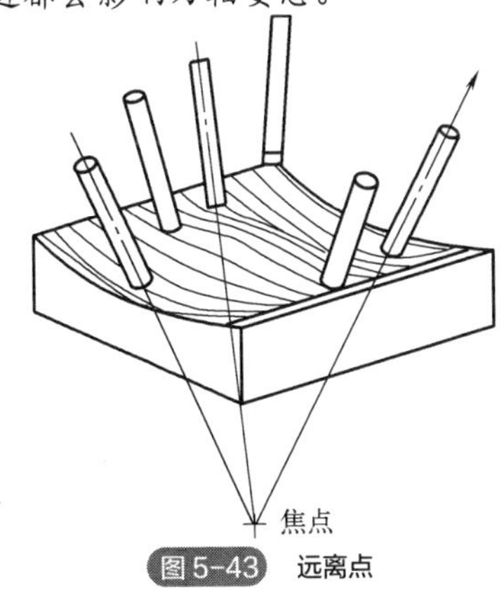

图 5-43　远离点

（2）朝向点

朝向点控制刀轴的具体方法是通过一个“点”来定义可变刀轴矢量，这个点一般与部件几何体在同一侧。朝向点和远离点的区别：一个是刀柄朝向点，一个是刀柄远离点。远离点，就是刀柄远离这个点；朝向点，则是刀柄朝向这个点，如图 5-44 所示。

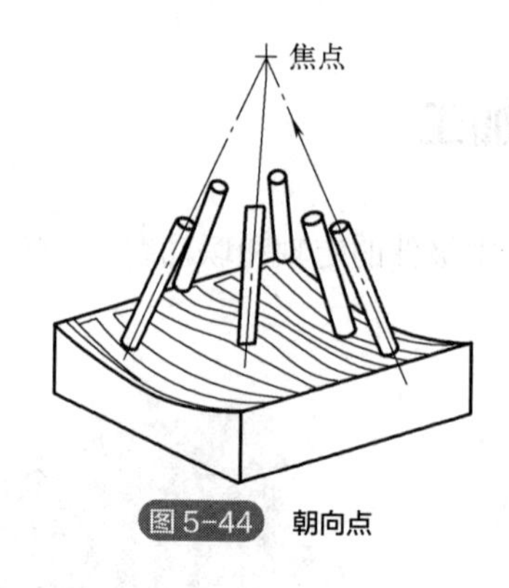

图 5-44 朝向点

5.7.2 刀轴控制之“远离直线”和“朝向直线”

（1）远离直线

“远离直线”允许用户定义偏离聚焦线的“可变刀轴”。“刀轴”沿聚焦线移动，同时与该聚焦线保持垂直。刀具在平行平面间运动。“刀轴矢量”从定义的聚焦线离开并指向刀具夹持器，如图 5-45 所示。

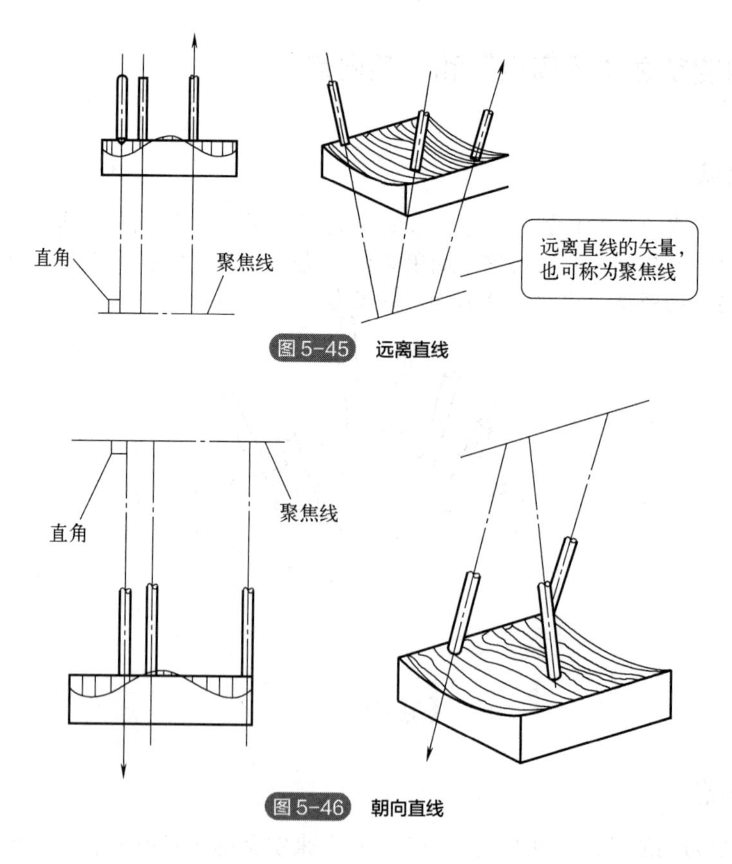

图 5-45 远离直线

图 5-46 朝向直线

"远离直线"通俗来讲，即设置一个矢量，然后刀柄远离这条线，也可以理解为远离矢量。它是四轴编程中最常用的刀轴控制方式，只要四轴零件的侧壁是向心面，不是倒扣面，那么就可以用"远离直线"作为刀轴。

(2) 朝向直线

"朝向直线"允许用户定义向聚焦线收敛的"可变刀轴"。"刀轴"沿聚焦线移动，同时与该聚焦线保持垂直。刀具在平行平面间运动。"刀轴矢量"指向定义的聚焦线并指向刀具夹持器，如图 5-46 所示。

5.7.3 高跟鞋面的多轴编程

高跟鞋模型如图 5-47 所示。

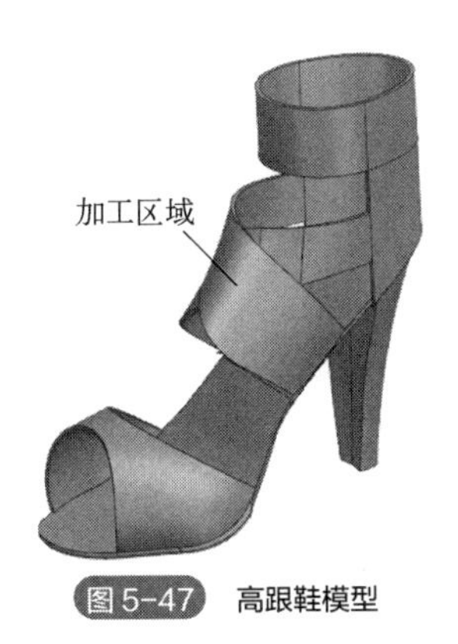

图 5-47 高跟鞋模型

通过工艺分析，加工该灰色区域面，需要使用曲面区域或者流线来作为驱动面，刀轴使用远离点，刀具选择 D6R3，粗加工由读者自行完成，这里只对该鞋面进行精加工编程。

① 打开模型文件，然后进入加工环境，创建工序时"类型"选择"mill_multi-axis"，即多轴铣削，"工序子类型"选择可变轮廓铣，如图 5-48 所示。

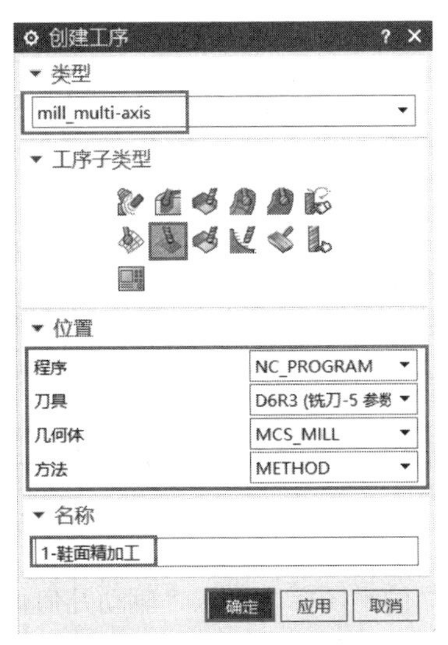

图 5-48 创建可变轮廓铣工序

② 单击“确定”，进入“可变轮廓铣”对话框，单击“指定部件”按钮，选择整个高跟鞋模型为加工部件，如图 5-49 所示。

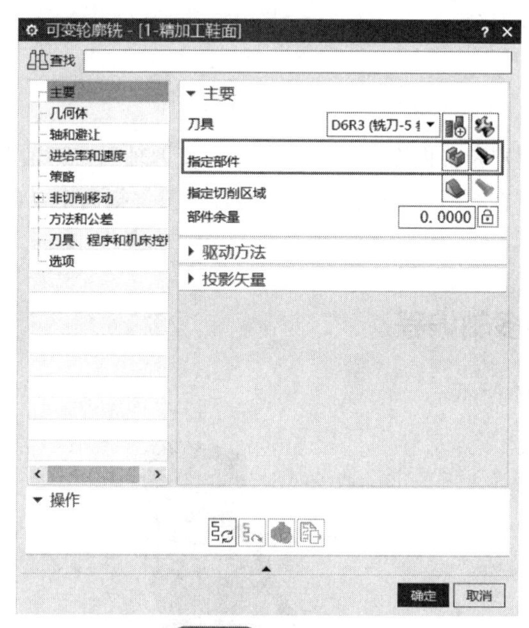

图 5-49 指定部件

③ 展开“驱动方法”选项组，然后选择“驱动方法”为“曲面区域”，单击“曲面区域”后面的小扳手，进入“曲面区域驱动方法”对话框，此时需要指定驱动几何体、切削方向、材料反向、驱动设置等参数，如图 5-50 所示。

图 5-50 “曲面区域驱动方法”对话框

④ 单击“驱动几何体”后面的小图标，进入“驱动几何体”对话框，选择“灰色区域面”作为驱动几何体，单击“确定”，完成驱动几何体设置，如图 5-51 所示。

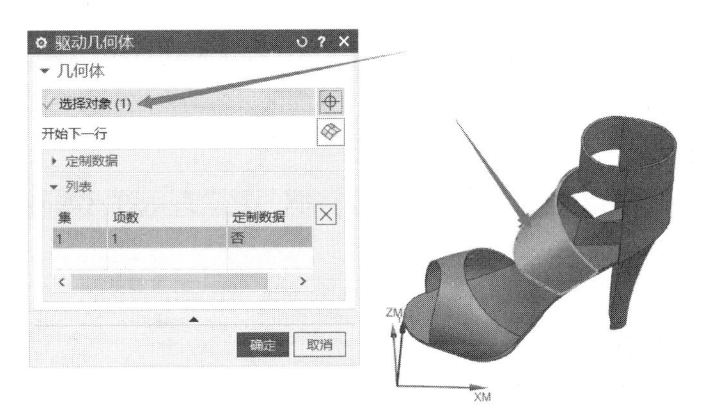

图 5-51 选择驱动几何体

⑤ 单击“材料反向”图表，设置驱动几何体的材料方向，如图 5-52 所示。

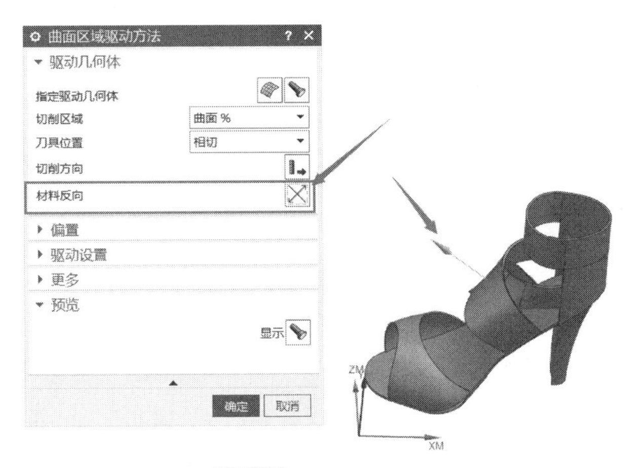

图 5-52 设置材料方向

⑥ 单击“切削方向”图标，选择合适的切削方向，如图 5-53 所示。

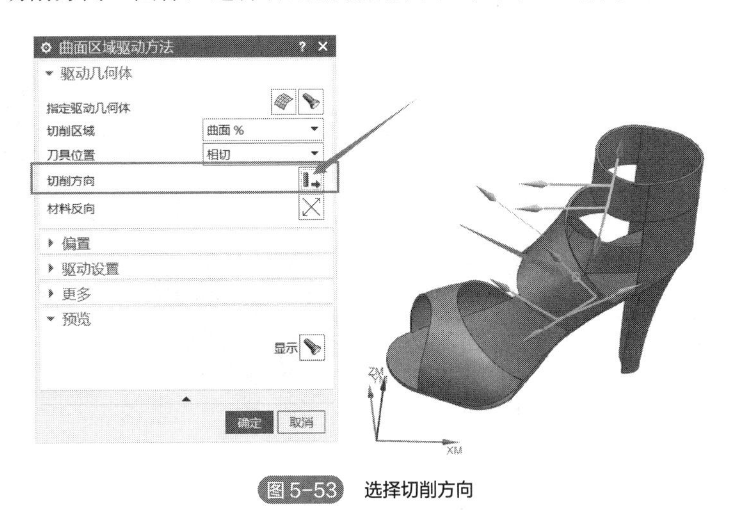

图 5-53 选择切削方向

⑦ 选择切削模式为往复，设置步距数量为 100，将切削步长设置为公差，内外公差全部为

0.01mm，单击“确定”，完成曲面区域驱动方法设置，如图 5-54 所示。

⑧ 投影矢量选择“朝向驱动体”。如果使用曲面区域驱动方法，则使用“朝向驱动体”投影矢量以避免铣削到非预期的部件几何体，如图 5-55 所示。

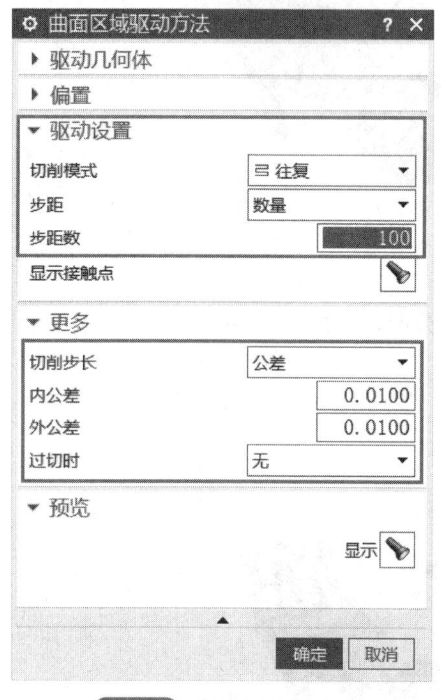

图 5-54 切削模式及步长设置

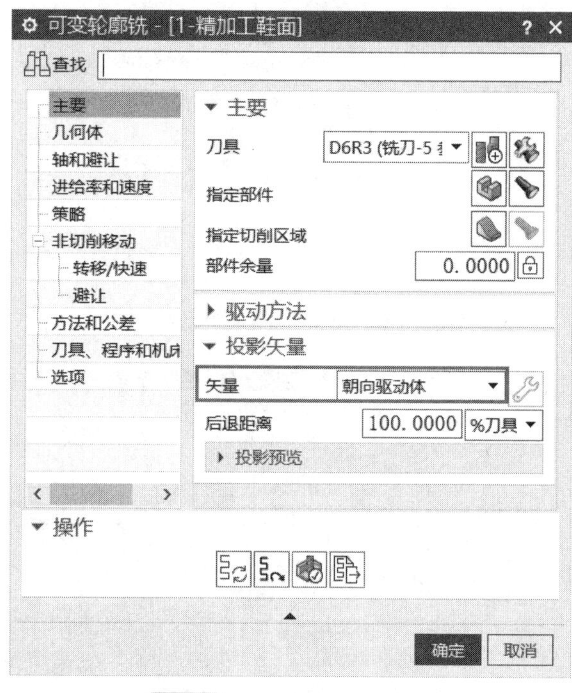

图 5-55 “朝向驱动体”投影矢量

⑨“轴和避让”中，刀轴选择“远离点”，这里需要设置一个合理的点，作为刀轴的控制点。本案例中设置工作坐标系的点为（75.0,0.0,80.0），如图 5-56 所示。

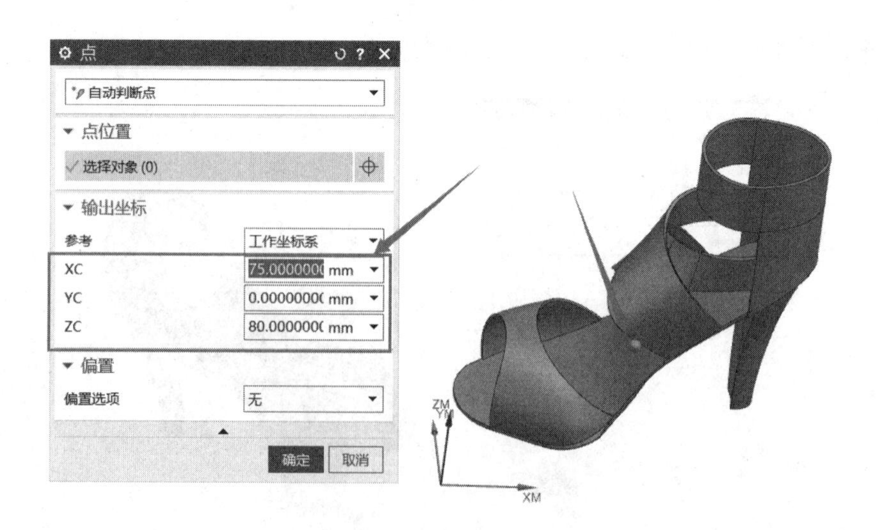

图 5-56 设置“远离点”点坐标

⑩ 完成进给率和速度、策略、非切削移动等参数的设置，单击“生成”按钮，完成高跟鞋面的精加工程序刀具路径编制，如图 5-57 所示。

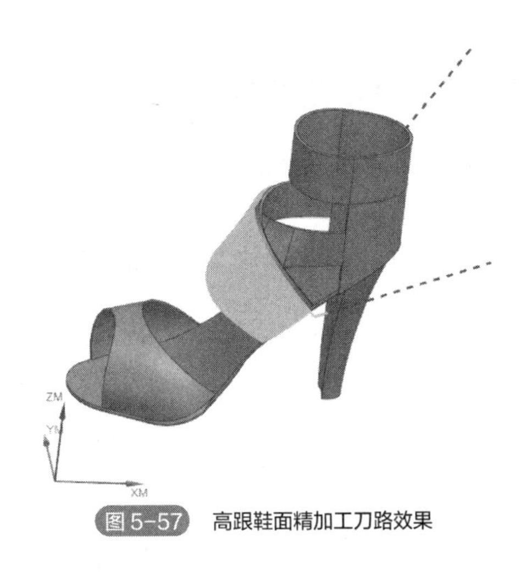

图 5-57　高跟鞋面精加工刀路效果

5.8　机身结构件斜壁面的多轴编程

机身结构件如图 5-58 所示，属于飞机机身中的薄壁零件，具有多个特征区域，其中的斜壁特征区域需要用到五轴编程策略加工。该零件分为正反两面：正面区域主要由斜壁、沟槽、薄壁、圆孔、腰形孔等特征组成；反面区域特征与正面特征类似，属于比较典型的空间复杂薄壁零件。整体零件呈长方体结构，可以在五轴机床加工，本案例采用华中五轴机床进行加工。

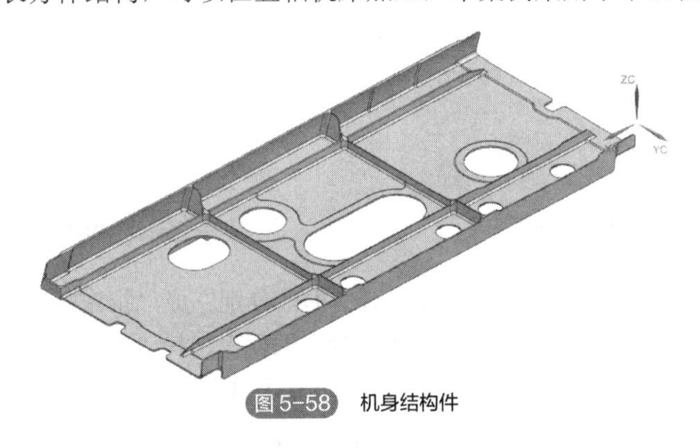

图 5-58　机身结构件

5.8.1　机身结构件加工工艺

机身结构件毛坯材质为 6061 铝，外形尺寸（长×宽×高）为 205mm×81mm×19mm，零件正面有多个通孔，可以用作精加工时的装夹工艺孔。一般加工工艺遵循的原则是：基面先行、先主后次、先粗后精、先面后孔。由于反面区域特征在正面区域特征中均有，故反面区域特征的程序留给读者课后练习。编程工艺指定和刀具选择如下：

工序一：定轴开粗（D10 立铣刀）；

工序二：定轴开粗（D6 立铣刀）；

工序三：半精铣（B6、B3 球头铣刀）；

工序四：精铣（B6、B2 球头铣刀）；

工序五：清根、局部精加工（B2 球头铣刀）。

5.8.2 机身结构件的斜壁面精加工多轴编程

前面章节已经学完相关开粗、半精铣编程策略，本章不再赘述。下面介绍机身结构件的斜壁面精铣的多轴编程。

① 打开模型文件，单击菜单栏的“应用模块”→“加工”，弹出“加工环境”窗口，单击“确定”按钮，进入加工模块中。

② 单击“工序导航器”中的“几何视图”，进入“工序导航器-几何”界面，双击“MCS-1”，弹出“MCS 铣削”对话框，单击“坐标系对话框”按钮，进入“坐标系”窗口，参考坐标系选择“WCS”，单击“确定”，完成坐标系设置，如图 5-59 所示。

③ 安全设置，选择“自动平面”，安全距离设置为“20”，刀轴选择“所有轴”，单击“确定”，完成安全平面的设置，如图 5-60 所示。

图 5-59 机床坐标系设置

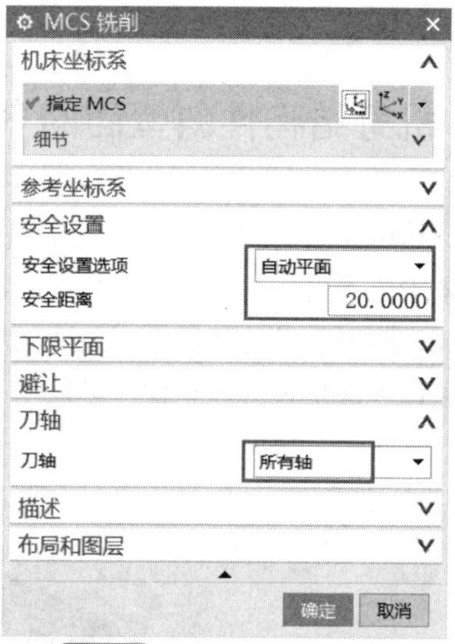

图 5-60 设置安全平面及刀轴

④ 双击“WORKPIECE”弹出“工件”对话框，分别完成“指定部件”和“指定毛坯”的设置，“指定部件”选择“机身结构件模型”，“指定毛坯”选择“包容体”作为毛坯，单击“确定”按钮，完成工件（WORKPIECE）的设置，如图 5-61 所示。

图 5-61 设置工件（WORKPIECE）

⑤ 单击“程序顺序视图”进入“工序导航器-程序顺序”界面，单击“创建程序”功能，弹出“创建程序”对话框，将对话框中的名称修改为“精加工”，单击“确定”按钮，完成精加工程序文件夹的创建，如图 5-62 所示。

⑥ 根据机身结构件的工艺分析，精铣机身结构件的斜壁面，需要创建 ϕ2mm 球头铣刀，单击“创建刀具”功能，刀具子类型选择球头铣刀，名称改成“B2”，单击“确定”按钮，进入“铣刀”对话框中，修改刀具参数，单击“确定”按钮，完成 B2 球头铣刀的创建，如图 5-63 所示。

图 5-62　创建程序文件夹

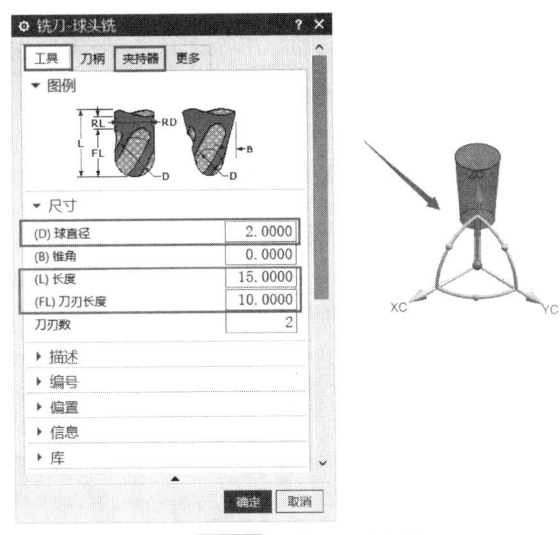

图 5-63　创建 B2 球头铣刀

⑦ 单击“创建工序”功能，弹出“创建工序”窗口，类型选择“mill-multi-axis”，工序子类型选择“可变引导曲线”，程序选择“精加工”，刀具选择“B2”球头铣刀，几何体选择“WORKPIECE”，名称改成“斜壁面精加工”，单击“确定”，弹出“可变引导曲线”对话框窗口，设置相关参数，单击“生成”功能，完成刀具路径创建，如图 5-64 所示。

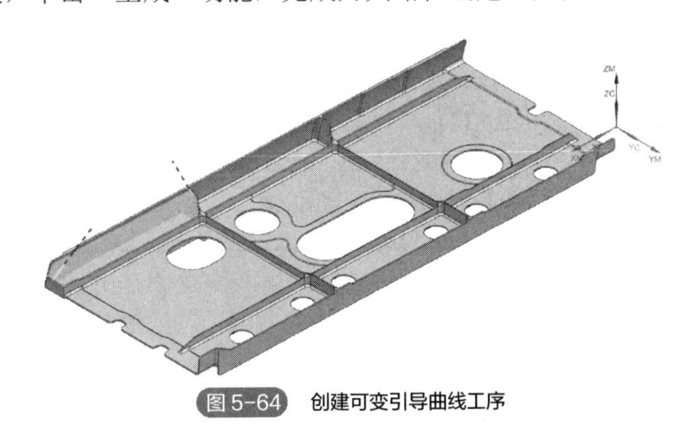

图 5-64　创建可变引导曲线工序

5.8.3　可变引导曲线参数设置

① 在“主要”窗口中，指定切削区域，如图 5-65 所示，部件余量为 0，模式类型选择“变形”，引导曲线选择切削区域的上、下边曲线，阵列设置中，切削模式选择“往复”，步距选择“恒定”，最大距离设置为 0.2mm，其余参数为默认值，如图 5-66 所示。

图 5-65　指定切削区域

图 5-66　引导曲线选择及其余参数设置

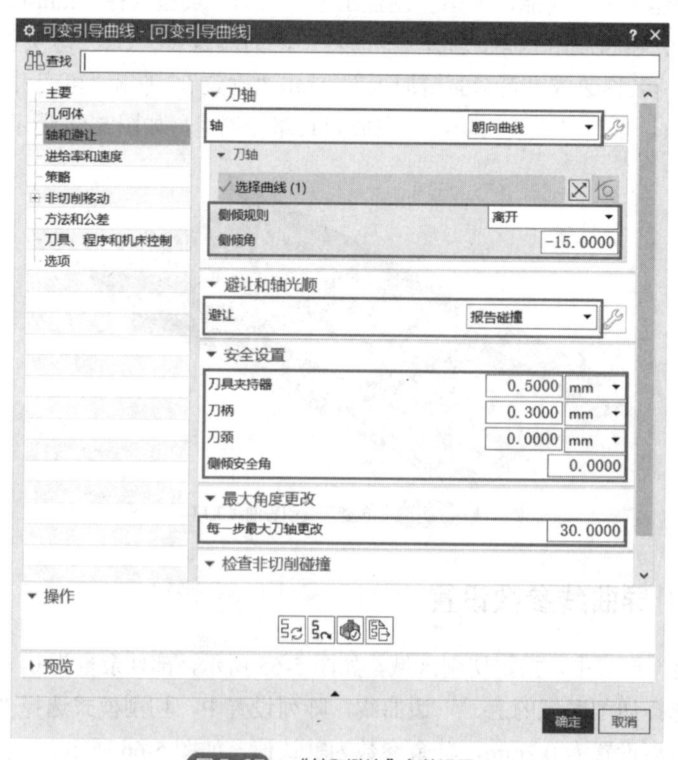

图 5-67　“轴和避让”参数设置

② 在“轴和避让”窗口中，“刀轴”选择“朝向曲线”，“侧倾规则”选择“离开”，“侧倾角”设置为-15°，“避让”选择“报告碰撞”，安全设置里的“刀具夹持器”设置为 0.5mm，“刀柄”设置 0.3mm，“每一步最大刀轴更改”设置为 30°，勾选“检查非切削碰撞”，完成“轴和避让”设置，如图 5-67 所示。

③ 选择朝向曲线，在建模环境中，通过“抽取曲线（原有)”命令，抽取切削区域上边界曲线，然后通过“偏置曲线”命令，将边曲线在+*Y* 方向偏置 2mm，接着再往+*Z* 方向偏置 10mm，完成“朝向曲线”的曲线创建，如图 5-68 所示。

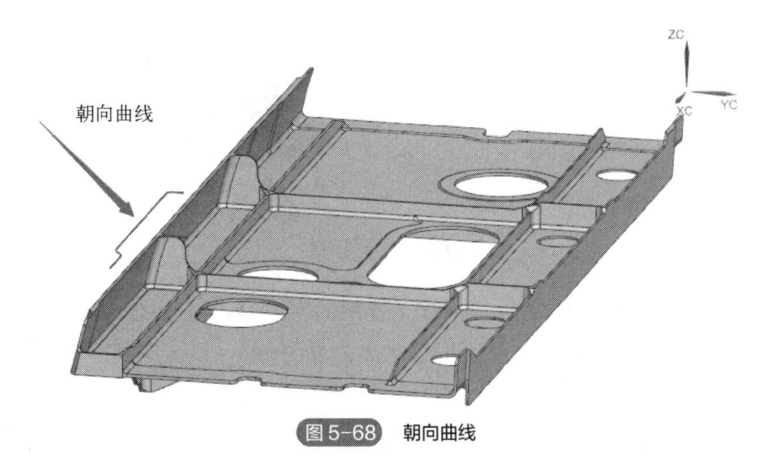

图 5-68 朝向曲线

④ 设置合理的进给率和速度值，“策略”选择中切削步骤最大步长值设置为 0.5mm，其余参数采用默认值，非切削移动采用默认值，“方法和公差”中内外公差设置为 0.01mm，此时就完成了可变引导曲线的全部参数设置，单击“生成”按钮，即可完成刀具路径的创建。

剩余 2 个型腔的侧壁编程方式与这个类似，请读者自己完成，这里不再赘述。

5.9 益智球的内壁精加工

益智球的模型如图 5-69 所示，上端的球体内壁为要求加工的区域。其加工工艺为：使用曲面区域作为驱动面，刀轴控制使用朝向点，刀具选择 D20R10 球头铣刀（俗称棒棒糖铣刀）。

图 5-69 益智球模型

（1）创建益智球的驱动面

① 打开益智球模型，进入建模模块。然后执行“球”命令，创建一个球体。球的位置任意，只需在益智球内部即可；球的直径只要比零件内壁小就可以。本例球体直径设置为100mm，如图5-70所示。

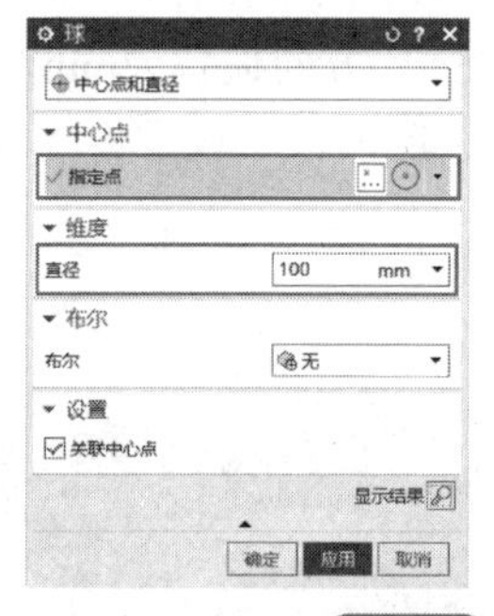

图5-70 创建球体

② 创建替换面。设置好球体之后，执行“替换面”命令，选择刚才创建的球面为原始面，再选择零件内壁的任意面为替换面，设置偏置距离为0.01mm，单击“确定”按钮完成创建。如图5-71所示，这时顶部的突出部位是多余的，因此要使用修剪体进行修剪。

图5-71 创建替换面

③ 执行“修剪体”命令，选择目标体为前面步骤所创建的球体，选择工具选项为“新平面”，然后单击按钮，打开“平面”对话框，选择类型为“点和方向”，选择上面的环形区域圆心为指定点，再选择向上的矢量***ZC***，单击“确定”按钮，得到修剪后的球体。为方便观察，用剖视显示，如图5-72所示。

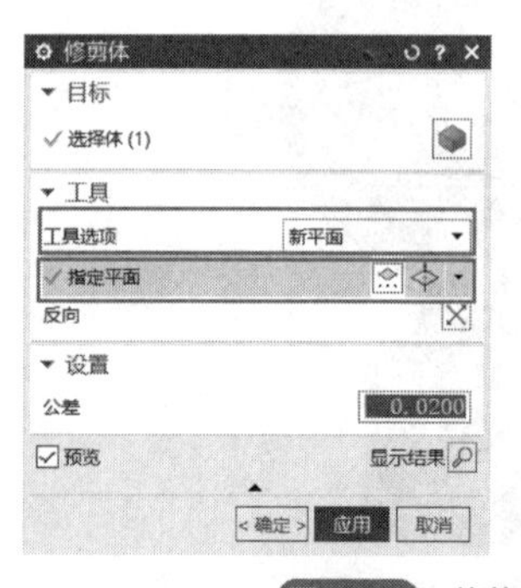

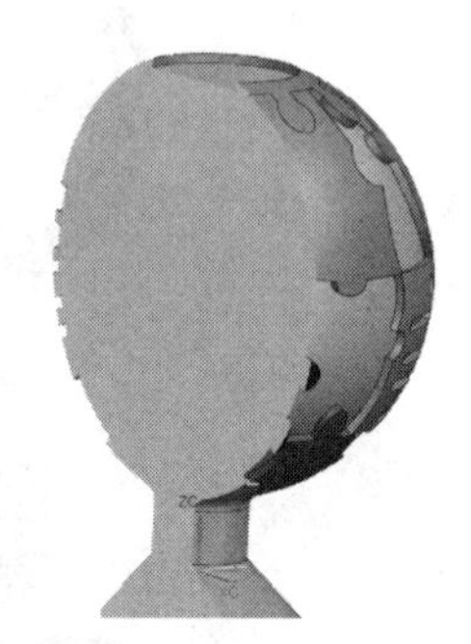

图5-72 修剪后的球体

④ 使用“抽壳”命令进行抽壳，厚度为0.001mm，抽壳完成后就得到了所需的驱动面，如图5-73所示。

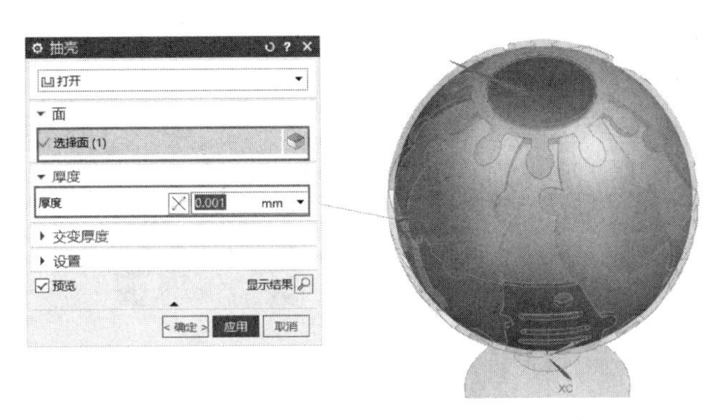

图5-73 执行“抽壳”命令

(2) 加工编程

驱动面创建完成后开始编程，编程步骤如下。

① 创建“D20R10”球头铣刀，底面球头直径设置为20mm，颈部直径设置为10mm，长度设置为140mm，其他参数采用默认值。

② 创建“可变轮廓铣”工序，在对话框中“驱动方法”选择“曲面区域”，“投影矢量”选择“朝向驱动体”，再选择刀具，如图5-74所示。

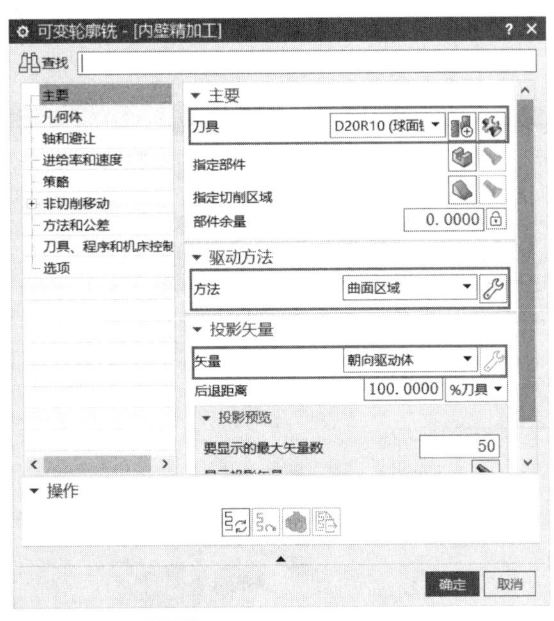

图5-74 设置可变轮廓铣主要参数

③ 单击驱动方法右侧的“小扳手”按钮，打开“曲面区域驱动方法”对话框，选择内表面为驱动面，如图5-75所示。

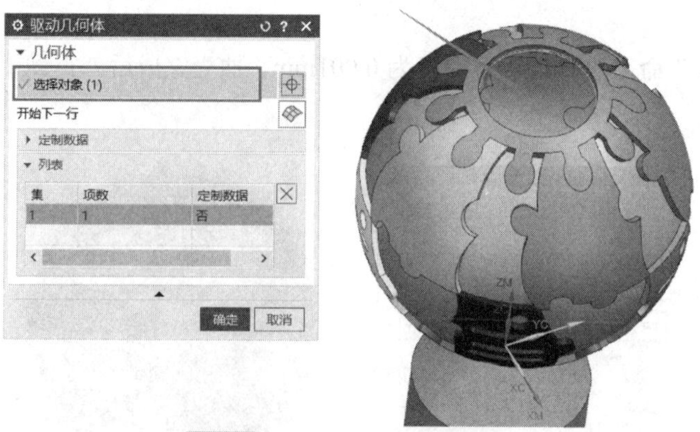

图 5-75　选择“内表面”为驱动面

④ 设置切削方向和材料方向，材料方向指向内壁，如图 5-76 所示。

图 5-76　设置切削方向和材料方向

⑤ 设置步距和公差，切削模式为螺旋，步距数为“100”，切削步长公差为“0.01”，如图 5-77 所示。

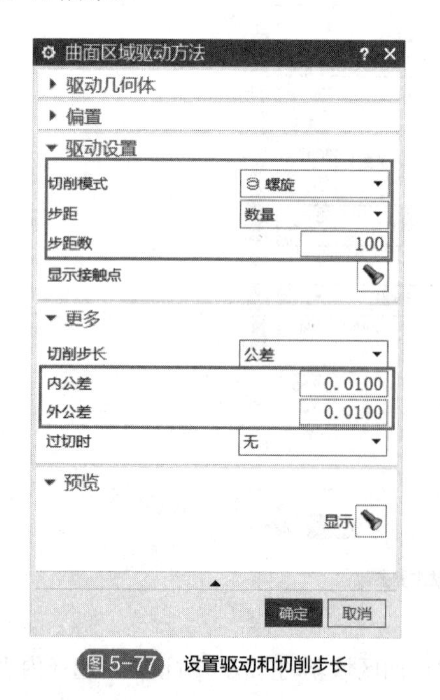

图 5-77　设置驱动和切削步长

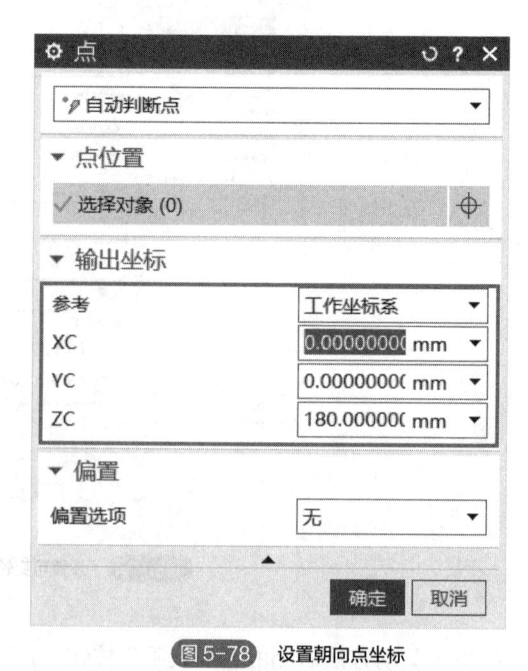

图 5-78　设置朝向点坐标

⑥ 设置刀轴，选择“朝向点”选项，然后单击“点”对话框按钮，弹出对话框，设置参数

如图 5-78 所示。

⑦ 设置进给率和速度、策略、非切削移动等参数，单击“生成”按钮，生成益智球内壁精加工刀具路径。为了便于观察，采用静态线框和剖视图显示，如图 5-79 所示。

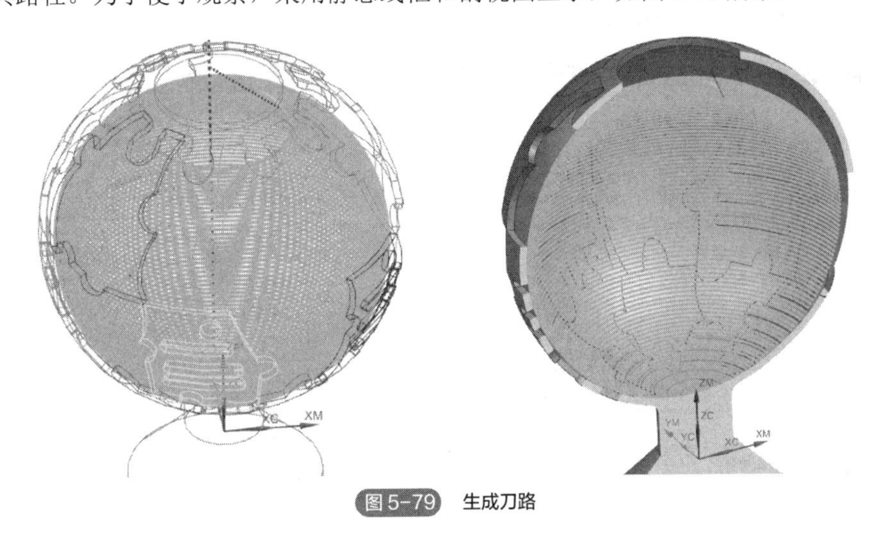

图 5-79　生成刀路

5.10　十字花零件的侧壁精加工

① 打开十字花零件模型文件，进入建模环境，外来轮廓呈“十字形”，需要对其侧壁进行精加工编程。对其工艺进行分析，可知需要创建 D10R5 球头铣刀，刀轴控制采用“朝向直线”，开始时先不要选择部件，驱动面选择“曲面区域”，如图 5-80 所示。

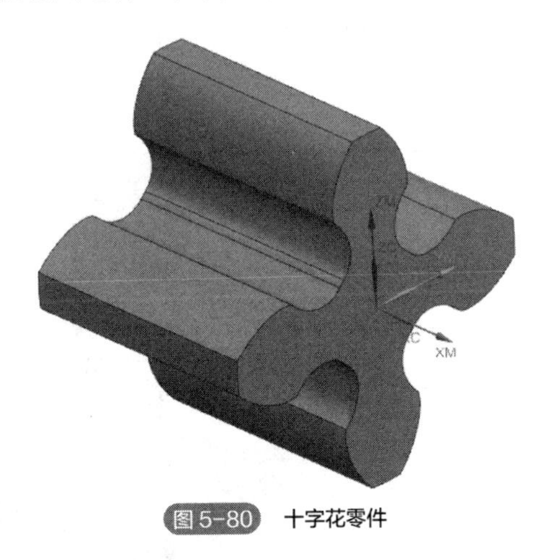

图 5-80　十字花零件

② 设置十字花零件的坐标系，将工作坐标系 WCS 选择在该零件的上表面中心位置，进入加工环境后，将其机床坐标系 MCS 设置为与工作坐标系 WCS 重合。上述章节已经有具体操作介绍，这里不再重复讲解操作，请读者自己完成。

③ 创建刀具，根据工艺分析，这里创建 D10R5 球头铣刀作为十字花零件的加工刀具。其创建方法在前面章节中已经介绍过，这里不再赘述，请读者自己完成刀具创建。

④ 创建工序，根据工艺分析，选择“可变轮廓铣”工序进行多轴编程，刀具选择 D10R5，

命名为“侧壁精加工”，单击“确定”，弹出“可变轮廓铣”对话框，如图 5-81 所示。

⑤ 设置驱动曲面，单击“驱动方法”右侧按钮，弹出“曲面区域驱动方法”对话框，选择驱动几何体，选择切削模式为“往复”，步距选择“数量”，步距数设置为“120”，注意切削方向和材料方向的选择，如图 5-82 所示。

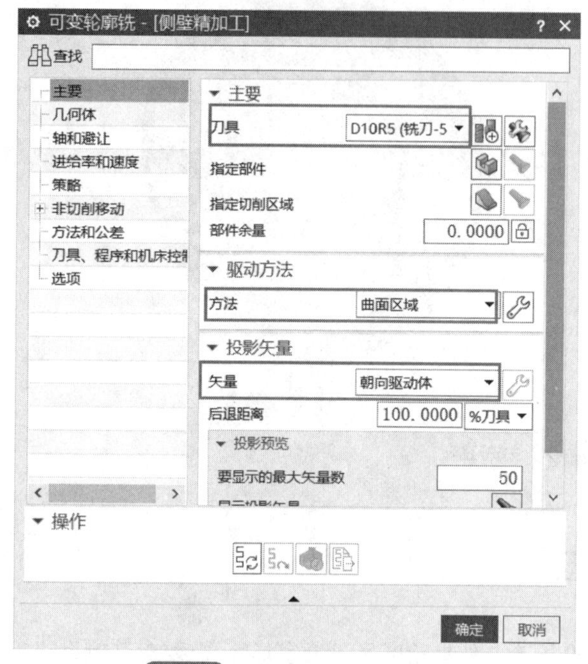

图 5-81 设置可变轮廓铣主要参数

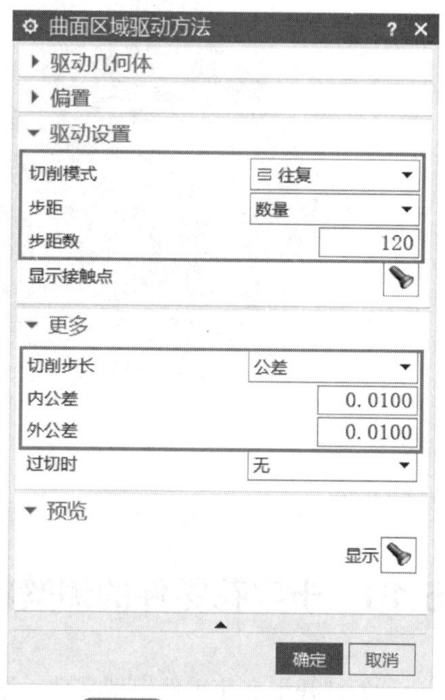

图 5-82 驱动和切削步长设置

⑥ 驱动几何体选择十字花零件侧壁的 5 张曲面，如图 5-83 所示。由于驱动曲面不是一张完整的曲面，所以在选择驱动面时，要按照顺序选择，不能打乱选择，否则可能出现如图 5-84 所示的报警信息。

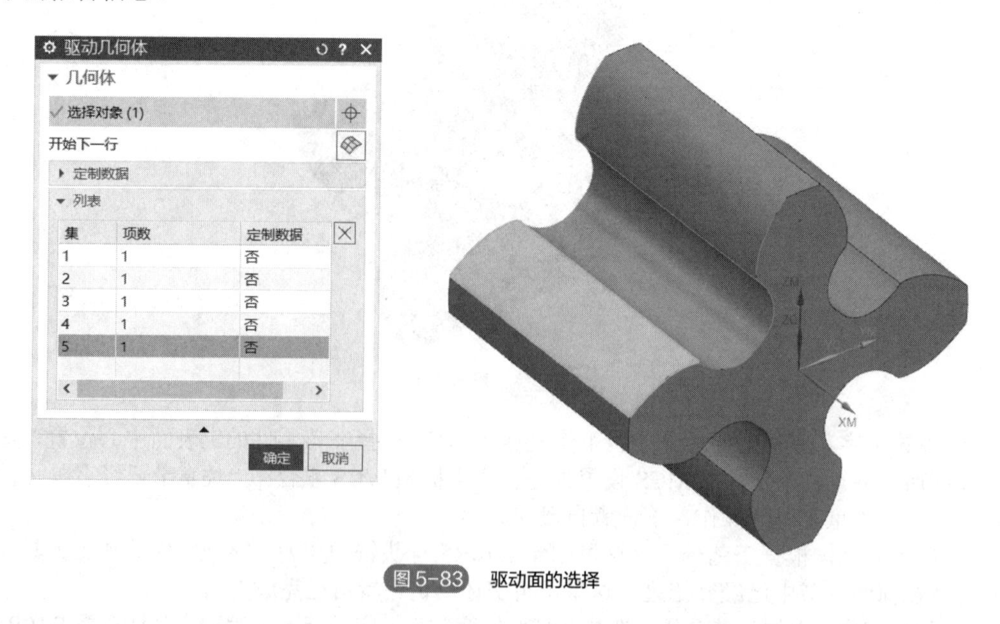

图 5-83 驱动面的选择

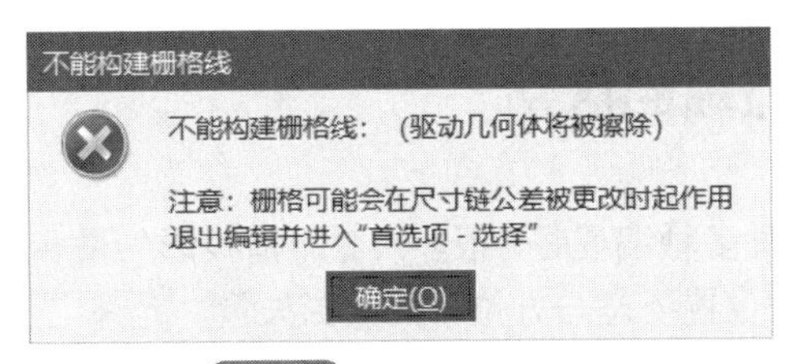

图 5-84　驱动面选择报警

⑦ 设置"轴和避让"参数，刀轴选择"朝向直线"，其他参数采用默认值，如图 5-85 所示。

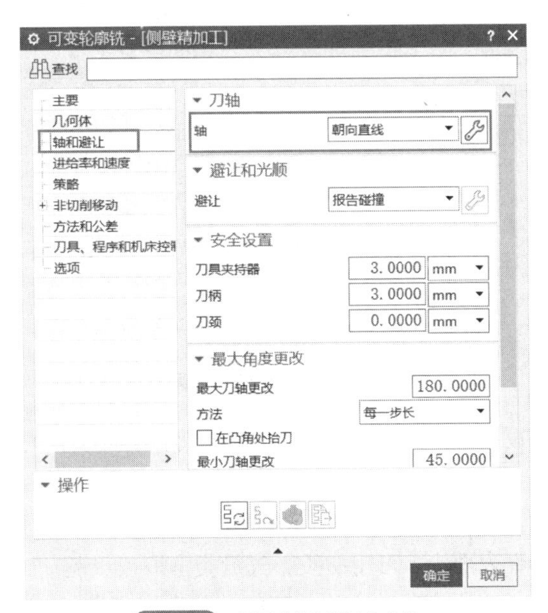

图 5-85　设置"轴和避让"参数

⑧ 创建"朝向直线"的直线，选择在建模环境中已经创建好的一条在十字花零件外形最大轮廓面的基础上，再偏置 50mm 距离的直线作为"朝向直线"刀轴的控制方向，如图 5-86 所示。

⑨ 选择部件和切线区域，设置进给率和速度、策略、非切削移动、方法和公差等参数，最后单击"生成"按钮，完成"十字花"零件侧壁精加工刀具路径的编制，如图 5-87 所示。

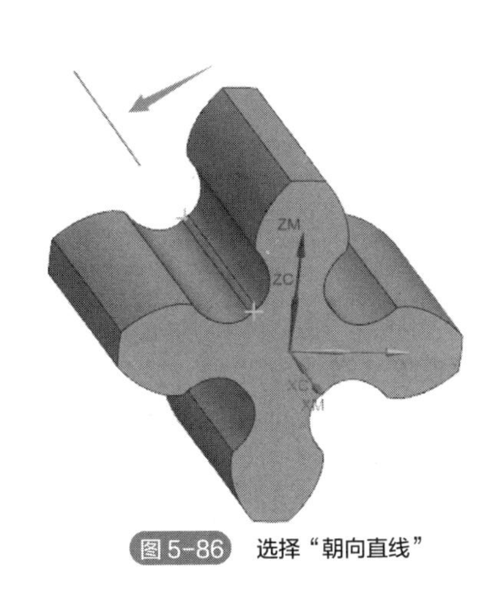

图 5-86　选择"朝向直线"

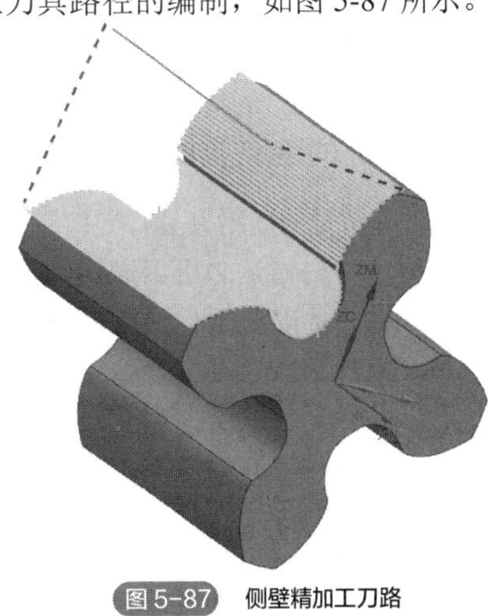

图 5-87　侧壁精加工刀路

5.11 投影矢量和刀轴的区别

刚开始学习 UG NX 软件多轴编程时，很多人分不清投影矢量和刀轴的区别。刀轴，顾名思义就是控制加工刀具的空间位置姿态与方位；而投影矢量，允许定义驱动点投影到部件表面的方式，以及刀具接触部件表面的哪一侧，如图 5-88 所示。

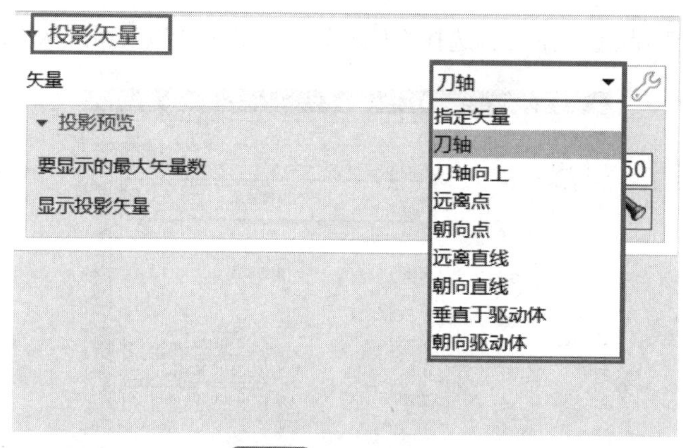

图 5-88 投影矢量类型

比较特殊的是，曲面区域驱动方法提供一个额外的附加投影方式，就是“垂直于驱动体”，其他驱动方法不提供该选项。

投影矢量的投影方向决定加工刀具要接触的是部件表面哪一侧，加工刀具总是从投影矢量离得较近的一侧定位到部件表面上，可用的投影矢量类型取决于驱动方法。“投影矢量”选项是除“清根，引导曲线”之外的所有驱动方法都有的。那么选择投影矢量时应小心，避免出现投影矢量平行于刀轴矢量或垂直于部件表面法向的情况。这些情况可能引起刀轨的上下跳动。

总之，投影矢量与刀轴既相互独立，又相互关联。投影矢量只有在选择“刀轴”或者“刀轴向上”时，才与刀轴控制有关联；其他类型的投影矢量均与刀轴无关，即相互独立。

5.12 多轴数控机床基础操作

（1）毛坯的装夹及找正

多轴机床常见的通用夹具有平口钳、三爪卡盘等。针对异型零件，需要设计出专用的夹具。

平口钳：平口钳又名机用虎钳，是一种通用夹具，常用于安装小型工件，如图 5-89 所示。它是铣床、钻床的随机附件，将其固定在机床工作台上，用来夹持工件进行切削加工。

三爪卡盘：三爪卡盘由卡盘体、活动卡爪和卡爪驱动机构组成，如图 5-90 所示。三爪卡盘上三个卡爪导向部分的下面，有螺纹与碟形伞齿轮背面的平面螺纹相啮合，当用扳手通过四方孔转动小伞齿轮时，碟形齿轮转动，背面的平面螺纹同时带动三个卡爪向中心靠近或退出，用以夹紧不同直径的工件。在三个卡爪处换上三个反爪，可用来安装直径较大的工件。三爪卡盘的自行对中精确度为 0.05~0.15mm。用三爪卡盘加工工件的精度受到卡盘制造精度和使用后磨损情况的影响。

专用夹具：专用夹具是为零件的某一道工序加工而设计制造的器材，在产品相对稳定、批量较大的生产中使用；在生产过程中，它能有效地降低工作时的劳动强度、提高劳动生产率，并获得较高的加工精度，如图 5-91 所示。

图 5-89　平口钳

图 5-90　三爪卡盘

图 5-91　专用夹具

零件的装夹及找正：在开始加工零件前，首先必须使工件在机床上或夹具中占有某一正确的位置，这个过程称为定位。为了使定位好的工件不至于在切削力的作用下发生位移，使其在加工过程中始终保持正确的位置，还需将工件压紧夹牢，这个过程称为夹紧。在装夹零件之后要对零件进行找正操作，如图 5-92 所示。

图 5-92　零件找正

（2）多轴数控对刀操作

在数控加工中对刀是相当重要的操作内容，其准确性、操作精度会对零件的加工精度带来巨大的影响。因多轴数控加工中心涉及 X 轴、Y 轴和 Z 轴三个直线坐标轴和刀具长度的测量，所以在对刀过程中需对 X 轴、Y 轴和 Z 轴分别对刀和测量刀具长度（注意：对刀时三个坐标轴不分先后）。试切法对刀是实际中应用得最多的一种对刀方法。下面以华中高速五轴机床为例，介绍具体操作方法。

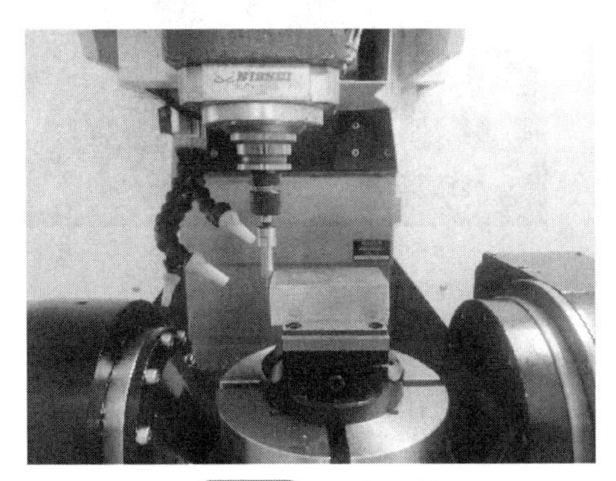

图 5-93　寻边器对中

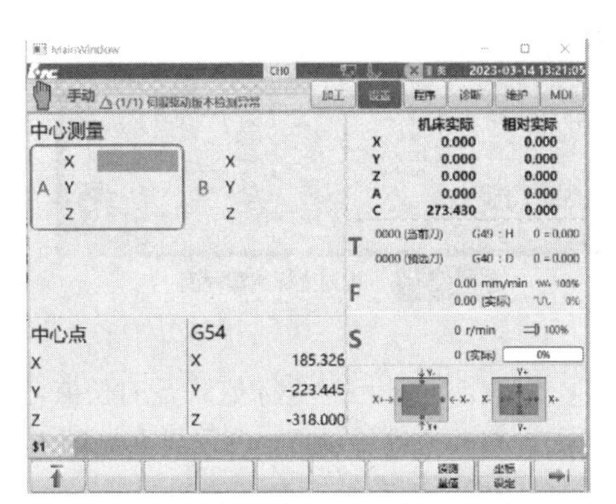

图 5-94　对刀界面

第一步，使用寻边器对 X 轴和 Y 轴进行测量（注意：寻边器转速不能超过 500r/min）。使用的测量方法为中心测量。每测量一个边，需要手动按机床控制面板上的“读测量值”按钮，最后在 G54 坐标系中单击“坐标设定”按钮，完成 X、Y 方向的对刀操作，如图 5-93、图 5-94 所示。

第二步，刀长的测量。对刀原理如图 5-95 所示。对刀过程如下。

① 用百分表测量主轴端面（注意观察端面位置），如图 5-96 所示。

② 机床相对坐标清零，如图 5-97 所示。

③ 测量刀尖，如图 5-98 所示。

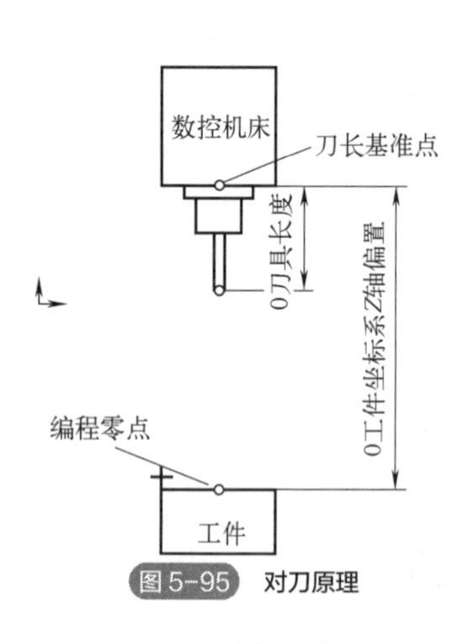

图 5-95 对刀原理

图 5-96 测量主轴端面

图 5-97 相对坐标清零界面

图 5-98 测量刀尖

④ 读值。此时相对坐标值就是刀长值，如图 5-99 所示。

⑤ 对刀长值进行设置，设置界面如图 5-99 所示，测量是几号刀就输入几号地址值（此时，刀长测量完成，刀具长度为正值）。

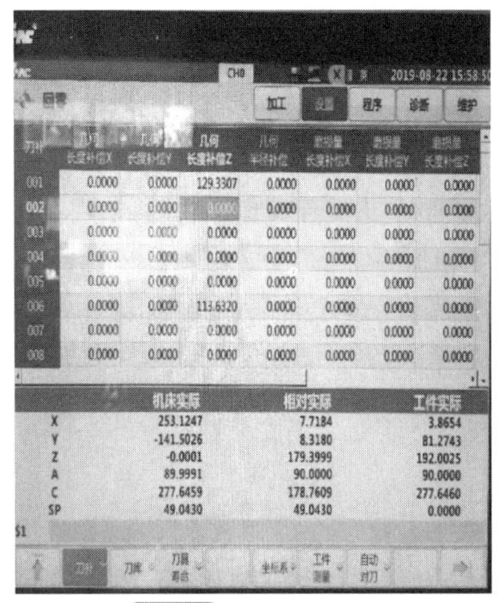

图5-99 刀长测量界面

⑥ 将刀尖摇到与工件接触，如图5-100所示。

⑦ 将*Z*轴当前机械坐标值（G54）再减去一个当前刀位的刀具长度，如图5-101所示。

图5-100 刀尖测量

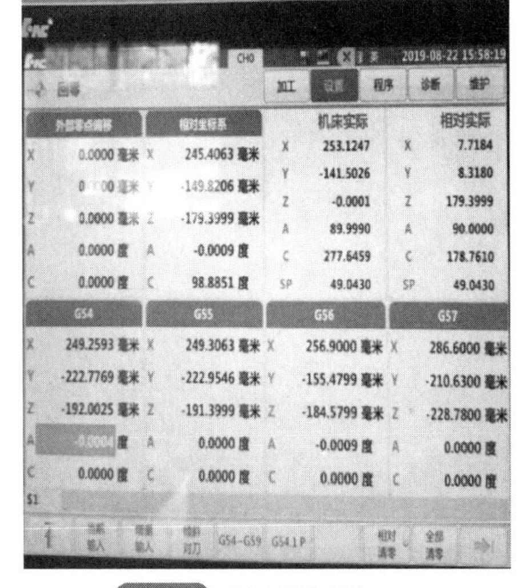

图5-101 G54设置*Z*轴

⑧ 验证对刀，在MDI模式下输入：

```
G54 G01 X0 Y0 F1000;
G43.4 H01 Z20;
```

启动程序开始运行。

机床运动停止后，用20刀棒验证高度。

本章小结

本章主要介绍多轴编程的一些知识点和使用技能，首先列举了常用的多轴加工策略的定义及应用场景，介绍了“刀轴”的相关知识，通过型腔铣、底壁铣等相关加工策略，对1+X中级件进行了“定轴”编程。接着，通过可变轮廓铣和外形轮廓铣等策略，对1+X中级件进行“联动”编程，其间介绍了相关驱动方法、刀轴矢量等相关参数及其在实际案例中的应用。最后，通过高跟鞋、机身结构件、益智球、十字花零件等案例，介绍了可变轮廓铣中“曲面区域”驱动方法、“朝向驱动体”投影矢量，以及“远离点”“朝向点”“朝向直线”“朝向曲线”的刀轴控制方式；介绍了可变引导曲线中的“轴和避让”“策略”设置等相关知识点及其在高跟鞋面多轴编程中的应用。

思考题

1. 1+X中级件“定轴”粗加工编程，除了型腔铣，还可以使用其他工序策略吗？

2. 1+X中级件下部曲面凹槽“联动”精加工编程，除“引导曲线”驱动方法外，还可以使用什么？

3. 高跟鞋面多轴编程，除使用“曲面区域”驱动方法外，还可以使用哪些驱动方法？

习题

1. 运用学习过的相关工序策略，编制题图5-1所示大力神杯的多轴加工程序。（扫描本书封底二维码查看模型文件）

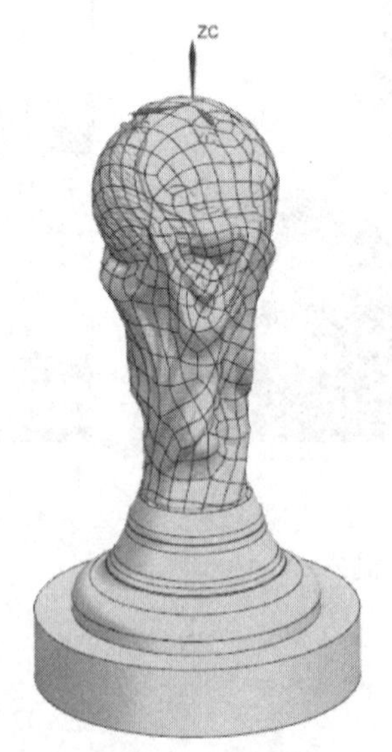

题图5-1 大力神杯

2. 运用学习过的相关工序策略，编制题图5-2所示金元宝的多轴加工程序。（扫描本书封底二维码查看模型文件）

3. 运用学习过的相关工序策略，编制题图5-3所示1+X中级件的多轴加工程序。（扫描本

书封底二维码查看模型文件）

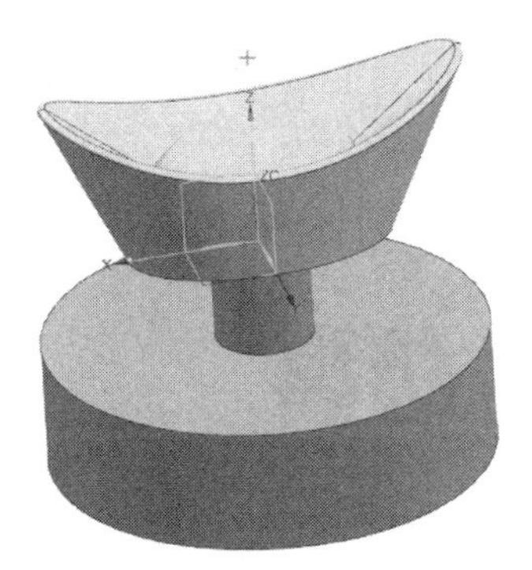

题图 5-2　金元宝

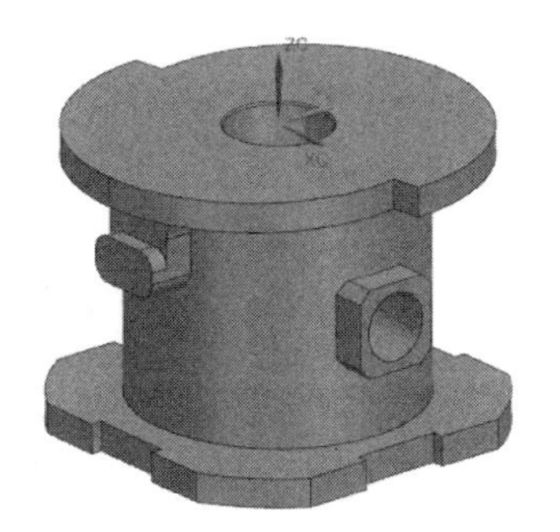

题图 5-3　1+X 中级件

拓展阅读

[1] 陶林，刘冲，张丽丽，等. 多轴数控机床与加工技术［M］. 北京：北京理工大学出版社，2020.

[2] 邓中华，黄登红，邓元山. 航空典型零件多轴数控编程技术［M］. 北京：化学工业出版社，2021.

[3] 高永祥，郭伟强. 多轴加工技术［M］. 北京：机械工业出版社，2017.

第6章

VERICUT 仿真

本章思维导图

扫码获取本书资源

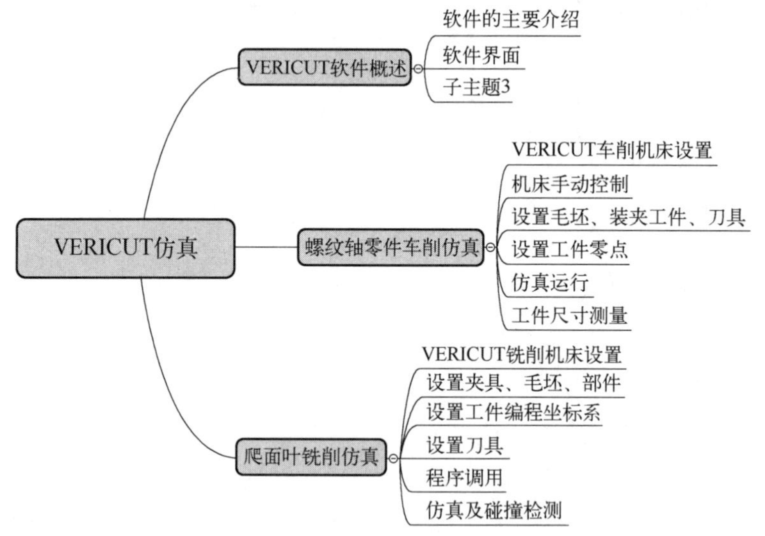

VERICUT 仿真软件可以避免工件、主轴、机台等在加工过程中的干涉和碰撞，同时减少机床试运行的次数。这大大提高了零件加工的质量和效率，从而为企业提升竞争力。本章主要针对车削和铣削进行 VERICUT 仿真。

本章重点难点如下：

① VERICUT 软件的基本构架。

② VERICUT 软件的环境。

③ VERICUT 仿真在车削加工的应用。

④ VERICU 车轴铣削仿真中机床、刀具、夹具及加工原点的设置。

⑤ VERICUT 仿真在铣削加工的应用。
⑥ VERICUT 五轴铣削仿真中机床、刀具、夹具的设置。

本章学习目标如下：

① 熟悉 VERICUT 基本操作，了解基本界面。
② 掌握车削的仿真流程，能够验证自己编制的车削程序。
③ 掌握铣削的仿真流程，能够验证自己编制的铣削程序。
④ 完成简单阶梯轴、型腔曲面零件的数控编程加工与仿真。

6.1 VERICUT 软件概述

VERICUT 软件是美国 CCTech 公司 1988 年设计的，是一款为工业生产研发的数控加工仿真软件，可仿真数控车床、数控铣床、加工中心、线切割机床和多轴机床等多种加工设备的数控加工过程。VERICUT 在金属加工领域被应用到的行业很广，很多企业为了仿真而专门设立仿真校验部门或者专门购置专门用于仿真的计算机。将 VERICUT 仿真校验列入加工工艺流程，加工零件程序必须要通过 VERICUT 仿真才能被传输到车间，同时针对不同行业的企业可以定制相应的机床仿真模板，通过优化程序模板等帮助客户更加高效智能地完成加工。随着加工技术的不断提高，越来越多的复杂零件可以通过多轴机床被加工完成。然而，使用多轴机床也伴随着很多担忧。如果程序存在问题，机床可能会发生碰撞，零件也可能被损坏，这将导致巨大的损失。由于多轴机床和许多零件毛坯的成本都很昂贵，因此这种损失将尤为显著。为了避免这种情况，可以使用 VERICUT 仿真软件来确保程序的安全性和正确性。通过软件本身自带的帮助功能可以很好地了解其主要功能，下面以数控车床、加工中心和五轴机床的仿真案例来具体了解该软件的使用方法。

6.1.1 默认 VERICUT 用户界面的布局

位于选项卡下方的功能栏允许用户选择 VERICUT 使用的功能。当从一个选项卡移动到另一个选项卡时，功能栏会动态地移动更新以显示该选项卡的可用选项。在 Ribbon（功能）栏上，选项是根据它们在 VERICUT 中执行的功能进行分组。软件的帮助文件非常详细地对界面进行了讲解，如图 6-1 所示。

6.1.2 项目树

项目树（Project Tree）中的特性提供了在 VERICUT 中设置所有作业相关数据所需的工具。这个 VERICUT 项目拥有所需的与工作相关的数据（工位、机床、夹具、零件、数控程序和坐标偏移相关数据）。当项目树中各个项目参数设置好后就可以运行模拟了，如图 6-2 所示。

6.1.3 用户界面视图

这个 VERICUT 默认两视图显示：工件视图，显示工件及其上发生的加工；机床视图，显示一个三维数控机床、毛坯以及部件，如图 6-3 所示。

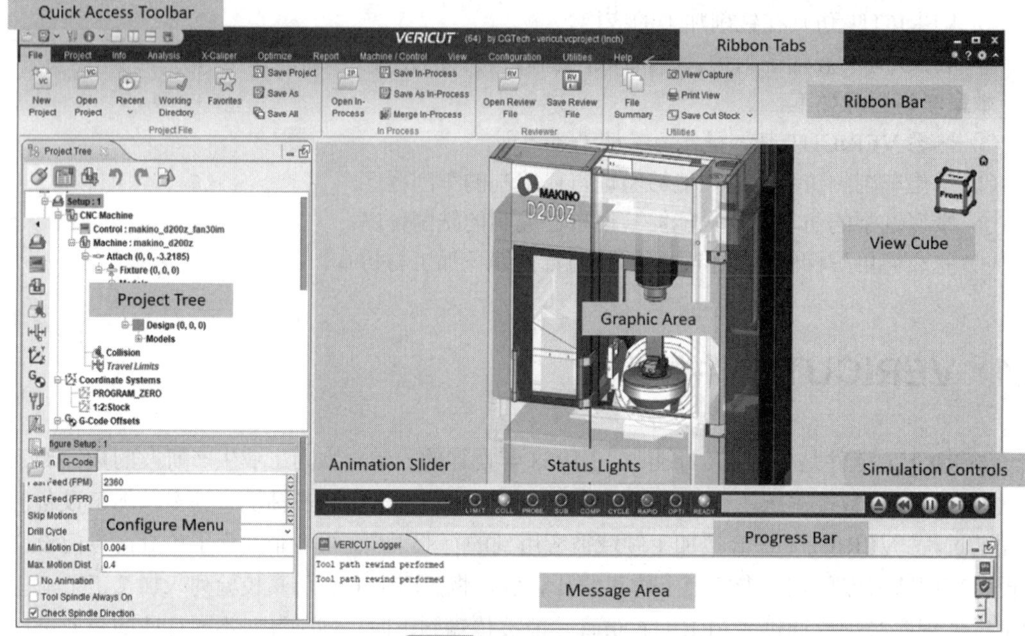

图 6-1 用户界面布局

图 6-2 项目树

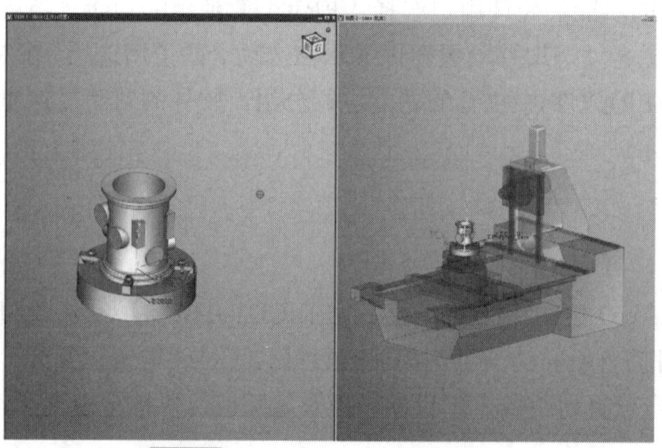

图 6-3 VERICUT 默认两视图显示

6.1.4 鼠标操作方法

在工件视图的图形区域中，默认鼠标左键旋转、滚动滚轮缩放、右键平移、长按鼠标滚轮可以画框放大，如图 6-4 所示。也可将鼠标操作改为 UG、SW 等其他软件操作，通过“配置—预设值—显示对话框中的鼠标控制方式”进行更改，如图 6-5 所示。

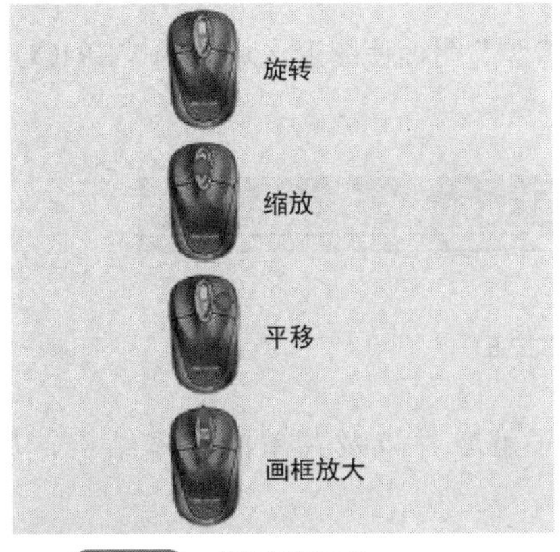

图 6-4 鼠标操作示意

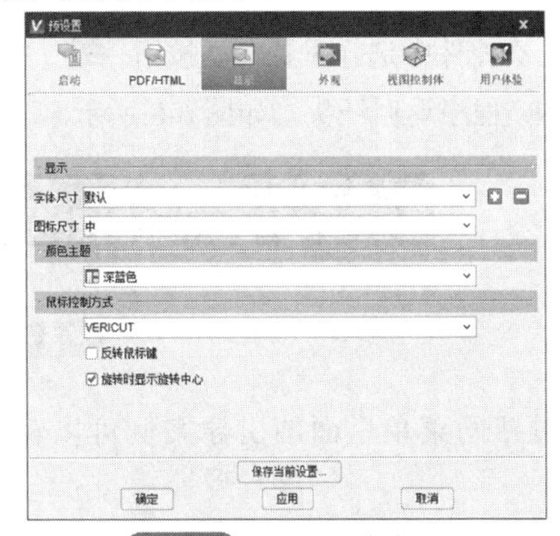

图 6-5 鼠标控制方式

6.1.5 视图设置

从功能区栏的“视图”选项卡的“保存布局”组，选择布局 1 保存，也可以对布局界面进行调整，如图 6-6 所示。

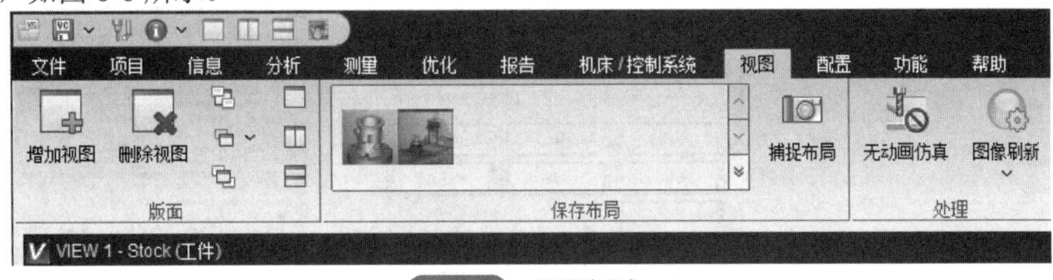

图 6-6 视图选项卡

从图形区右键单击并选择“保存布局列表”中“捕捉布局”,“保存布局列表”选项允许捕捉、编辑和删除保存布局，也可以在右键菜单中对视图里面的部件功能进行快捷设置，如图 6-7 所示。

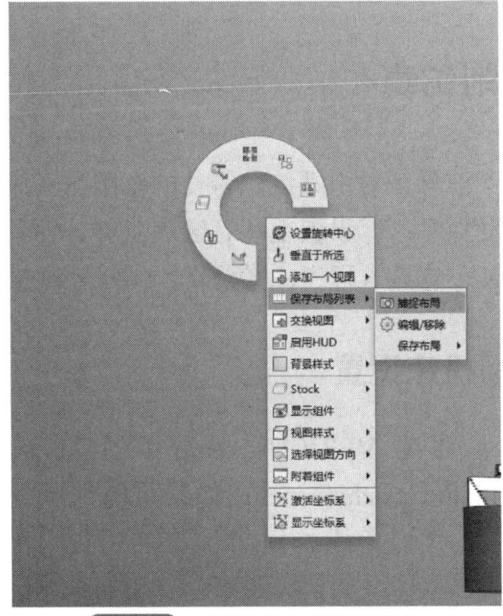

图 6-7 图形界面功能快捷设置

6.1.6 VERICUT 仿真运行

从仿真控件中选择重置模型按钮 。“重置模型”图标使图形区域中的 VERICUT 模型复位和使 NC 程序返回开头，如图 6-8 所示。

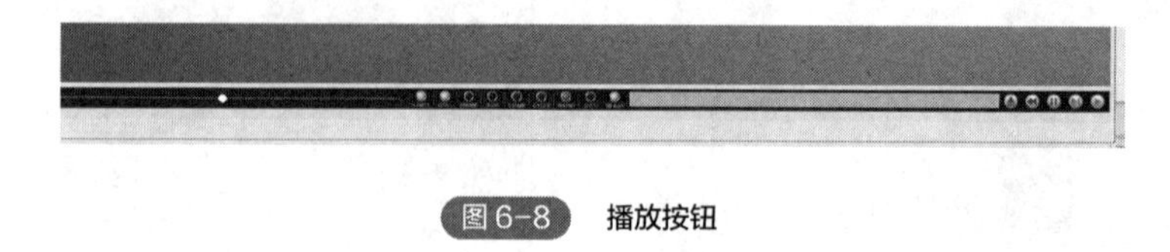

图 6-8 播放按钮

通过帮助菜单里面的引导案例可以轻松地了解软件以及菜单的基本结构，如图 6-9 所示。

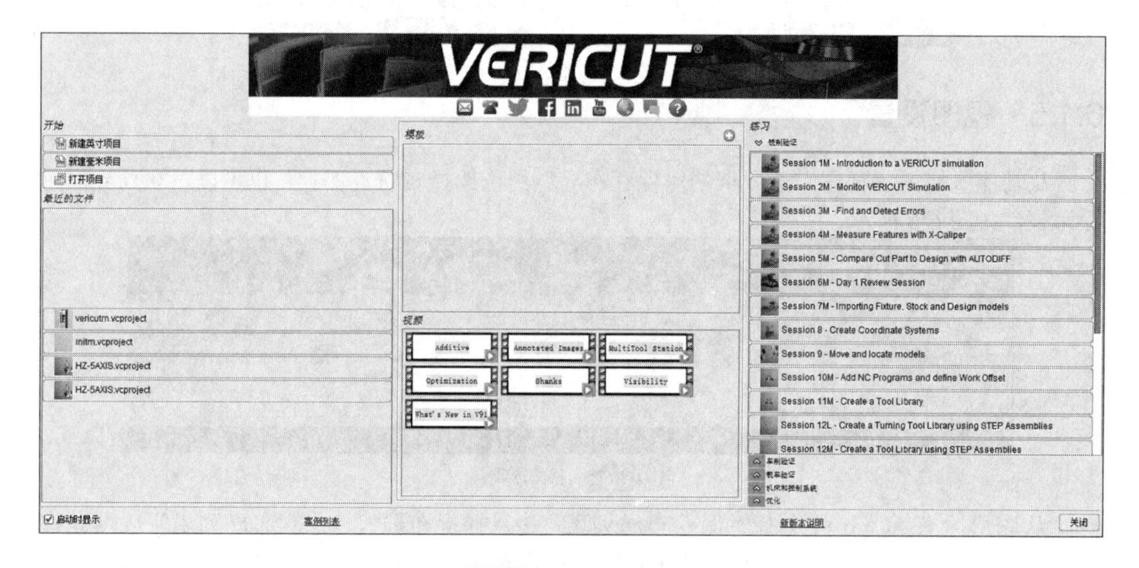

图 6-9 欢迎引导案例

6.2 螺纹轴零件车削仿真

仿真加工在教学以及加工前保证对于螺纹轴零件的车削仿真流程如下：①打开仿真软件，选择机床和系统；②机床手动控制；③设置毛坯、装夹工件、刀具；④设置工件零点，手动数据输入工具中对刀具进行验证；⑤调入程序；⑥仿真；⑦尺寸测量。

6.2.1 VERICUT 车削机床设置

单击菜单左侧项目树，通过 VERICUT 系统中的 library 目录将数控系统设置为 lathe_control.ctl，机床设置为 lathe_machine.mch，如图 6-10 所示。

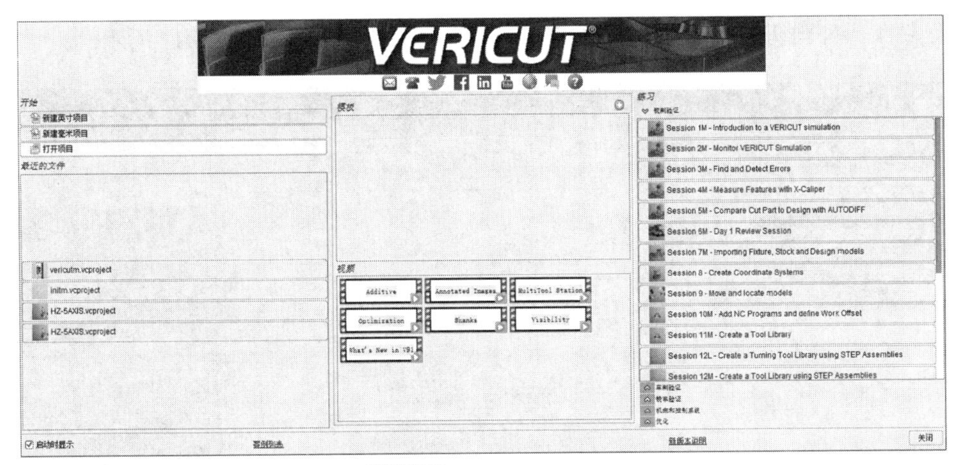

图 6-10　机床和系统设置

6.2.2　机床手动控制

通过快捷菜单可以打开手动数据输入项目，进行机床 X、Z 轴的移动仿真。可以点动和手动拖动，同时可以读取当前坐标值，如图 6-11 所示。

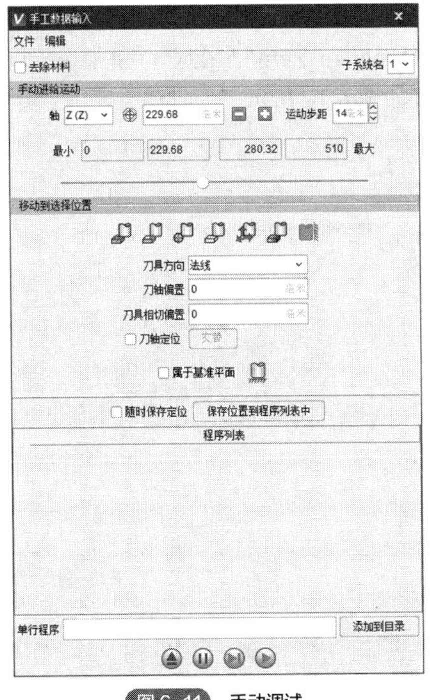

图 6-11　手动调试

6.2.3　设置毛坯、装夹工件、刀具

通过“项目树”的 stock 模块进行毛坯设置，毛坯可以是圆柱体、长方体也可以通过建模软件 SW 或 UG 的 STL 格式导入；通过“项目树”的 design 模块进行工件设置；通过刀具功能菜单的刀具模块将车床刀具导入。本例中共 6 把刀具，分别是外圆粗车刀（T1、T2）、外圆精车刀

（T6）、钻头、外圆切槽刀（T5）、内孔车刀、60° 螺纹刀（T6），如图 6-12 所示。

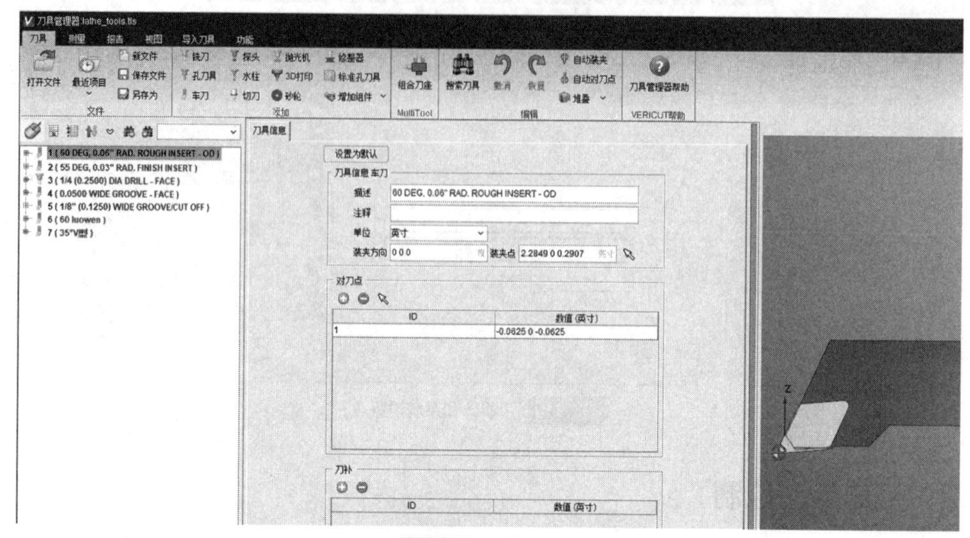

图 6-12 刀具设置

6.2.4 设置工件零点

在坐标系统模块中选择“Program_Zero”，在 CSYS 中选择圆心左侧的箭头，高亮显示后，分别选择平面和外轮廓即可，如图 6-13 所示。

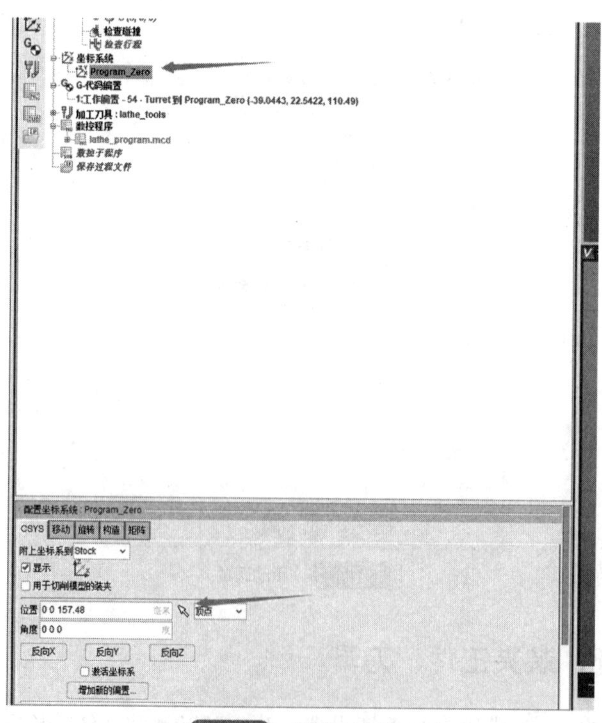

图 6-13 编程零点设置

在“手动数据输入”工具中对刀具进行验证，如图 6-14 所示。

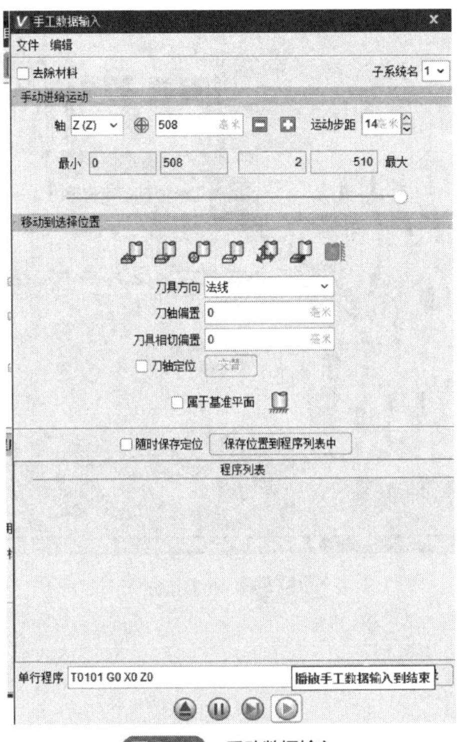

图 6-14 手动数据输入

6.2.5 程序调入

程序调入需先在文件夹中对程序进行创建，文件后缀为.txt。创建程序后右击数控程序模块，选择替换后再进行程序调入。VERICUT 中程序修改后会出现高亮显示，如图 6-15 所示。

图 6-15 程序调入

6.2.6 仿真运行

单击“程序运行”按钮后即可进行仿真，也可以单步控制。运行结束后，需要按“复位”按钮让程序倒回开头，并让机床恢复原位，如图 6-16 所示。

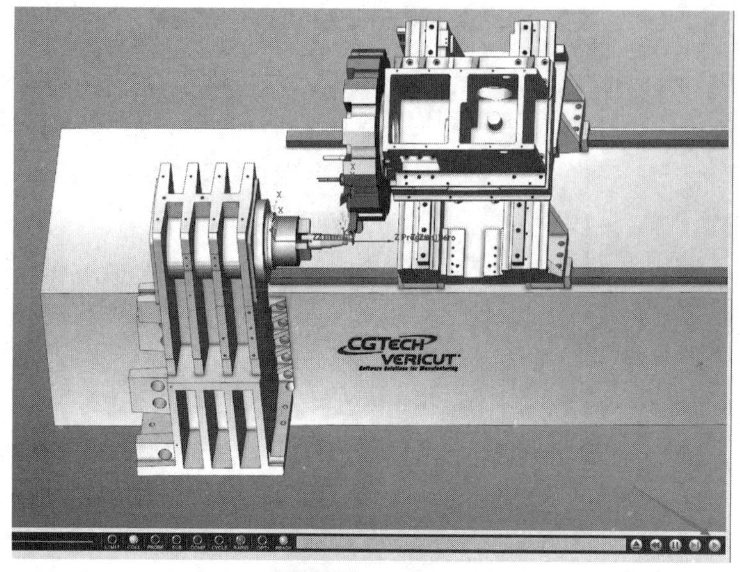

图 6-16 仿真运行

6.2.7 工件尺寸测量

在测量菜单中进行零件的尺寸测量，选“直径”后单击对应部位后即可进行测量，如图 6-17 所示。

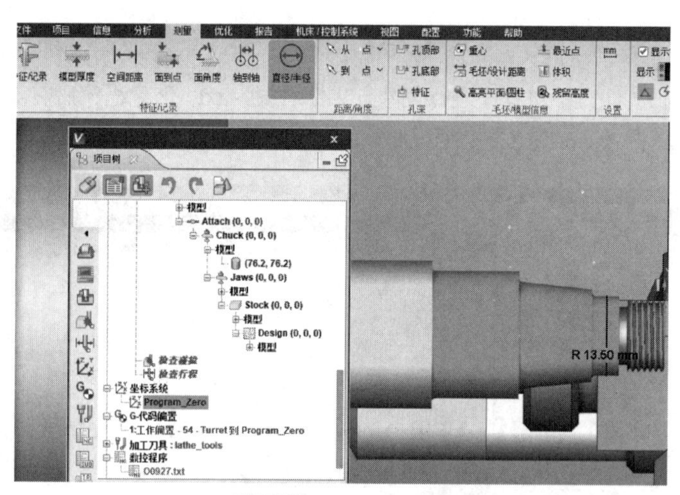

图 6-17 工件尺寸测量

6.3 爬面叶轮铣削仿真

仿真加工在教学以及安全加工方面有着广泛的应用。爬面叶轮五轴加工仿真流程如下：①打开仿真软件，选择机床和系统；②STL 导入夹具放在 Fixture 下，毛坯放在 stock 下，部件（成品）放在 design 下；③设置工件编程零点；④设置刀具，零点设在毛坯上表面中心并在“手动数据输入”中对刀具进行验证；⑤调入程序；⑥仿真；⑦尺寸测量。

6.3.1 VERICUT 铣削机床设置

添加机床，机床选择本书配套电子资源中提供的模型“HZ-5AXIS.mch”。添加数控系统，如图 6-18 所示。数控系统选择“HNC-848B.xctl”文件。在显示窗口隐藏无用组件，如图 6-19 所示。

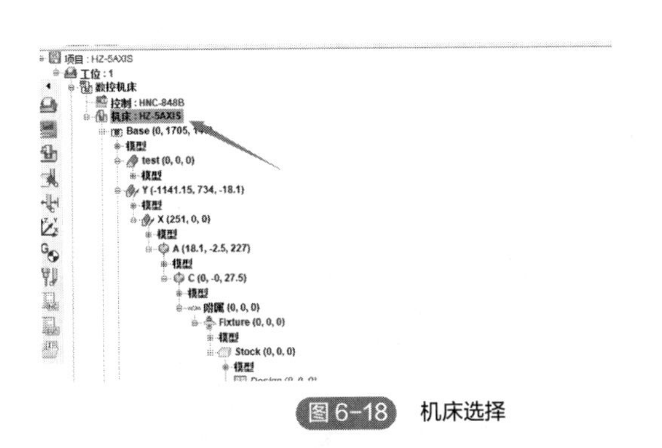

图 6-18 机床选择

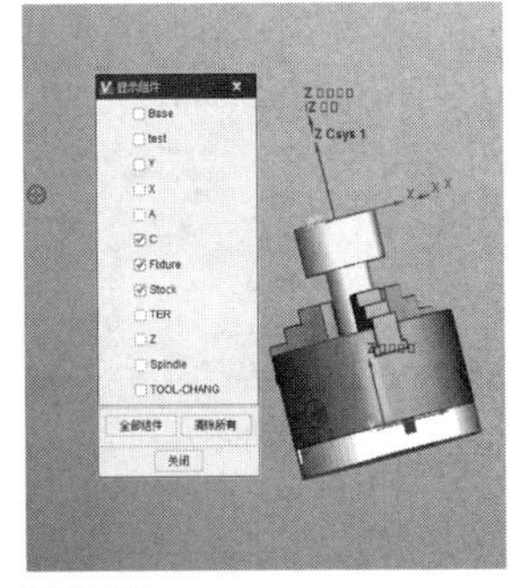

图 6-19 显示组件中隐藏无用部件

6.3.2 设置夹具、毛坯、部件

STL 导入夹具（图 6-20），放在 Fixture 下；毛坯放在 stock 下，毛坯为高度 50mm、直径 90mm 的圆柱体（不包括夹头部位），如图 6-21 所示。Design 放部件（成品）坐标系统，位置在毛坯中心。（验证）UG 打开夹具零件，导出 STL 零件：“文件”—“导出”—“STL”。

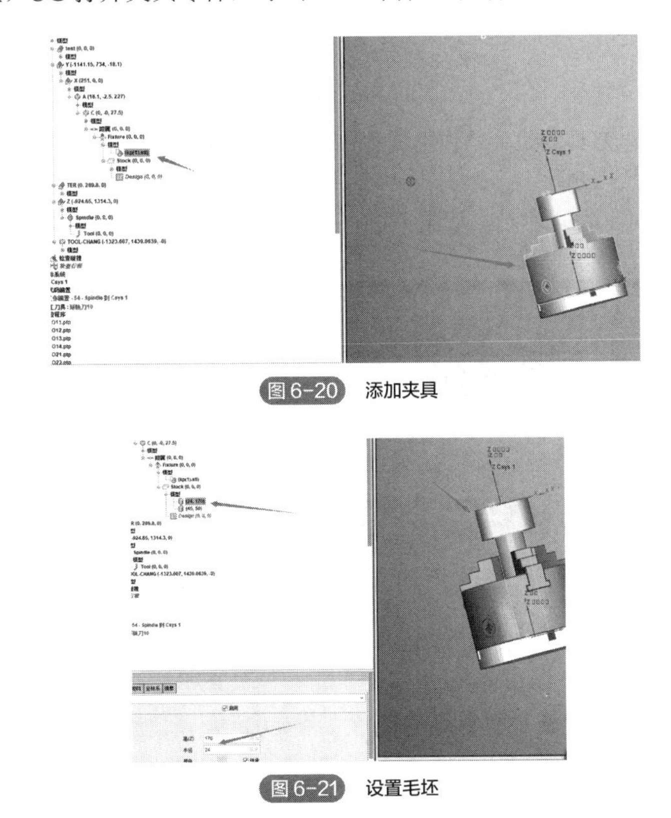

图 6-20 添加夹具

图 6-21 设置毛坯

6.3.3 设置工件编程坐标系

将坐标系设在毛坯上表面中心位置，在坐标系统模块中的 Csys1 下的对话框中将默认的“顶点”改为“圆心”，再分别单击毛坯表面和圆柱体外侧，如图 6-22 所示。

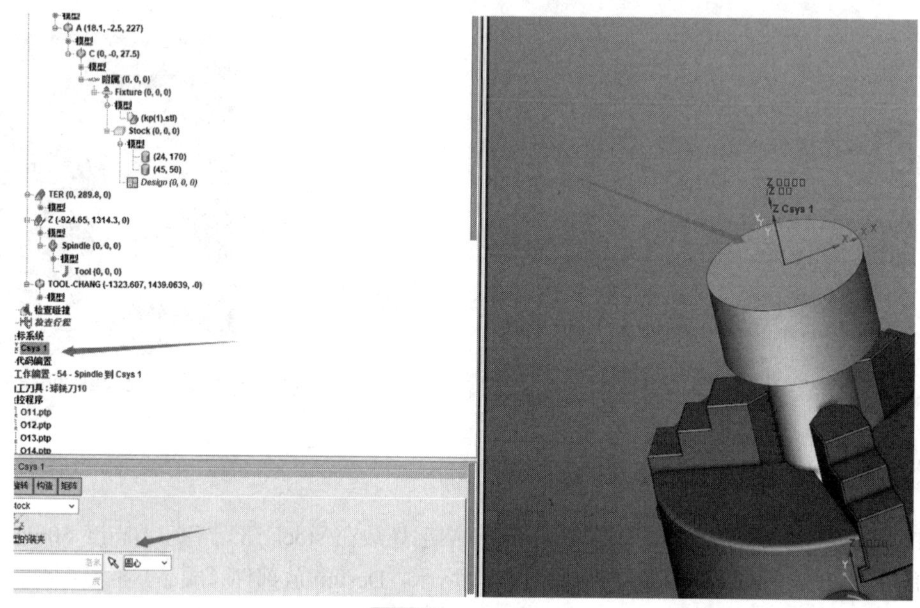

图 6-22 设置坐标系

6.3.4 设置刀具

根据程序所需创建刀具，刀具号也根据程序设置，如图 6-23 所示。刀具 ID 根据程序 HXX 设置（添加对刀点，然后删除多余对刀点并堆叠，自动装夹，自动对刀）。

设置刀具 ID，如图 6-24 所示。如果不设置刀具 ID，刀具的补偿值不能加载到程序中，会出现“未检查到驱动点”的报错。

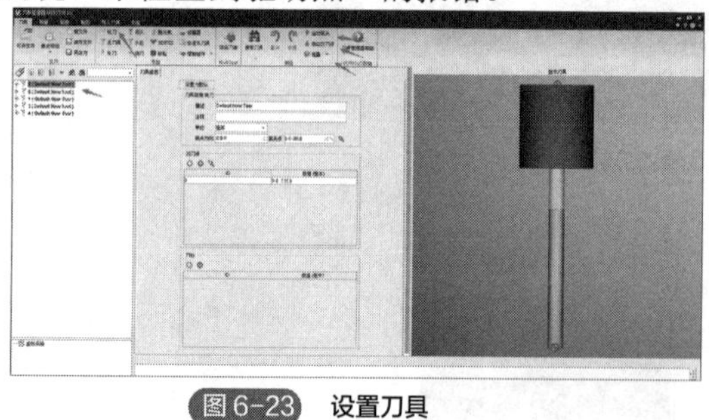

图 6-23 设置刀具

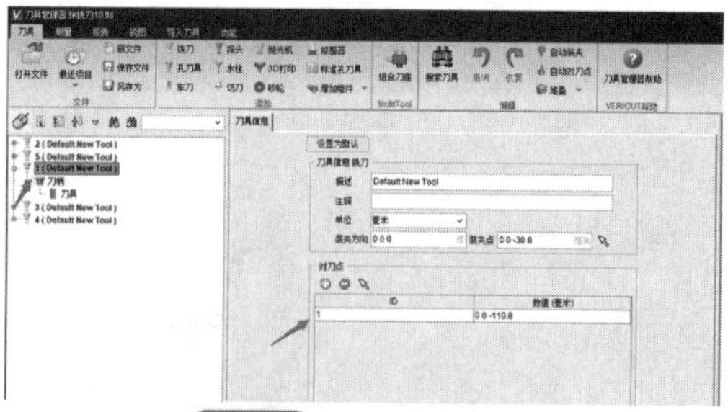

图 6-24 设置刀具 ID

6.3.5 程序调用

右击数控程序模块选择“添加数控程序”，在文件夹中调用所需程序，如图 6-25 所示。

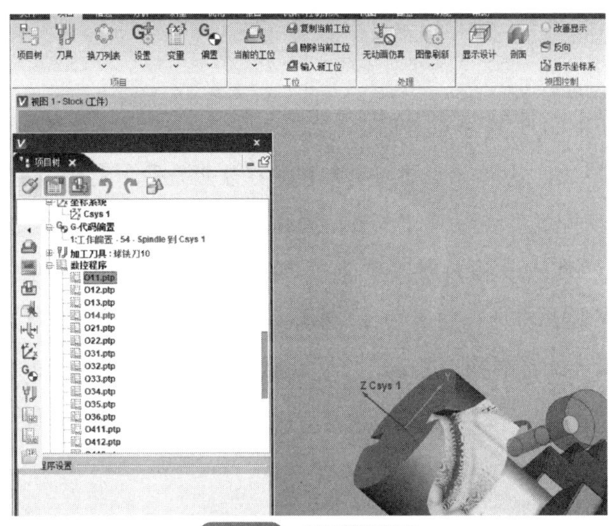

图6-25 添加数控程序

6.3.6 仿真及碰撞检测

将仿真开始按钮按下后即可进行程序、刀具、夹具的仿真验证，如图 6-26 所示。

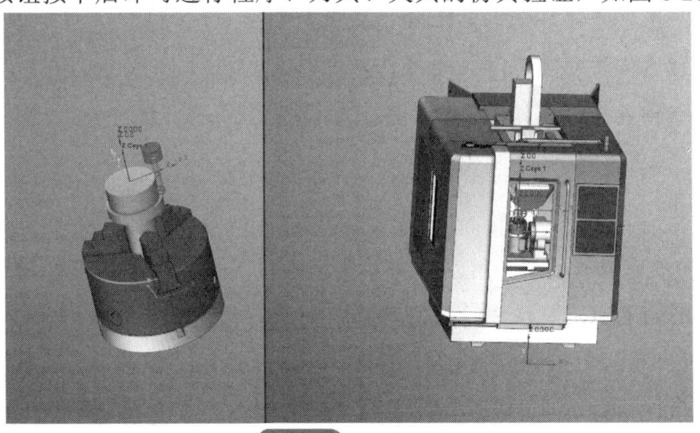

图6-26 仿真加工

在运行过程中，如果行程超过一定限制，下方日志栏会出现超程警报，此时需要双击“检查碰撞”，检查行程。在碰撞检查中也可以暂时关闭检查超程，如图 6-27 所示。机床行程在机床设置中可以调整，都调整好后即可进行仿真加工。完成加工之后进行残余料的检查，检查是否有过切和欠切的部分，如图 6-28 所示。

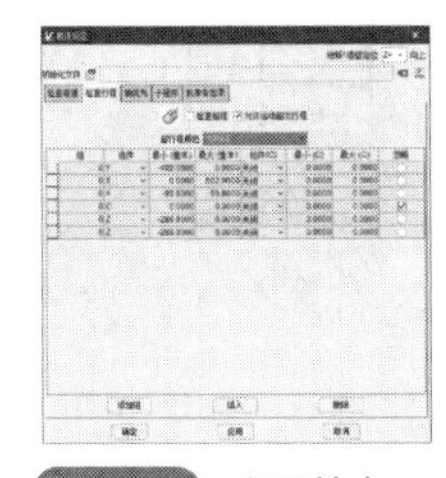

图6-27 行程检查

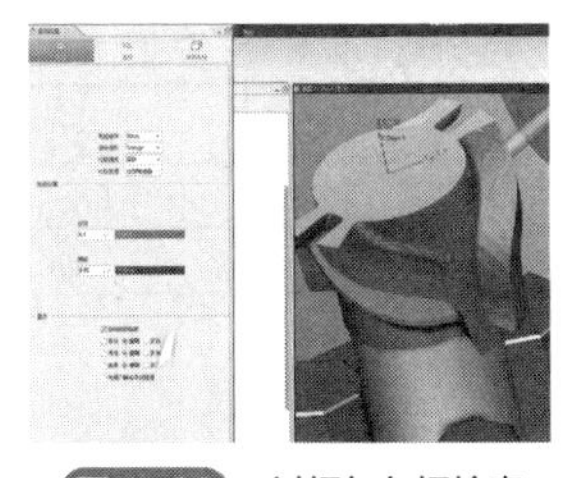

图6-28 过切与欠切检查

本章小结

本章主要介绍VERICUT软件在实际车削加工和铣削加工程序中的应用。VERICUT软件根据加工需求模拟走刀路线，从而防止过切现象和潜在碰撞危险，此外，它还具有真实的三维实体显示效果，可以对切削模型进行尺寸测量，并保存切削模型以供后续工序切削加工时使用。在操作过程中，VERICUT允许用户新建项目并设置工作目录，选择数控系统和数控机床，安装夹具和毛坯，并根据实际需求进行仿真加工，能够适应各种复杂的加工场景和需求。总的来说，VERICUT软件以其强大的仿真能力、高度的灵活性和与其他软件的良好兼容性，在数控加工领域发挥着越来越重要的作用，它不仅能够提高加工效率和精度，还能够降低生产成本和风险，为现代制造业的发展提供了有力的支持。

思考题

1. VERICUT软件与其他数控仿真软件的区别的是什么？有哪些特点？
2. VERICUT软件仿真的流程是什么？
3. VERICUT车床如何添加夹具、毛坯、零件？
4. VERICUT铣床如何添加夹具、毛坯、零件？
5. VERICUT五轴铣床如何添加夹具、毛坯、零件？

习题

1. 在UG软件中完成题图6-1所示零件的建模并按照数控加工工艺合理编写数控程序，生成G代码，最后用VERUCUT软件进行仿真。

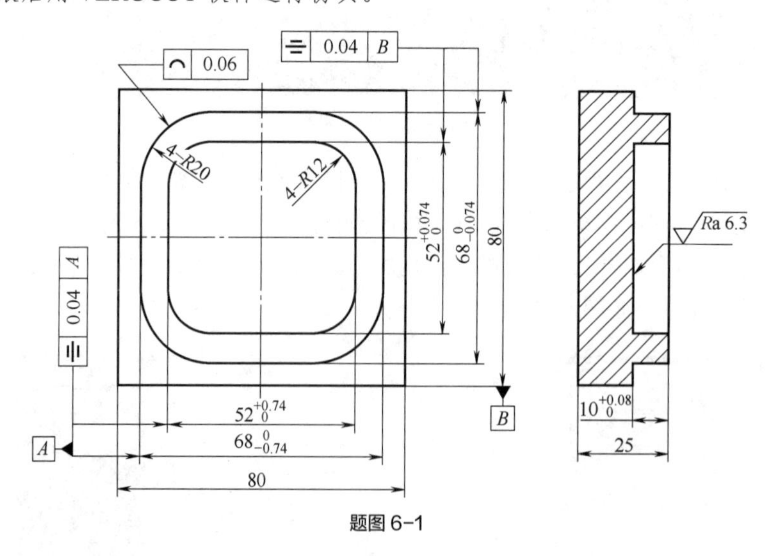

题图6-1

2. 使用VERICUT软件（华中高速五轴机床）完成题图6-2所示人像工艺品的仿真过程并完成工艺图表的填写。

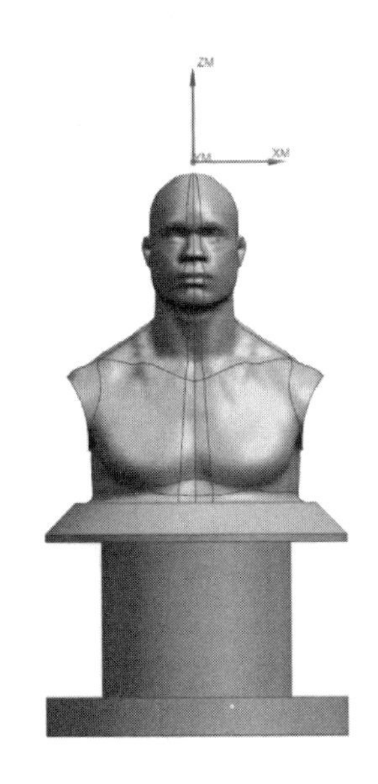

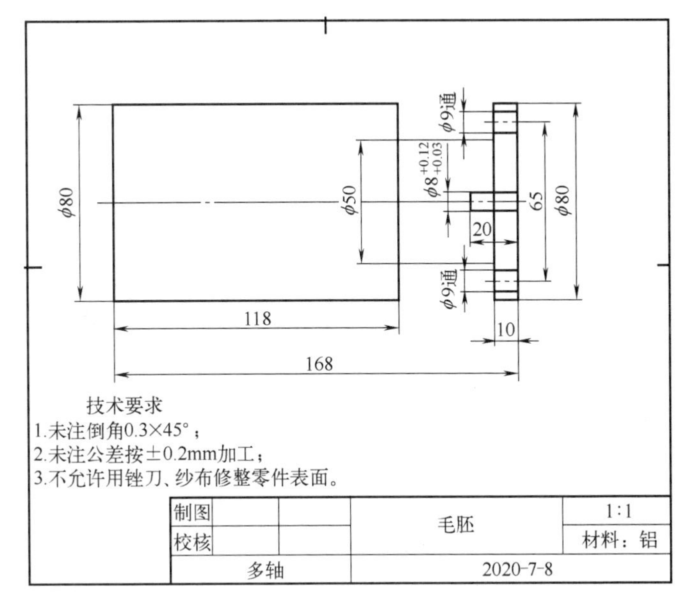

题图 6-2

拓展阅读

[1] 张键. VERICUT 8.2 数控仿真应用教程 [M]. 北京：机械工业出版社，2020.
[2] 黄雪梅. VERICUT 数控仿真实例教程 [M]. 北京：化学工业出版社，2019.

第7章

柔性加工单元与智能机床

本章思维导图

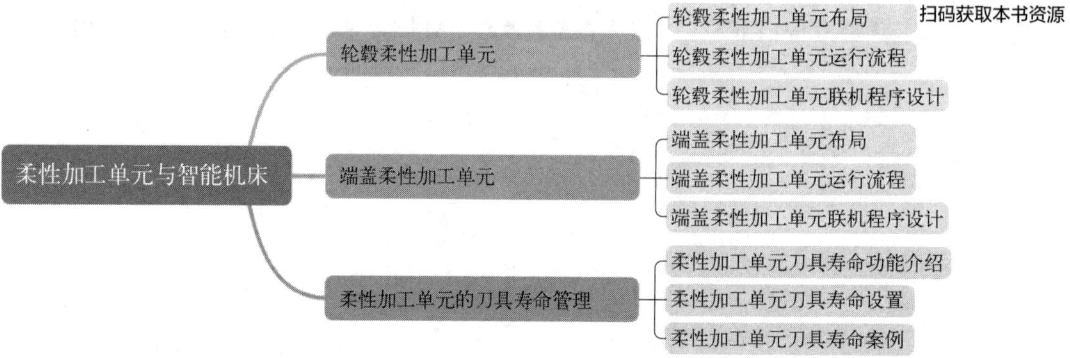

本章主要介绍柔性加工单元的相关知识，柔性加工单元中的机床联机常用代码、程序框架以及设计方法，包括常用的柔性加工单元的基本构成、运行流程、数控机床的联机程序以及刀具寿命监控的方法。通过轮毂和端盖柔性加工单元案例将上述知识进行详细串联讲解。通过对轮毂、轴承端盖柔性加工单元以及相关软硬件的认知和学习，除了可以学会智能工厂设备的基本操作技能，还希望读者能够融会贯通，使智能工厂相关软硬件开发技能、系统规划管理技能以及系统管理与数据分析技能都能有所提升，适应未来智能制造的需要。

本章学习目标如下：

① 掌握柔性加工单元的基本组成。

② 掌握柔性加工单元的运行流程。

③ 重点掌握柔性加工单元的联机程序编制的基本规则。

④ 了解柔性加工单元的刀具寿命管理的功能和使用方法。

7.1　轮毂柔性产线布局及机床联机加工程序

以轮毂为载体的柔性智能加工单元是典型的离散型智能制造。自动生产线集成多种制造设备与系统，包括 i5 总控系统、FANUC 数控车床、加工中心、U 型料库、FANUC 行走机器人、翻面机构、清洗机构、视觉识别系统，配套电气控制，具有较高的复杂度和耦合维度，具备智能工厂的一切特点。

7.1.1　轮毂加工工艺及产线设计

（1）轮毂加工工艺

轮毂毛坯材料为铸造铝合金，外形尺寸为 ϕ285mm×93mm，其中心有一个小孔。

轮毂加工一序为加工轮毂一面的轮缘和内孔，如图 7-1 所示。其装夹采用后拉浮动式卡盘，如图 7-2 所示。

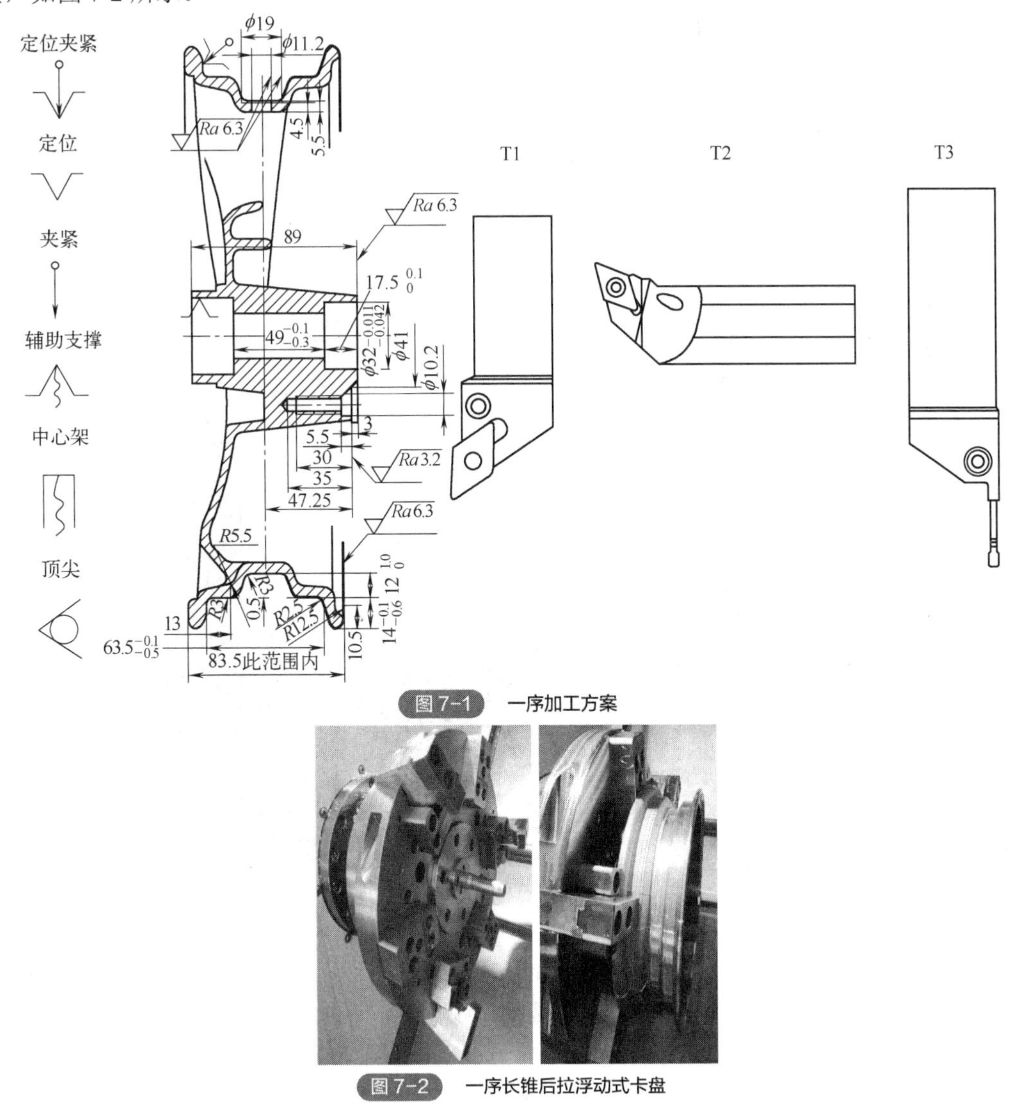

图 7-1　一序加工方案

图 7-2　一序长锥后拉浮动式卡盘

轮毂加工二序为加工轮毂另一面的轮缘和内孔，如图 7-3 所示。装夹同样采用后拉浮动式卡盘，如图 7-4 所示。

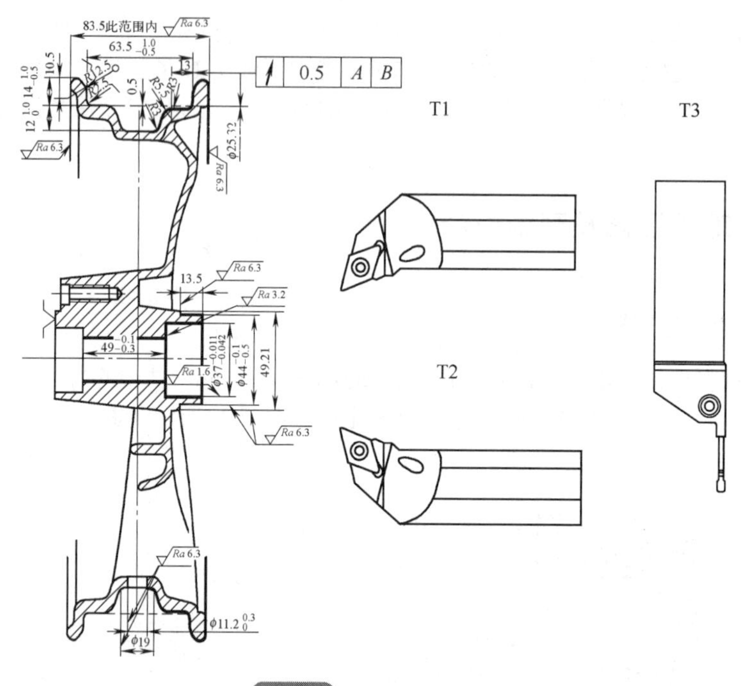

图 7-3　二序加工方案

图 7-4　二序短锥后拉浮动式卡盘

三序加工内容为：转台转 90°，钻 ϕ11.2mm 气门孔，转台转−90°，钻 3 个 M8 螺纹底孔，铣 3 个 ϕ10.2mm×5.5mm 沉头，攻 3 个 M8 螺纹，如图 7-5 所示。采用液压内撑旋转下压式夹具对轮毂进行定位和夹紧，如图 7-6 所示。

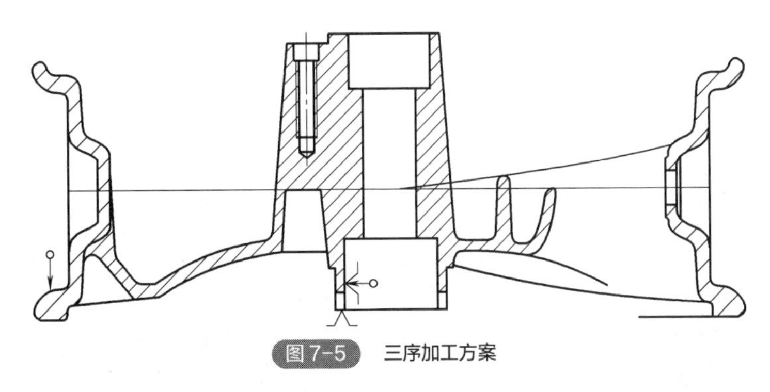

图 7-5　三序加工方案

图 7-6　三序四轴内撑旋转下压式轮毂夹具

三序的工艺卡片如图 7-7 所示。

客户名称	×××						方案编号		×××									
工件名称	轮毂		材　料	A356			机床型号	VMC850B										
工件图号	XYML2.50X10		硬　度				主轴转速	8000 r/min										
ID	刀具编号	加工过程描述	名称	直径	齿数	线速度	转速	进给	速度	工行程	长度	加工	削时间	夹件数	时间	时间	时间	时间
				mm		m/min	r/min	mm/fz	mm/min	mm	mm	位数	sec		sec	sec	sec	sec
		转台旋转90°																3
	T1	钻φ11.2气门芯孔	钻头	11.2	1	80	2275	0.29	660	3	5.5	1	0.8	1	0.8	6	2.2	8.97
		转台再旋转-90°																3
	T2	钻3-M8螺纹底孔	钻头	6.8	1	80	3747	0.2	749	3	35	3	9.1	1	9.1	10	2.2	21.3
	T3	铣3-φ10.2×5.5沉头	立铣刀	10	1	80	2548	0.1	255	3	7	3	7.1	1	7.1	10	2.2	19.3
	T4	3-M8攻螺纹完成	丝锥	8	1	15	597	1.25	746	3	60	3	15.2	1	15.2	10	2.2	27.4
		可以在以上行插入新内容																
上下料方式	人工上下料手动夹		人工上下料自动夹紧			机械手自动上下料			上下料时间（s）				本序加工时间合计（s）			80.0		
													本序单件加工时间合计（s）			80.0		
※按机床使用率　　　%计算，每班次产出量　　　件/班。注：每班次按8小时计算，准确计算年产量应以单件加工时间核算，以每班次产出量计算存在舍入误差。																		

刀具清单——如无特殊说明，刀具均为SANDVIK产品

刀号	刀杆/接柄型号	刀片型号	刀号	刀杆/接柄型号	刀片型号
T1			T3		
T2			T4		

图 7-7　三序的工艺卡片

（2）轮毂柔性加工单元的组成

轮毂自动生产线的组成：两台 T4C/500 卧式数控车床、VMC850B 立式加工中心、U 型料

库、行走机器人、翻面机构、清洗机构、视觉识别系统、配套电气控制装置，如图 7-8 所示。

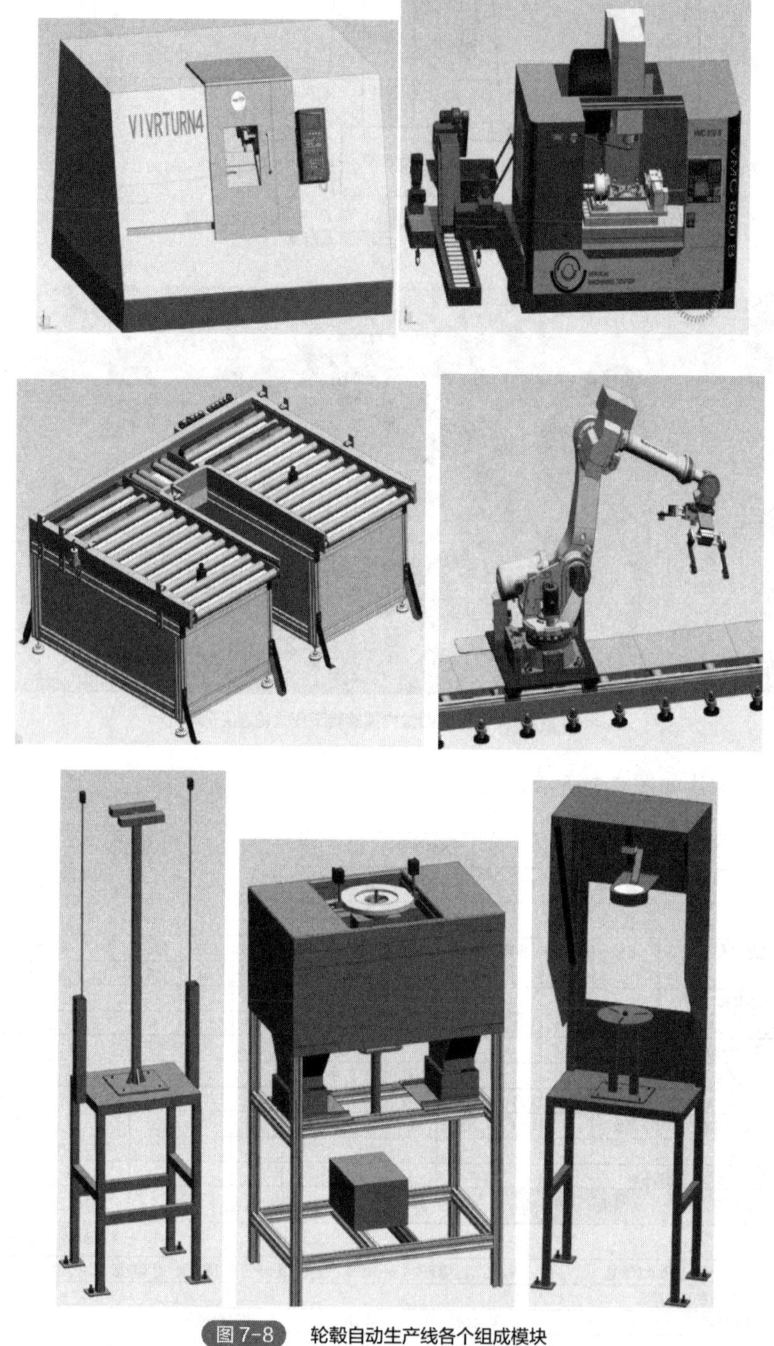

图 7-8 轮毂自动生产线各个组成模块

(3) 工作过程

① AGV 小车送料，机器人抓料并上料至 T4C/500（1）车床。

② 用 T4C/500（1）车床进行轮毂加工，加工完毕，机器人下料并上新料。

③ 翻面，机器人上料至 T4C/500（2）车床，加工完毕，机器人下料。

④ 翻面，清洗，视觉识别，VMC850B 加工。

⑤ 加工完毕，机器人卸料，送至 U 形料库。

总体效果如图 7-9 所示。

图 7-9 轮毂自动生产线总体模型

7.1.2 产线内辅助模块（机器人、视觉系统、AGV）

（1）机器人

本生产线使用轮毂自动线配备的 ANUC 地轨关节机器人，有机器人本身六个自由度+地轨一个自由度共七自由度，如图 7-10 所示。

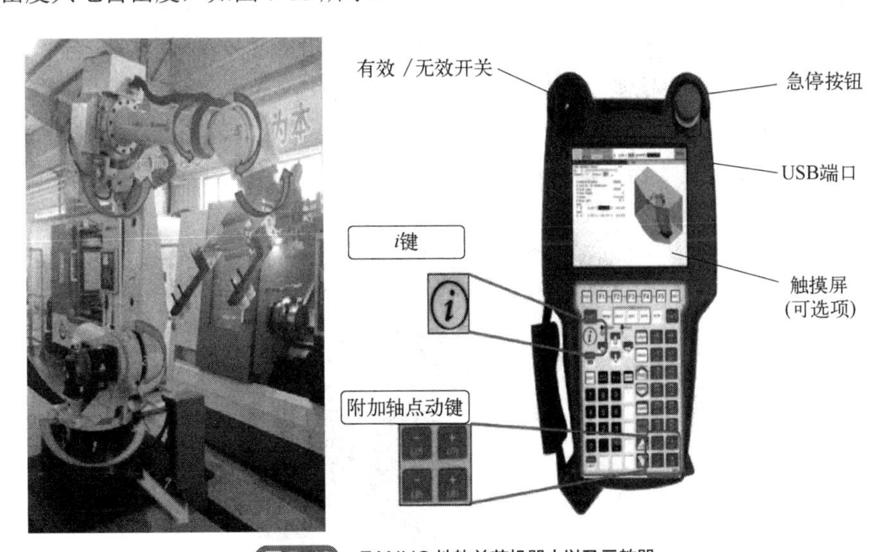

图 7-10 FANUC 地轨关节机器人以及示教器

机器人本体的六关节分别为：三个摆动轴、三个旋转轴。地轨式机器人多一个移动轴。机器人的运行模式一般分为示教、再生、远程三种模式。

（2）视觉系统

视觉系统采用康耐视（Cognex）视觉识别系统，可以引导机器人进行方向调整，通过识别轮毂零件上的字母来进行校准和定位，如图 7-11 所示。

图 7-11 Cognex 视觉识别系统

（3）AGV

本生产线使用了两辆磁条引导式 AGV 来进行整个现场的调度工作，它们同时由一个西门子 S1200 控制盒来实现控制，由辊筒来实现上、下料。AGV 车体主架采用钢材焊接而成，车体各面采用钢板焊接，形成一个封闭的内腔，如图 7-12 所示。机械部分包括 AGV 车体、电池仓、驱动轮、保险杠；电气部分由控制系统、电机驱动器、电源和传感器、电池和充电连接器组成。该 AGV 采用磁导航循迹，RFID 地图定位，适用于工况较复杂的车间环境。该类型 AGV 的优点是循迹位置准确；缺点是不能全向定位，磁条和 RFID 需要经常维护。

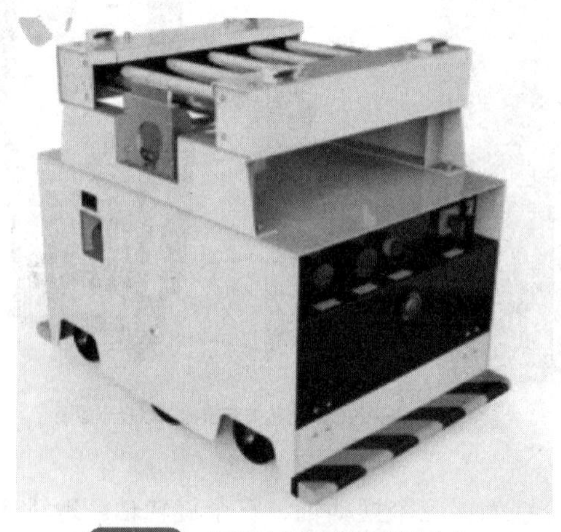

图 7-12 AGV（自动导航运输小车）

7.1.3 产线准备、运行以及维护

自动线准备及运行操作步骤：

① 关闭所有防护门，松开料库、机器人示教器、机器人控制柜与机床等设备的急停开关，接通总控柜等各设备开关，等待各个设备系统启动。

② 将机器人手动运行到安全位置。手动运行时需将总控输出点 Q6.7 置 ON，总控急停开关松开，机器人调到手动模式并且关闭防护门。

③ 料库的运行模式选择自动模式，单击“启动”按钮。

④ 调用机床主程序，选择数控加工程序。

⑤ 将视觉识别模块的光源灯打开。

⑥ 前期工作准备好后，机器人调到自动模式，关闭自动线防护门，在总控中单击“复位”调用机器人主程序，然后先将机器人的运行倍率调到 10%，再在总控中单击“启动”按钮启动机器人，确认各运动动作正确后可以将机器人的倍率提上来，最大为 100%。

⑦ 总控界面调整。机器人的伺服使能是通过总控系统来控制的。选择“总线工具”，进入“配置工具”页面，依次选择“PLC32_1”“输出 2”，单击“QX6.7”“强制为 1”，通电后，将总控右侧红色急停按钮打开，启动总控，如图 7-13、图 7-14 所示。输入用户名和密码即可登录总控系统。

⑧ 进入教学模式（只进行机器人带成品运行），先将上、下料道与 AGV 之间的信号给断开。依次单击“直线料库上料信号清除”→“直线料库下料信号清除”→“U 型料库上料信号清除”→“U 型料库下料信号清除” 按钮。

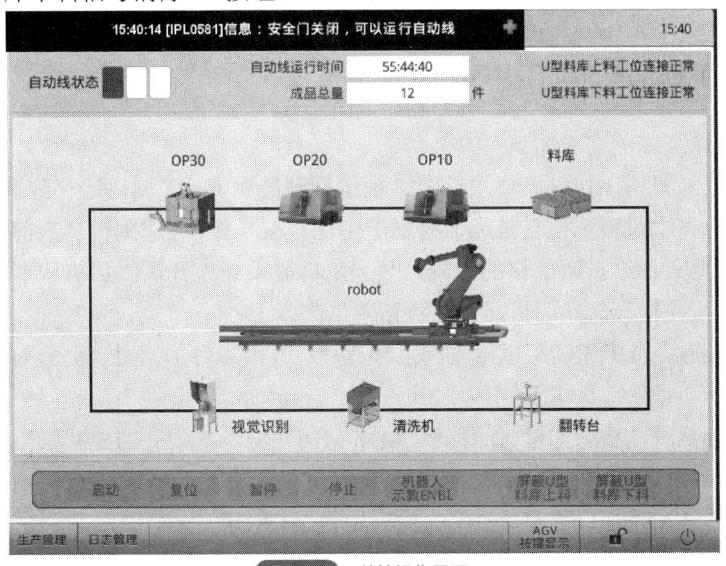

图 7-13　总控操作界面

⑨ 若想停止自动线，先降低机器人运行速度，待机器人运行至安全位置时，在总控中按下“停止”按钮，机器人、机床、总控等设备关机，之后关闭各设备电源开关。

自动线运行注意事项：

① 切记：自动线在自动加工过程当中，禁止进入加工岛内。

② 切记：如果需要进入加工岛内，防护门不能关闭。

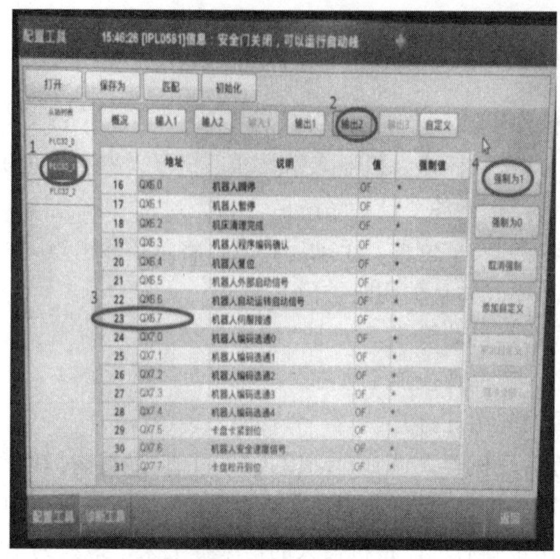

图 7-14　“配置工具”界面

③ 在联动时，料库的状态需选择自动模式。

④ 联动时防范外界对自动线、机器人或机床等设备的信号干扰。

⑤ 自动生产时，防护门应处于关闭状态。

⑥ 自动线在运行当中，禁止人为对料库进行不正确的取件或放件。

⑦ 自动线在运行当中一定要注意人身安全。

⑧ 禁止带电插拔机器人各个通信及供电插头。

7.1.4　轮毂机床联机加工程序

轮毂加工机床工作的要求如下：

① 在上、下料机构工作时，要求机床 Z 轴运行到最大值，X 轴也运行到最大值处。

② 因机器人前端机械手爪与机床卡盘属于刚性对接动作，考虑到机器人前端的灵敏度及过载保护动作，机器人在给机床上料的时候，必须是机械手先松开，然后机床卡盘卡紧；下料的时候，是机床卡盘先松开，然后机器人的机械手爪夹紧工件。

③ 首件加工时，机床先调用机器人的上料程序；其余零件加工时，机器人在机床上都是执行换料程序。

④ 上料和换料时，机床通过 M 代码（M18/M16）将零件装夹的控制权交给机器人，机器人控制结束后，M 代码应答，机床继续对零件装夹进行控制。

自动线车床（FANUC）中需要使用的代码如表 7-1 所示。

表 7-1　自动线车床（FANUC）中需要使用的代码

M18	请求机器人上料	M57	气动门开
M16	请求机器人换料	M58	气动门关
M19	主轴定位	G28	回参考点
M53	床头吹气关	G30	回第二参考点
M54	床头吹气开	IF…　GOTO…	有条件跳转

续表

M98	调用子程序	GOTO···	无条件跳转
M99	子程序返回主程序		

自动线加工中心（FANUC）中需要使用的代码如表 7-2 所示。

表 7-2　自动线加工中心（FANUC）中需要使用的代码

M301	请求机器人上料	M20	气动门开
M311	请求机器人换料	M21	气动门关
M19	主轴定位	G28	回参考点
M53	床头吹气关	IF···　GOTO···	有条件跳转
M54	床头吹气开	GOTO···	无条件跳转
M113	夹具夹紧	M114	内撑松开
M112	夹具松开	M115	内撑夹紧
M98	调用子程序		
M99	子程序返回主程序		

以下为第一台车床联机程序。前面加分号部分的程序为辅助吹屑程序。当自动线加工零件较多时，通过辅助吹屑功能利用刀架上的冷却液将切屑吹走。

```
O0818;
G30U0W0;（返回第二参考点）
T0700;（换 7 号刀，刀补撤销）
M57;（机床门开）
M18;（请求上料）
M58;（机床门关）
M98P1001;（调用加工程序 O1001）
N10;（标识符）
M57;（机床门开）
G30U0W0;（返回第二参考点）
T0700;（7 号刀，刀补为 0）
M54; 吹气
M16;（换料请求）
M53;（吹气停止）
M58;（机床门关）
; T1000;（10 号刀，刀补为 0）
; M10;（卡盘卡紧）
; S50M3;（主轴正转，50r/min）
; M8;（刀架出水）
; G0X350.Z190.;（快速移动到位置 X350　Z190）
```

```
; G4X5.;（暂停 5s）
; G1X125.F40.;（40mm/r，走到 X125 ）
; G4X2.;（暂停 2s）
; M9;（出水停止）
; M5;（主轴停止转动）
; M11;（卡盘松开）
; T0700;（7 号刀，刀补为 0）
G30U0W0;（返回第二参考点）
M57;（机床门开）
M16;（换料请求）
M58;（机床门关）
M98P1001;（调用一序加工程序 O1001）
GOTO10;（无条件跳转至 10 程序段重复换料动作）  （程序结束）
```

以下为第二台车床联机程序。前面加分号部分的程序为辅助吹屑程序。当自动线加工零件较多时，通过辅助吹屑功能利用刀架上的冷却液将切屑吹走。

```
O0817
G30U0W0;（返回第二参考点）
T0100;（1 号刀，刀补为 0）
M19;（主轴准停）
M57;（机床门开）
M18;（请求上料）
M58;（机床门关）
M98P1002;（调用加工程序 O1002）
N10;（标识符）
M57;（机床门开）
G30U0W0;（返回第二参考点）
T0100;（1 号刀，刀补为 0）
M16;（请求换料）
; M58;（机床门关）
; T0700;（7 号刀，刀补为 0）
; M8;（刀架出水）
; M10;（卡盘卡紧）
; S50M3;（主轴正转，50r/min）
; G0X270.Z190.;（快速移动到位置 X270Z190）
; G4X3.;（暂停 3s）
; G1X28.F40.;（刀架走到 X28，40mm/r）
; G4X2.;（暂停 2s）
; M9;（出水停止）
; M5;（主轴停止转动）
```

```
; M11;（卡盘松开）
; G30U0W0;（返回第二参考点）
; T0100;（1 号刀，刀补为 0）
; M57;（机床门开）
M58;（机床门关）
M98P1002;（调用二序加工程序 O1002）
GOTO10;（无条件跳转至 10 程序段重复换料动作） （程序结束）
```

以下为加工中心程序。

```
O21;
G91 G30 Z0;（Z 轴回到第二参考点）
G91 G30 Y0;
G91 G30 X0;
N10 G91 G30 Z0 A0;（四轴回到第二参考点）
M20;（机床开门）
M301;（机床上料请求）
M21;（机床关门）
M98 P0024;（调用 O0024 子程序）
N1;（标识符）
G91 G30 Z0;（回到参考点）
G91 G30 Y0;
G91 G30 X0;
G91 G30 Z0 A0;（四轴回到参考点）
M20;（机床开门）
M311;（机床换料请求）
M21;（机床关门）
M98 P0024;（调用 O0024 子程序）
GOTO 1;（无条件跳转至 1 程序段重复换料动作）（程序结束）
```

7.2 轴承端盖柔性产线布局及机床联机加工程序

7.2.1 端盖加工工艺及产线设计

以轴承端盖为载体的柔性智能加工单元也是典型的离散型智能制造。自动生产线集成多达 6 种制造设备与系统，包括 i5 总控系统、三种 i5 机床、辊式及盘式料道、海克斯康三坐标测量仪、激光打标机、安川机器人。安川机器人的联机程序将近 150 个；整套系统用到三种 PLC，即西门子 S1200、i5PINE 和三菱。可以说，该生产线复杂度和耦合维度都很高，具备智能工厂的一切特点。

（1）端盖加工工艺

两种轴承端盖零件需要多台数控机床加工。为提高自动化程度，使用加工自动线对其进行加工，自动线由两台数控车床和一台立式加工中心组成。由于轴承端盖有两种，需要进行种类检测，零件工程图如图 7-15 所示。

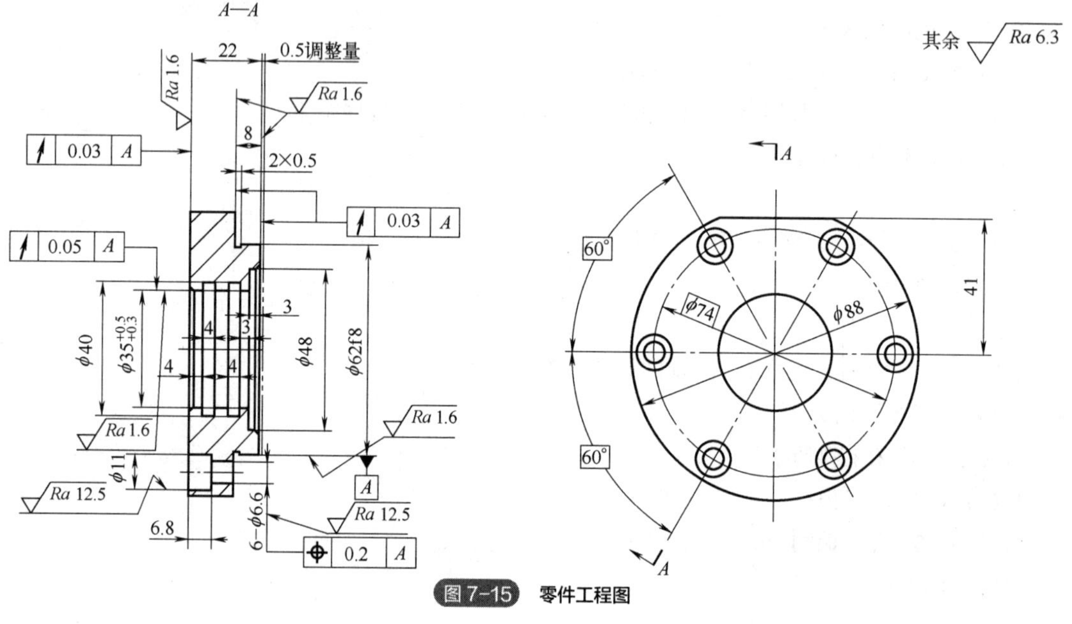

图 7-15 零件工程图

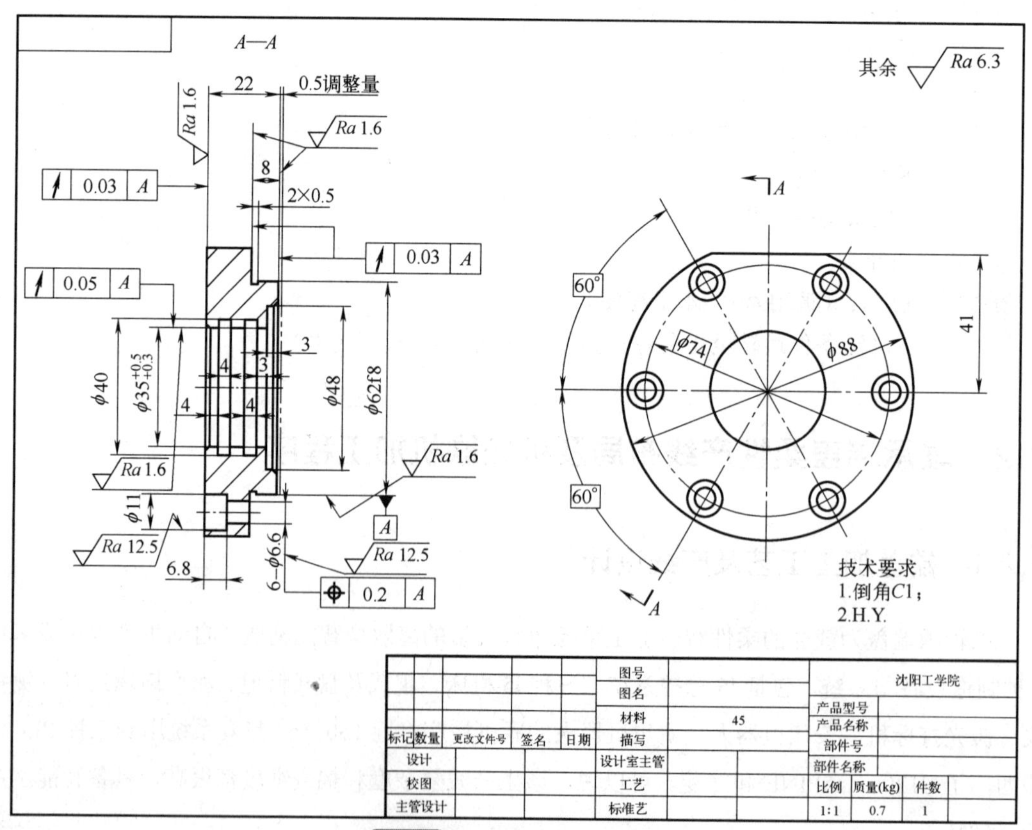

图 7-16 类型 1 轴承端盖零件图

轴承端盖是沈阳机床的 i5 智能机床的零件，用于 X 轴丝杠轴承的轴向定位和密封，分为类型 A 和类型 B 两种，分别装配在于 T3.3 车床 X 轴丝杆一端和 M4.2 车床 X 轴丝杆一端。其年需求量在 1 万件以上，精度要求较高。柔性加工单元以该零件为载体进行功能模块的设计和验证。

端盖 A、B 两种类型都属于盘类零件，类型 A 端盖的表面特征有 ϕ35mm 内孔、4mm×2.5mm 内孔槽、2mm×0.5mm 外圆槽，其中右侧端面的 0.5mm 调整量是对轴承外环的预紧调整量，需要最后装配时磨削。零件图见图 7-16。自动线根据零件特征分为 OP10 卧车序执行内外轮廓车

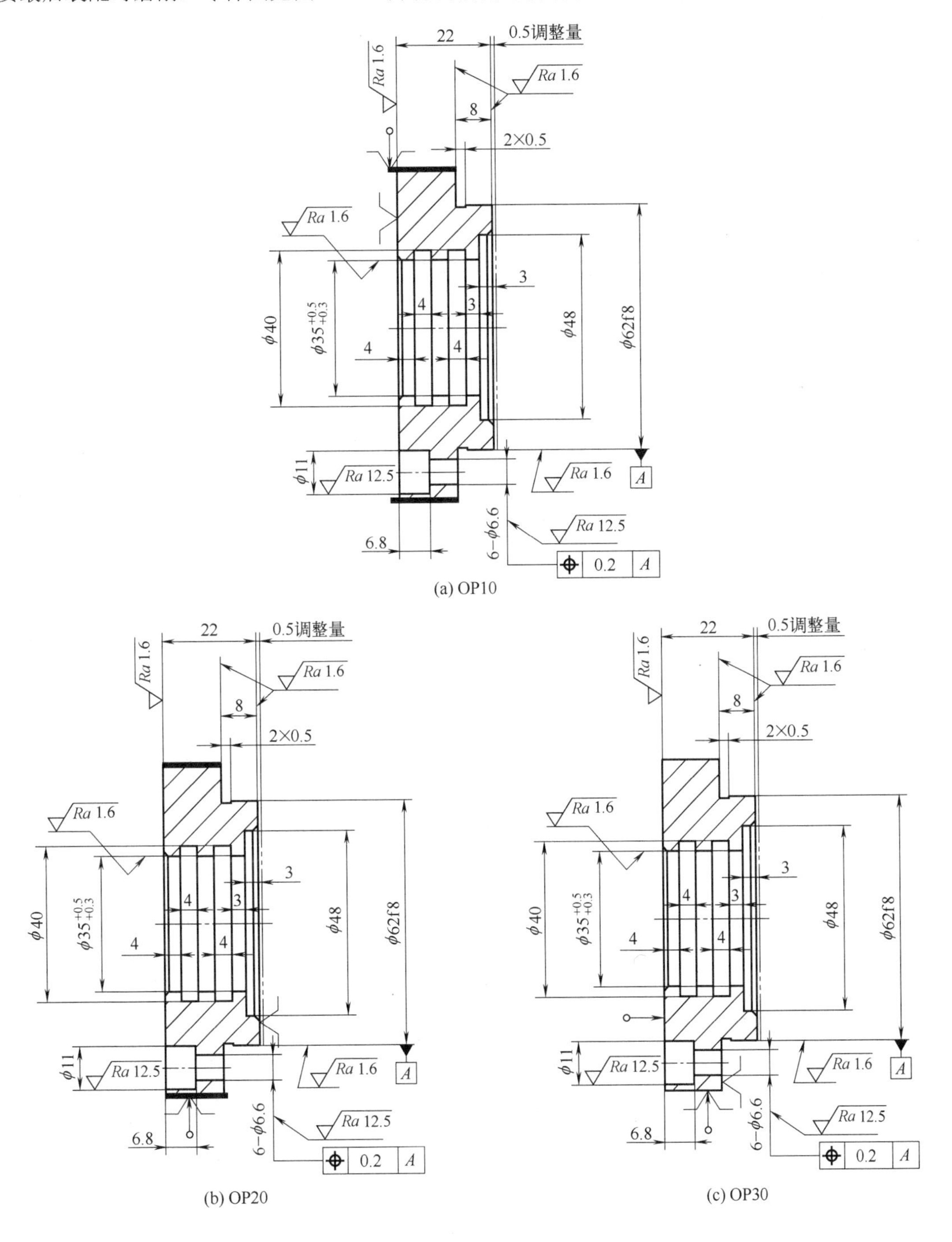

图 7-17　OP10、OP20、OP30 工艺路线

削工艺、OP20 立车序执行端面车削倒角工艺、OP30 立加序执行钻孔和铣孔工艺。三种零件加工工艺相同，具体工艺需要结合图 7-17 来看。

毛坯为 45 钢。OP10 使用 i5T3.3 智能卧式车床加工，夹具为 8 寸[①]液压软爪，左端面定位，外圆夹紧。OP20 使用 i5V2C 立式智能车床进行第二序加工，即将第一序的卡头部分车掉，装夹与第一序完全一样。OP30 使用 i5M4.2 智能立式加工中心进行第三序铣、钻的加工，夹具为 8 寸液压压盘配软爪，因两种类型端盖的外径尺寸不同，一套卡爪无法满足两种类型端盖的装夹，为提高生产效率，采用了快换夹具实现对不同外径的两套端盖的混流加工，加工工艺如图 7-17 所示。

（2）加工所用刀具

加工所用刀具列表如表 7-3 所示。

表 7-3 加工刀具列表

零件	工序	刀具号	加工工序	刀具型号
轴承压盖 A（45 钢）	OP10 i5T3.3	T01	粗加工外圆（A　B）	PCLNL2525M12
				CNMG 120408-PR 4325
		T02	精加工外圆（A、B）	PDJNL2525M11
				DNMG 110404-PF 4315
		T03	粗加工内孔（A、B）	S20S-PCLNL09
				CNMG 090308-PM 4235
		T06	外圆槽（A、B）	LF123E15-2525B
				N123E2-0200-0002-GF1125
		T07	内孔槽（A、B）	LAG123E07-25B
				N123E2-0200-0002-GF1125
		T08	内孔精（A、B）	A25T-PDUNL11
				DNMG 110404-PF 4315
	OP20 i5V2C	T01	外圆粗加工（A、B）	PCLNL2525M12
				CNMG 120408-PR 4325
		T02	外圆倒角（A、B）	PDJNL2525M11
				DNMG 110404-PF 4315
		T03	内孔倒角（A、B）	S20S-PCLNL09
				CNMG 090308-PM 4235
	OP30 i5M4.2	T05	钻孔（B）	860.1-0900-031A0-PM4234
				R840-0900-30-A0A1220
				ER25-10A
				BT40-ER25-70H
		T08	加工沉孔（B）	1P231-1500-XA1630
				ER32-17A
				BT40-ER32-70H
		T04	上下倒角（A、B）	326R06-B2502006-CH1025
				ER20-7A
				BT40-ER20-70H
		T07	钻孔（B）	860.1-0500-037A0-PM4234

① 此处寸是指英寸，1 英寸=2.54cm。

续表

零件	工序	刀具号	加工工序	刀具型号
轴承压盖 A（45 钢）	OP30 i5M4.2	T07	钻孔（B）	R840-0500-50-A0A1220
				ER20-6A
				BT40-ER20-70H
		T09	攻螺纹（B）	EP03PM6
				393.14-20 D060X049
				970-B40-20-110
		T01	铣侧面（A）	2P340-1000-PA1630
				ER25-10A
				BT40-ER25-70H
		T02	钻孔（A）	860.1-0660-040A0-PM4234
				R840-0660-50-A0A1220
				ER25-8A
				BT40-ER25-70H
		T03	铣孔（A）	1P231-1100-XA1630
				ER25-13A
				BT40-ER25-70H

（3）端盖产线设计

本案例中，端盖自动线（沈阳机床与沈阳工学院共建的轴承端盖加工单元）正是以轴承端盖为载体的柔性智能加工单元。

柔性自动线的布局如图 7-18 所示。

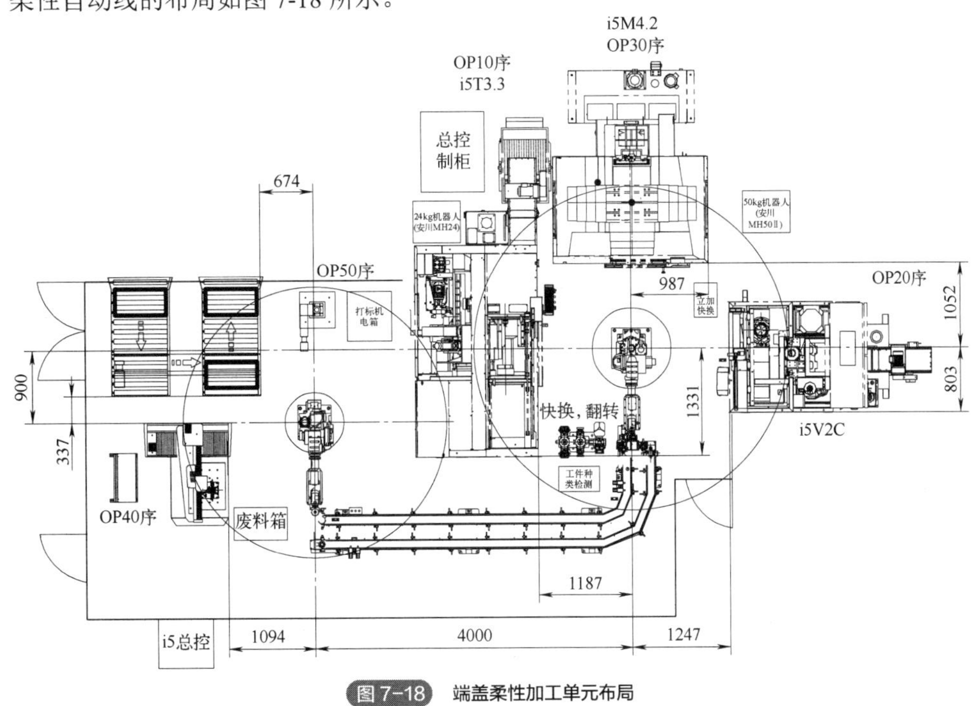

图 7-18　端盖柔性加工单元布局

（4）端盖产线加工流程

端盖产线加工流程如图 7-19 所示。

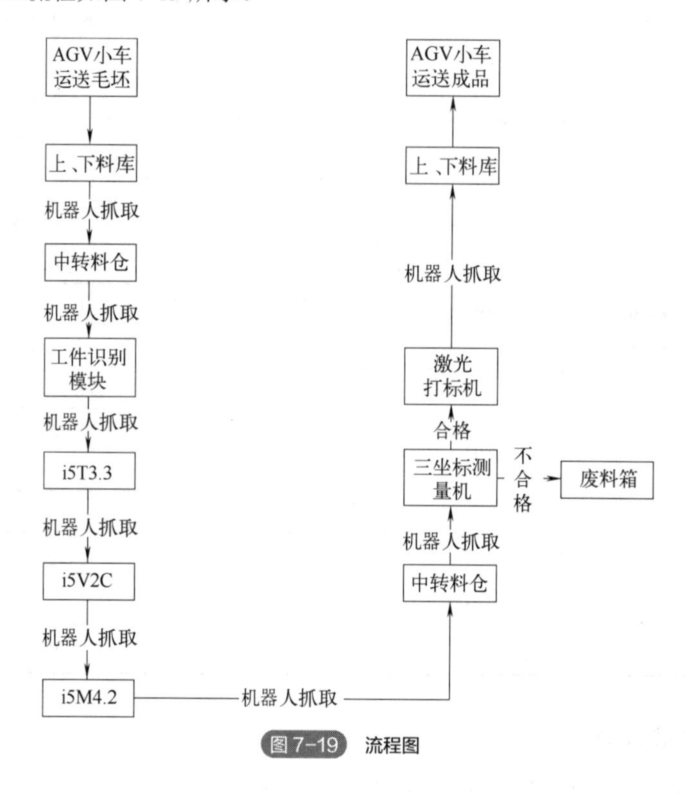

图 7-19 流程图

① AGV 小车送料，机器人抓料并上料，经中转料道两台机器人，并在轮廓识别装置识别后上料至 i5T3 车床。

② i5T3 车床进行端盖加工，加工完毕，机器人下料并上新料。

③ 翻面，机器人上料至 i5V6 立式车床，加工完毕，机器人下料。

④ 翻面，机器人上料至 i5M4 加工中心加工。

⑤ 加工完毕，机器人卸料、送料库，经三坐标检测、打标后送回到 U 型料库。

7.2.2 产线内辅助模块（机器人快换、夹具快换、工件类型检测）

端盖加工单元的机器人为安川 MH24 和 MH50 工业机器人。机器人本体为六轴关节型机器人。机器人的末端执行机构为双抓手气动夹持机构。本机器人与轮毂加工单元的机器人结构、功能类似，多了一个工件检测装置和三坐标检测装置。

（1）机器人手爪

工件搬运检测区 MH24 机器人手爪：MH24 机器人手爪由手爪连接板、两个三指气缸及相应手指、弹出板等零件组成，工件抓取形式为内撑式，如图 7-20 所示。该内撑手爪可同时满足两种验收工件的抓取。

工件加工区 MH50 Ⅱ 机器人手爪：MH50 Ⅱ 机器人手爪分内撑式手爪与外夹式手爪两种形式。内撑手爪由雄克快换、手爪连接板、两个三指气缸及相应手指、弹出板组成，如图 7-21 所示。内撑手爪可以同时满足两种工件的抓取。外夹手爪由雄克快换、手爪连接板、两个三指气缸及相应手指、弹出板组成，如图 7-22 所示。其中，外夹手爪为齿形手爪，可根据工件外圆大小调节。

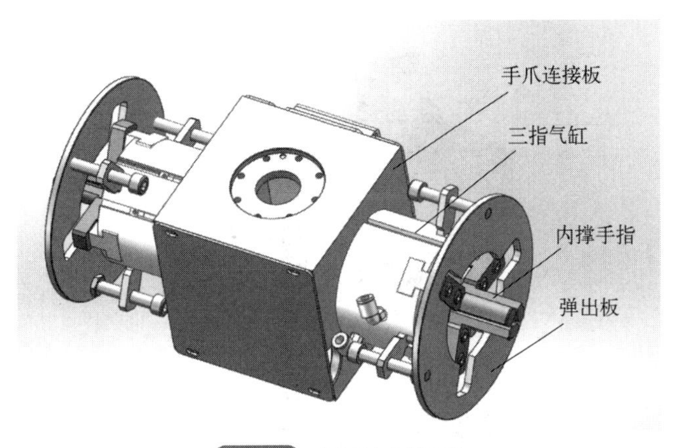

图 7-20　MH24 内撑手爪

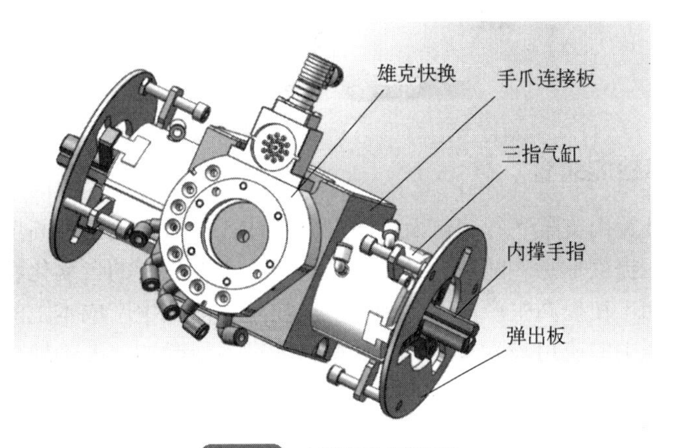

图 7-21　MH50 Ⅱ 内撑手爪

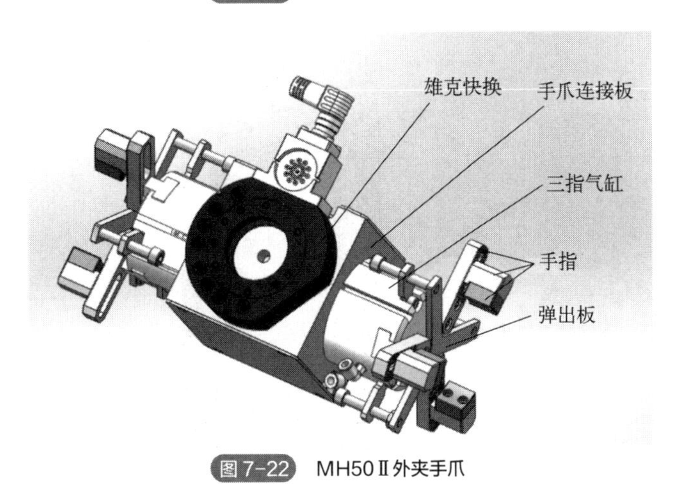

图 7-22　MH50 Ⅱ 外夹手爪

（2）快换夹具

立式加工中心夹具模块根据两种工件不同的加工工艺提供两种快换式夹具，夹具一端安装雄克快换接头，实现了夹具的快速更换，如图 7-23 所示。

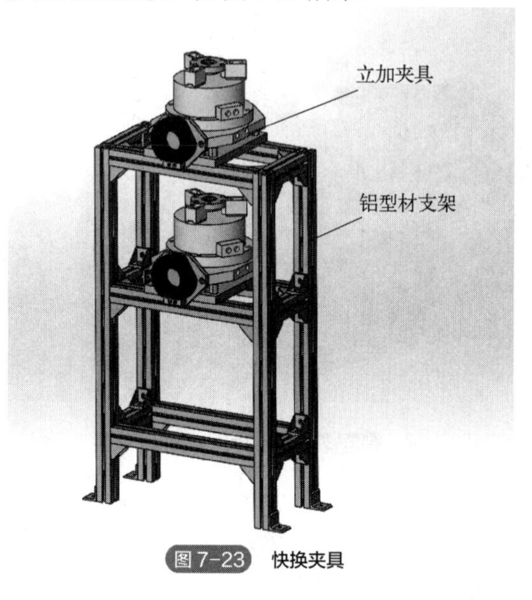

图 7-23 快换夹具

（3）工件轮廓检测装置

工件轮廓检测装置由支架平行气缸及感应开关组成，通过检测工件高度、直径来确定工件种类，为下一步加工提供信息。随着科技的不断进步，工业生产的自动化程度越来越高，工业机器人的柔性自动加工在提高生产效率、确保生产质量、降低生产成本上的作用至关重要。工业机器人在生产过程中的应用最为普遍，工业机器人在工作时如何准确地获取工件的类别信息是很重要的。零件轮廓检测装置对机器人抓取精度起着至关重要的影响。当位置误差较大时，

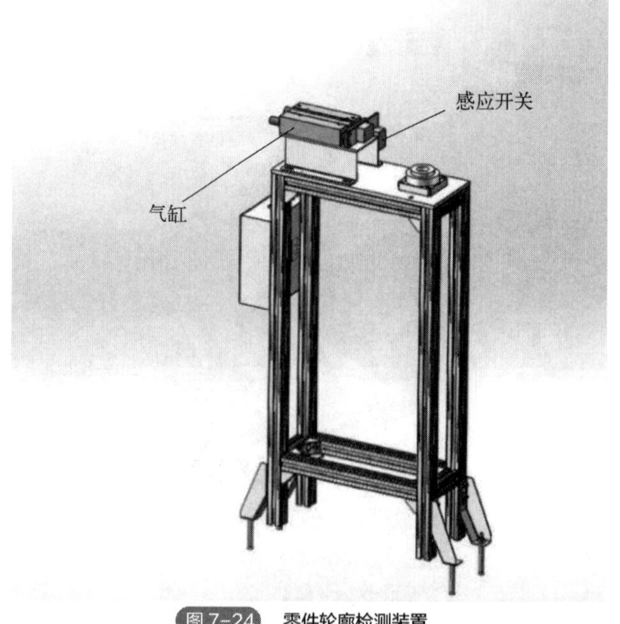

图 7-24 零件轮廓检测装置

机器人手爪在抓取工件时会产生较大冲击，严重时对机器人伺服电机造成过载。传统的类型定位系统采用接近开关定位，其信号不及激光信号迅速、稳定，使得定位时间和检测精度往往达不到要求。随着激光测距仪的广泛应用和发展，工件的轮廓识别系统应运而生。激光测距仪作为自动化技术领域的关键技术之一，使得工件的轮廓识别系统可以自动定位加工物件，判断工件的位置是否正确，对产品的形状、尺寸大小进行检测，对产品进行分类，提高加工速度和生产线的柔性。零件轮廓检测装置如图 7-24 所示。

（4）翻面模块

MH50Ⅱ快换手爪与翻转站可以是分体式也可以是一体式，支架、翻转站在加工岛内进行地基稳固，根据工艺要求实现工件翻面，支架另一端为快换手爪。根据使用要求，机器人移动到位，与内撑手爪或外夹手爪连接（通过雄克快换系统实现），如图 7-25 所示。

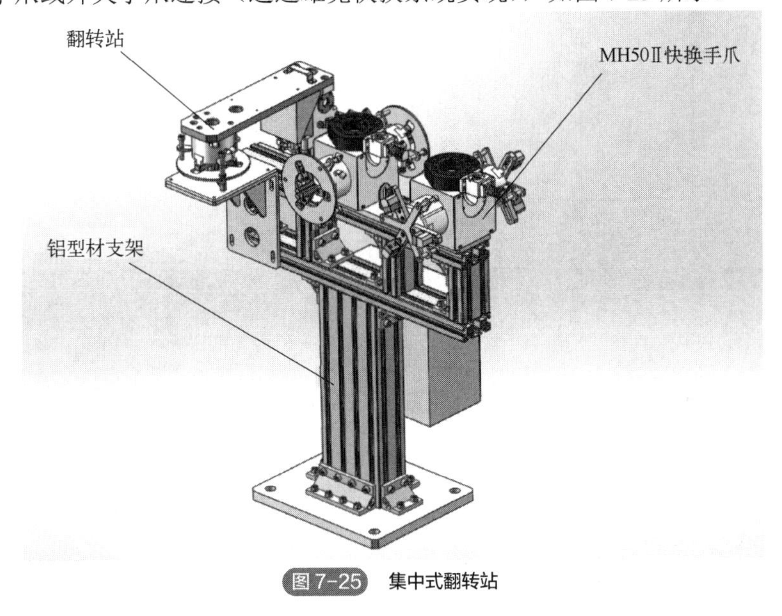

图 7-25　集中式翻转站

7.2.3　产线准备、运行以及维护

该端盖自动线准备及运行操作步骤与轮毂产线类似，具体流程如下：

① 关闭所有防护门，松开料库、机器人示教器、机器人控制柜与机床等设备的急停开关，接通总控柜等各设备开关，等待各个设备系统启动。总控界面如图 7-26 所示。

② 将机器人手动运行到安全位置，总控急停开关松开，机器人调到手动模式并且关闭防护门。

③ 料库的运行模式选择自动模式，单击“启动”按钮。

④ 调用机床主程序，选择联机加工程序。

⑤ 将各辅助模块的电源打开。

⑥ 前期工作准备好后，机器人调到自动模式，关闭自动线防护门，在总控中单击“复位”调用机器人主程序，然后先将机器人的运行倍率调到 10%，再在总控中单击“启动”按钮启动机器人，确认各运动动作正确后可以将机器人的运行倍率提上来，最大为 100%。

⑦ 将三坐标测量机开机、回零，联机控制设备开机，控制软件联机、启动。

⑧ 进入教学模式（只进行机器人带成品运行），先将上、下料道与 AGV 之间的信号给断开。依次单击“直线料库上料信号清除”→“直线料库下料信号清除”→“U 型料库上料信号清除”→“U 型料库下料信号清除”按钮。

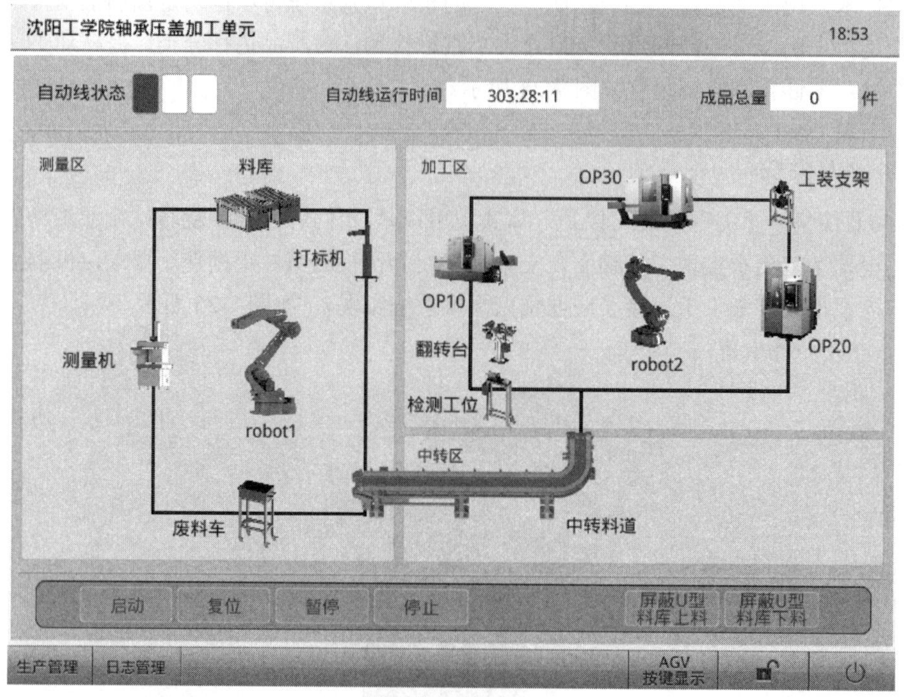

图 7-26 总控界面

⑨ 若想停止自动线，先降低机器人运行速度，待机器人运行至安全位置时，在总控中按下“停止”按钮，机器人、机床、总控等设备关机，之后关闭各设备电源开关。

自动线运行注意事项：

① 切记：自动线在自动加工过程当中，禁止进入加工岛内。

② 切记：如果需要进入加工岛内，防护门不能关闭。

③ 在联动时，料库的状态需选择自动模式。

④ 联动时防范外界对自动线、机器人或机床等设备的信号干扰。

⑤ 自动生产时，防护门应处于关闭状态。

⑥ 自动线在运行当中，禁止人为对料库进行不正确的取件或放件。

⑦ 自动线在运行当中一定要注意人身安全。

⑧ 禁止带电插拔机器人各个通信及供电插头。

7.2.4 端盖产线机床联机加工程序

端盖自动线加工中心（i5）中需要使用的代码如表 7-4 所示。

表 7-4 端盖自动线加工中心（i5）中需要使用的代码

M301	请求机器人上料	M20	气动门开
M311	请求机器人换料	M21	气动门关

续表

M302	床头吹气开	G75	回第二参考点
M303	床头吹气关	IF … GOTO …	有条件跳转
CALL	调用子程序	GOTO …	无条件跳转
IX[13.0]	零件类型检测信号	IX[13.0]= =	零件类型检测判断
= =	类型判断	WAIT RUNOUT	取消预读功能

加工工步如下：

① 机床移动到安全位置，换安全刀位；

② 开气动门；

③ 机器人上料；

④ 床头吹气，持续 4s；

⑤ 机器人换料；

⑥ 关气动门；

⑦ 零件类型判断；

⑧ 调用加工子程序加工；

⑨ 返回换料开始标志。

程序如下：

```
M1;
N10
T2 D0
G75
M22
M301
M302
G4 H3
M303
M311
M23
WAITRUNOUT
IF $IX [13.0] = =“ON”
GOTO N20
END IF
WAITRUNOUT
IF $IX [13.1] = =“ON”
GOTO N30
ENDIF
N20 CALL 0188
G4H2
N30 CALL 0185
G4H2
GOTO N10
```

7.3 柔性加工单元刀具寿命管理

7.3.1 MES 系统中的刀具寿命功能

根据加工工艺确定每一台机床所用刀具的种类、名称。命名规则为 D1（加工单元岛）-10（工序）-刀具功能。“刀具寿命”界面如图 7-27 所示。

刀号	刀具编码	预警值	报警值	实际寿命	剩余寿命	刃数	操
t0	T01	1590				0	换刀
t1	XD1001-10	190				0	换刀
t2	DP001	1989				0	换刀
t3	5462	200				0	换刀
t4							换刀

图 7-27 “刀具寿命”界面

7.3.2 在刀具维护菜单中进行新刀具的设置

可以在刀具维护菜单下进行刀具增加，已有刀具的删除、修改、查询。需要填入刀具的编号、描述以及报警值，并且可以添加刀具的图片，如图 7-28 所示。

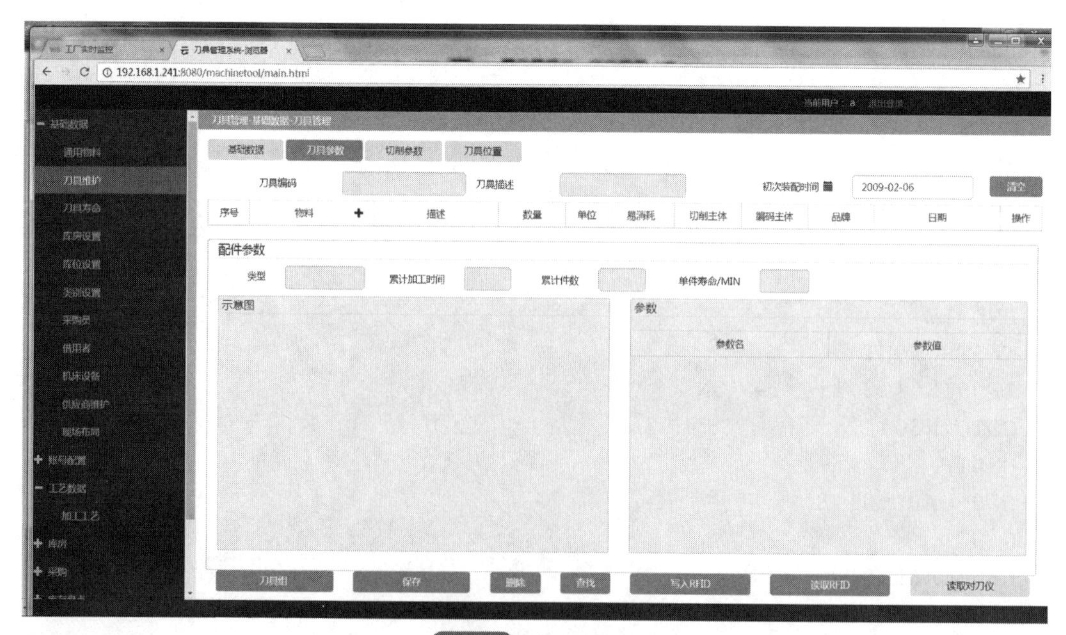

图 7-28 新刀具设置

7.3.3　在通用物料菜单中进行毛坯设置

可以在刀具管理菜单中进行通用物料（即毛坯）设置。在“通过物料”菜单中新建毛坯，填写“物料编号”，并在“物料类别”中选择“工艺”，如图 7-29 所示。注意物料数据填写后需要保存。

图 7-29　通用物料设置

7.3.4　在工艺数据菜单中进行加工工艺设置

可以在工艺数据菜单中进行加工工艺设置，如设置切削直径、速度、深度、进给等加工参数，并且进行刀具、物料绑定，如图 7-30 所示。

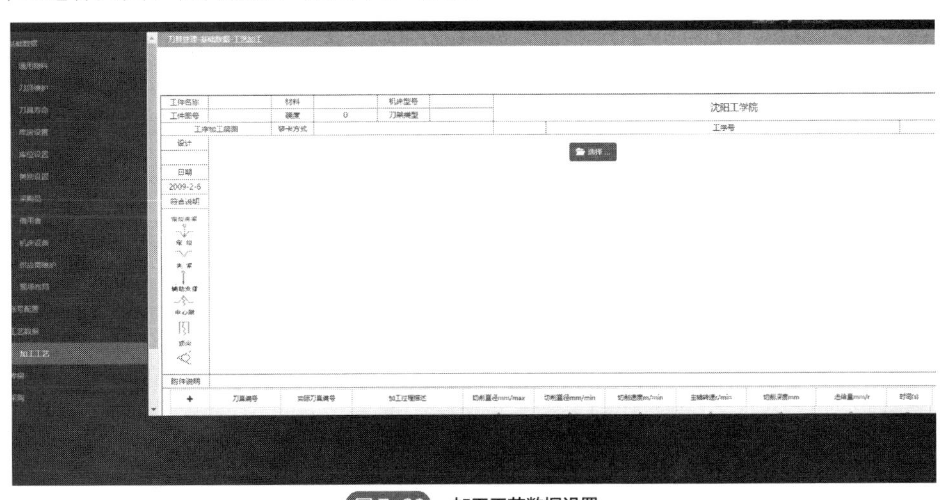

图 7-30　加工工艺数据设置

选择工艺物料后，填写详细内容。将工艺基础信息填写完成后，需要绑定刀具，如图 7-31 所示。

单击“+”号新增一行，单击实际编号所对应的行进行刀具绑定。所有信息填写完成后，需要单击“保存”“审批”。还可以删除工艺，即单击“删除”按钮。还可以打印该工艺信息。

基础数据 - 工艺加工

顶尖

附件说明

+	刀具编号	实际刀具编号	加工过程描述	切削直径 mm/max	切削直径 mm/min	切削速度 m/min	主轴转速 r/min	切削深度mm	进给量mm/r	时间(s)	
1	10	133321	111	50	80	50	50	40	70	50	✖
2	20	WX15XM100166001	555555	60	90	60	70	50	50	40	✖
3	30	WX15XM1001669	23	30	40	20	0	60	70	40	✖
5	40	TD9109	41	20	10	40	50	50	10	20	✖

刀具清单：

序号	刀号	刀具编码	刀具描述	子物料	物料描述	数量
1	10	133321	123	A	A	12
2	20	WX15XM100166001	JT50铣刀L166	WX15XM100166001	JT50铣刀L66	1
3	30	WX15XM1001669	WX15XM1001660			
5	40	TD9109	TD9109			

图 7-31 绑定刀具

7.3.5 程序传输

i5 系统与 MES 系统可以进行程序传输。传输的一般步骤为：

① MES 侧建立新程序；

② 程序入库；

③ 程序推送；

④ 在机床侧检查。

注意：*程序文件也可以进行增、删、改，一定要保证文件 ip 地址与机床 ip 地址一致。详见 i5 设备互联互通操作指导书。*

用户可以根据现场实际设备创建目录，主要是为了针对设备上的加工程序进行新增、修改、删除，更便捷地管理设备程序。本书描述的产线目前有 3 个加工单元岛，加工机床根据数控系统类别划分为一岛 i5 系统、二岛西门子系统、三岛发那科系统。程序传输界面如图 7-32 所示。

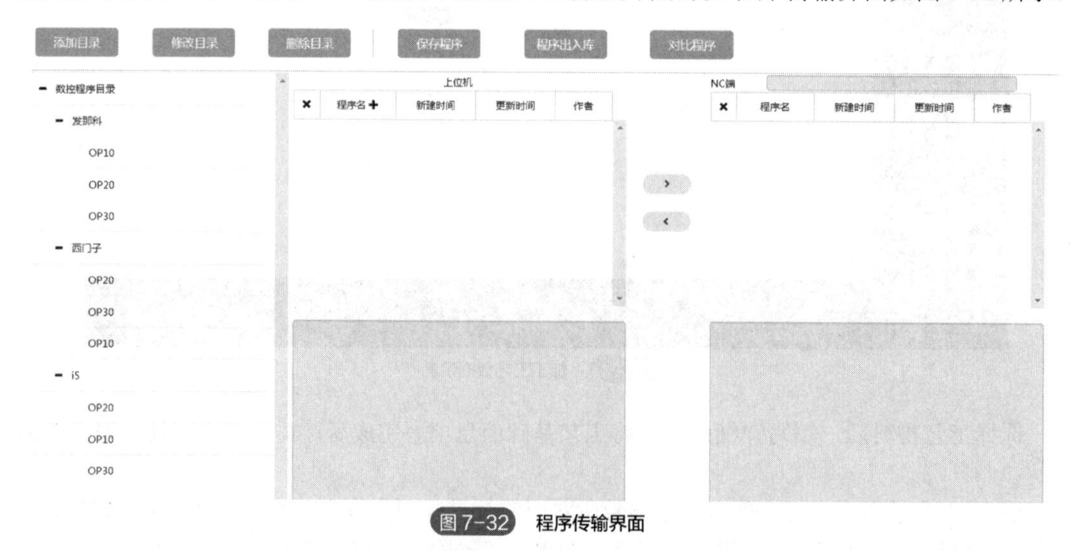

图 7-32 程序传输界面

选择 i5 目录，上位机指的是当前刀具管理系统，NC 端是指机床设备，可以操作该设备的程序，进行上传、对比、删除，如图 7-33 所示。

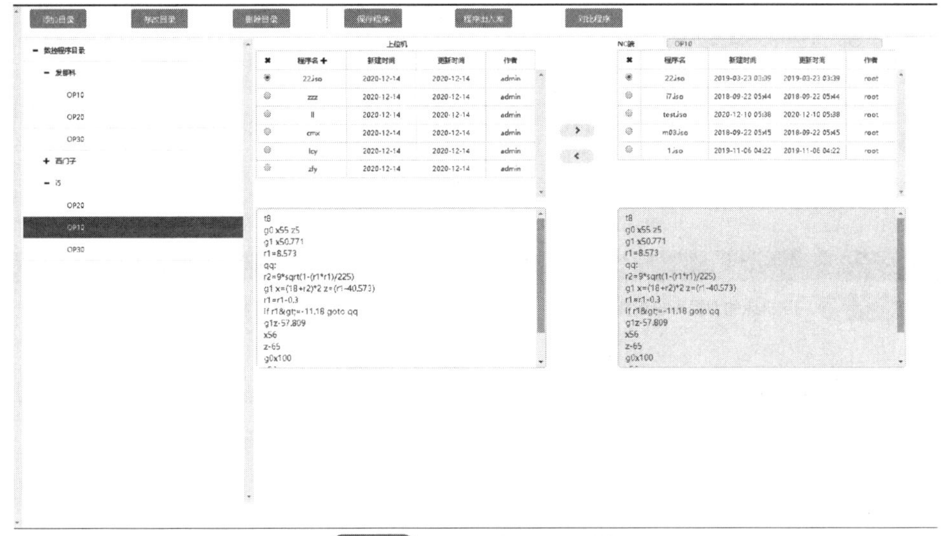

图 7-33　程序上传、对比、删除

新建的上位机程序只有入库后，才允许上传到设备中，以防误操作。也可以将设备中的程序下载到上位机，也就是刀具管理系统中。新建的上位机程序需要先保存，才可以进行实际操作。详细操作如图 7-34 所示。

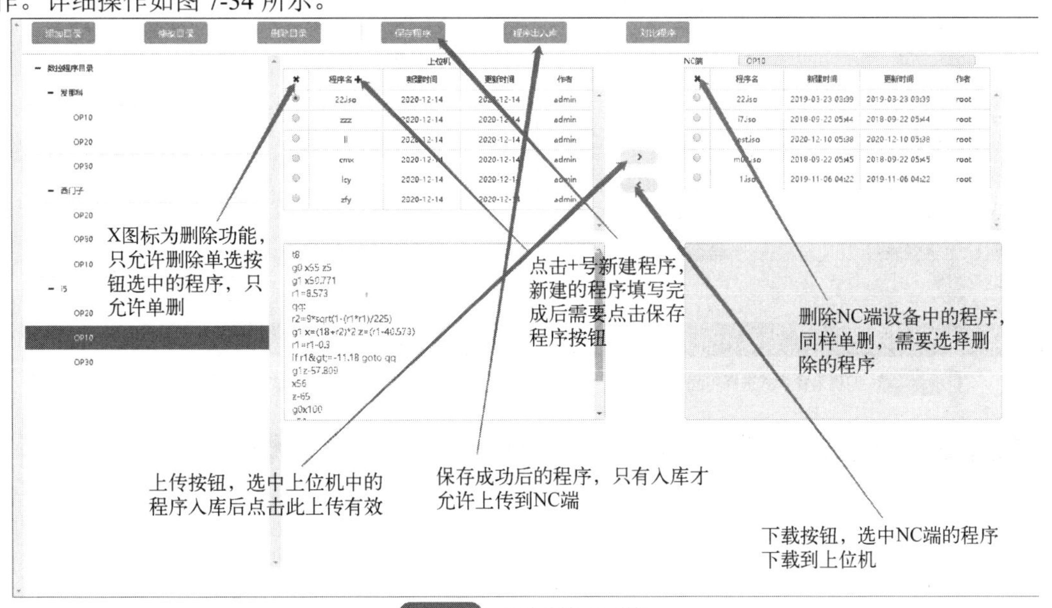

图 7-34　程序传输界面详解

7.3.6　机床侧刀具寿命设置

在 i5 机床中打开刀补参数中的刀具寿命设置界面，如图 7-35 所示，进行刀具理论寿命设定。可以在 MES 中设定，也可以在机床中设定。

注意：i5 系统只能进行加工件数的刀具寿命监控，如图 7-36 所示。

图 7-35 i5 机床的刀具寿命设置界面

图 7-36 i5 机床的刀具寿命监控界面

7.3.7 刀具寿命管理实例

自动线程序中刀具寿命设置步骤如下。

① 打开刀具寿命管理使能并选择刀具寿命计算方式，如图 7-37 所示。

② 在刀偏页面打开“刀具寿命”界面，设置刀具理论寿命并清空实际寿命，如图 7-38 所示。

③ 在程序换刀行的下一行输入“TLIFE_M”（铣床），程序结尾必须是 M30\M02\M90，如图 7-39 所示。

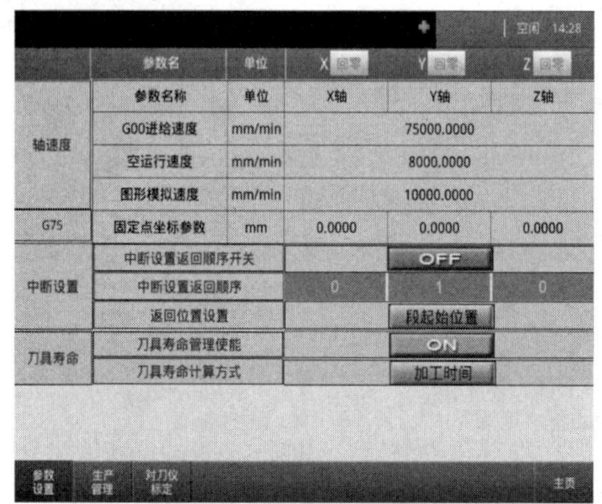

图 7-37 刀具寿命模式选择界面

图 7-38 设定刀具理论寿命界面

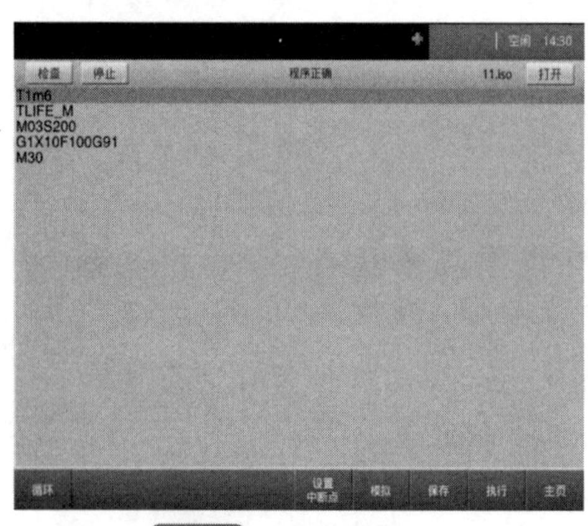

图 7-39 设定刀具功能

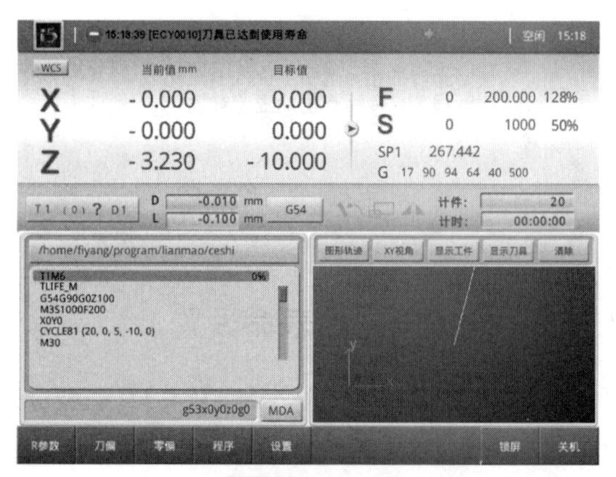

图 7-40 刀具功能显示

④ 当刀具达到使用寿命时，系统提示“刀具已达到使用寿命”，如图7-40所示。

注意：i5机床寿命单位为次数；西门子与发那科机床寿命单位为时间。

设备有三种连接状态：如果设备是绿色，表示刀具寿命正常；如果设备是红色，表示刀具寿命已经达到报警值，需要更换刀具；如果设备是黄色，表示刀具寿命已经达到预警值，提醒快要换刀具了。

本章小结

本章主要介绍了柔性加工单元的主要组成、运行流程以及机床联机程序的设计方法。以轮毂和端盖的柔性加工单元为例，讲解了数控机床与产线机器人之间的编程规则，通过M16、M18等辅助命令来实现整个自动线的联动。同时介绍了柔性加工单元的快换夹具、快换手爪等辅助设备。因为柔性产线运行时人无法进入，所以对于刀具寿命需要远程监控。本章对刀具寿命功能的设置方法进行了详细说明并举例。

思考题

1. 柔性加工单元的基本组成有哪些？
2. 柔性加工单元哪些设备属于核心设备？哪些设备属于辅助设备？
3. 柔性加工单元的柔性体现在哪里？
4. 总结柔性加工单元的运行逻辑并绘制它的流程图。
5. 请按照流程图设计轮毂柔性加工单元零件数控车床的联机主程序。
6. 柔性加工单元数控机床的联机程序M16（换料）、M18（上料）指令的动作过程是什么？
7. 当机床联机程序中同时出现M16（换料）、M18（上料）指令时，程序运行哪一个指令？原因是什么？
8. 当自动线出现故障，机床夹具上的零件没有及时卸下，此时启动自动线会发生什么现象？
9. 自动线中为何要进行刀具寿命管理？
10. 柔性加工单元刀具寿命管理功能在机床上如何进行程序编制？

拓展阅读

[1] 刘业峰，赵元，赵科学，等. 数字化柔性智能制造系统在机床加工行业中的应用 [J]. 制造技术与机床，2018（11）：157-162.

[2] 刘业峰，李康举，赵元，等. 基于分布式协同的数字化工厂构建及应用 [J]. 控制工程，2020，27（10）：1672-1678.

[3] 赵科学，刘业峰，赵元，等. 基于i5智能协同系统的柔性加工单元优化仿真与实现 [J]. 工具技术，2019，53（06）：37-41.

[4] 赵科学，赵元，刘业峰，等. 基于i5系统的柔性加工单元刀具寿命管理系统 [J]. 工具技术，2020，54（08）：34-38.